JN436792

군대윤리

조승옥 | 이택호 | 박연수 | 조은영 | 정은진

지문당

머리말

「군인복무규율」의 <장교의 책무>에서 말하는 바와 같이 '장교는 군대의 기간(基幹)'이다. 장교는 군 직업을 대표하고, 군대 임무 수행과 기능 발휘의 핵심적 역할을 담당할 뿐 아니라, 군대 사회와 문화를 조형하는 주역이기도 하다. 특히 장교는 국가와 국민을 고객으로 하는 전문직업인으로서, 무력을 관리하고 사용하는 전문적인 일에 종사하게 된다. 국가의 사활적 이익이 걸린 일을 담당하는 군 임무와 기능의 특수성과 중대성을 감안할 때, 장교단의 능력과 도덕성은 비단 군의 성패뿐 아니라 국가의 생존과 성패까지도 좌우할 수 있다고 할 것이다.

군 리더가 유능하면서도 도덕적으로 건전할 때, 부하로부터 존경과 신뢰를 받아 위기 상황에서도 강력한 전투력을 발휘할 수 있게 된다. 이에 반해 군 리더가 비록 유능하더라도 윤리적으로 타락했을 때, 군 내부의 단결과 사기를 저하시키고 조직의 질서와 기능을 문란케 하여 결국에는 군의 전투력을 손상시키게 될 것이다. 그리고 이는 국가 위기 상황을 맞았을 때 돌이킬 수 없는 파국을 초래하게 될 것이다. 따라서 군 리더의 건전한 직업윤리의 확립은 장교 개개인의 책무일 뿐 아니라 군 전체의 전투력 향상과 나아가 국가와 국민의 신뢰와 지지를 이끌어내는 필수불가결한 요소라 하겠다.

오늘날 군대는 그 어느 때보다 규모와 조직 면에서 복잡하고 방대해졌으며, 기술 측면에서도 고도의 지식을 요구한다. 그뿐만 아니라 군대가 담당하는 임무도 전쟁의 준비와 수행뿐 아니라 전쟁 이외에 다양한 분야의 작전에까지 확대되고 있는 실정이다. 국내·국제사회 간의 상호 연계성이 신장하면서, 군의 임무 수행은 군 단독의 것으로 그치지 않고, 국내 민간 사회는 물론 국제 사회와 밀접한 연관을 갖게 되었다. 이는 현대 장교들에게 이전보다 더욱 폭넓고 수준 높은 능력과 도덕성을 요구한다고 할 수 있다. 현대의 군 리더는 이와 같은 변화양상에 부응할 수 있는 인격과 실력을 겸비한 정예장교가 되도록 부단히 노력해야 한다.

이 책은 전체적으로 군대윤리의 의의와 필요성, 전쟁도덕과 전시도덕의 문제, 군대 사회와 군대 문화의 특성 및 미래적 발전방향, 전문직업으로서의 장교직과 민군관계의 문제, 바람직한 장교의 의무와 덕목, 바람직한 장교상에 대한 전통적 견해와 미래적 정립 방향 그리고 군 직업에서의 윤리적 문제들에 대한 해결방법 등을 다루었다. 이로써 사관학교를 비롯한 대학 수준의 교육과정에서 전문직업으로서 군 직업에 대해 군대윤리 교육을 하는 데 필요한 기본적인 내용들을 다루는 데 크게 부족함이 없으리라 여겨진다.

이 책은 전체적인 구성과 목차에서는 2002년 교재의 틀에서 크게 벗어나지 않는다. 그러나 그간의 강의 경험과 새롭게 제기된 군대윤리 관련 자료들과 내용들, 변화된 군 내외적 환경을 최대한 반영할 수 있도록 세부 내용은 근본적으로 새롭게 집필하였다. 특히 서두에서 언급한 바 있는 현대 군 장교에게 요구되는 군 직업윤리의 문제, 군 리더로서의 인격(도덕성) 문제를 중요한 문제의식으로 삼아 집필하였다. 이를 통해 무엇보다 한국군의 바람직한 전문직업윤리 발전에 기여하고, 한국군 내에 인격과 실력을 겸비한 정예장교가 많이 배출되는 데 도움이 되기를 기대한다.

집필진에는 조승옥, 이택호, 박연수, 조은영, 정은진 교수가 참여하였다. 조승옥 교수님은 제4부 바람직한 장교상 부분을, 이택호 교수님은 서론과 제1부 전쟁과 도덕 부분을, 박연수 교수님은 제3부 장교의 의무와 덕목과 제5부 윤리적 추론 및 사례 연구 부분을, 조은영 교수님과 정은진 교수님은 제2부 군대사회와 군대문화 부분을 각각 담당하였다. 흔쾌히 집필에 참여해 책의 수준을 높여주신 조승옥, 이택호 명예교수님께 감사를 드린다. 특히 전역하는 날까지 집필을 맡아주신 박연수 교수님의 수고와 헌신에 대해서는 필설로 감사의 뜻을 다 전할 수 없을 것이다. 그리고 어려운 여건에도 기꺼이 출판을 맡아준 지문당 관계자 여러분께도 심심한 사의를 표한다. 새로 쓴 이 책이 비록 시간에 쫓기어 부족한 부분이 많지만, 앞으로 더 나은 교재를 개발하는 데 밑거름으로 귀히 쓰일 수 있기를 바란다.

2010년 2월

화랑대에서 저자들을 내신하여

조 은 영

차 례

머리말 / 3

서론: 군대윤리란 무엇인가?

제1장 군대윤리의 개념과 성격 ······ 13
1. 군대윤리 과목의 성립 ······ 13
2. 군대윤리의 개념과 특성 ······ 17

제1부 전쟁과 도덕

제1장 서 론 ······ 27
1. 미라이 대학살 ······ 29
2. 제3차 중동전쟁(6일 전쟁)의 교훈 ······ 33
제2장 전쟁도덕과 전시도덕 ······ 34
1. 전쟁도덕의 구분 ······ 34
2. 전시도덕과 전쟁법 ······ 41
제3장 전쟁범죄와 지휘관의 책임 ······ 51
1. 전쟁범죄의 개념 ······ 51
2. 지휘관의 책임 ······ 53
3. 전쟁법 위반의 논거들 ······ 60
제4장 전쟁법의 도덕 원리 ······ 69
1. 전시인도법의 도덕적 원리 ······ 70
2. 전쟁법 준수에 관한 절대적 입장 ······ 72

제2부 군대사회와 군대문화

제1장 군대사회의 특징 ········ 80
1. 군대의 임무와 기능 ········ 80
2. 군대 조직의 특성 ········ 85
3. 명령과 복종의 윤리 ········ 95
제2장 군대문화의 특징 ········ 106
1. 군대문화의 개념과 특징 ········ 106
2. 군대의 전통과 관행 ········ 113
3. 미래적 군대문화의 재조형 ········ 132
제3장 군 전문직업주의와 민군관계 ········ 137
1. 군 전문직업주의 윤리 ········ 137
2. 바람직한 민군관계의 정립 ········ 154

제3부 장교의 의무와 덕목

제1장 서 론 ········ 167
1. 외국군대의 의무와 덕 ········ 168
2. 한국 군대의 의무와 덕 ········ 173
제2장 성실성 ········ 178
1. 성실성의 의미 ········ 180
2. 군대 및 리더의 성실성 ········ 183
3. 성실성과 신뢰, 감통 ········ 185
4. 성실성의 함양과 고취 ········ 188
제3장 충 성 ········ 189
1. 충성의 의미 ········ 190

2. 군인의 충성 ······ 194
3. 충성의 함양과 고취 ······ 199
제4장 존 중 ······ 202
1. 존중의 의미 ······ 203
2. 존중의 실현 ······ 206
3. 군대에서의 존중 ······ 208
제5장 책 임 ······ 212
1. 책임의 의미와 한계 ······ 213
2. 군장교직의 책임과 그 특성 ······ 216
3. 책임감의 형성 ······ 219
제6장 용 기 ······ 222
1. 용기의 의미 ······ 223
2. 용기의 종류 ······ 231
3. 군인의 용기와 그 사례 ······ 232
4. 용기의 함양과 고취 ······ 234
제7장 명 예 ······ 235
1. 명예의 의미 ······ 236
2. 군대 및 장교의 명예 ······ 238
3. 사관생도의 명예 ······ 242

제4부 바람직한 장교상

제1장 서양의 장교상 ······ 251
1. '장교는 신사다' ······ 252
2. 직업주의와 능력 ······ 255
3. 마셜, 맥아더, 패튼, 아이젠하워 ······ 257

제2장 중국의 장수상 …… 270
1. 문무겸비 …… 271
2. 충 · 지 · 신 · 인 · 용 · 엄 …… 273
3. 손자, 오자, 제갈량 …… 277
제3장 한국의 전통적 장수상 …… 282
1. 화랑도, '양장용졸 유시이생(良將勇卒 由是而生)' …… 283
2. 문무겸비의 장수상 …… 287
제4장 세계적 명장, 이순신 장군 …… 293
1. 고결한 인격 …… 293
2. 리더십, 불패의 신화 …… 299
제5장 한국군 장교상의 정립 …… 305
1. 신식군대의 도입과 사관학교 설치 …… 306
2. 대한제국 육군무관학교 …… 308
3. 독립군과 광복군 …… 310
4. 창군과 건군 …… 312
5. 김홍일, 이종찬 장군 …… 315

제5부 윤리적 추론 및 사례 연구

제1장 군 직업윤리의 결심 모델 …… 328
1. 윤리적 결심단계 …… 328
2. 윤리적 결심 시 고려 요소 …… 331
제2장 기타 결심 모델 …… 334
1. '명령과 복종' 결심 모델 …… 334
2. 미 육사의 결심 모델 …… 337
3. 미 육군의 윤리적 추론 …… 338

제3장 올바른 판단을 위한 원칙과 추론 ········ 340
1. 소크라테스의 원칙과 추론 단계 ········ 340
2. 데카르트의 이성의 지도 원리 ········ 342
3. 듀이의 탐구이론 ········ 344
제4장 사례 연구 ········ 346

서론: 군대윤리란 무엇인가?

제1장 군대윤리의 개념과 성격

1. 군대윤리 과목의 성립

워터게이트사건으로 미국 대통령의 도덕성이 세인들의 관심의 초점이 되어 있던 1970년대 중반에 웨스트포인트 미 육사에서 시험부정사건이 발생했다. 일반대학에서 발생한 시험부정사건을 언론에 고발하는 사람들도 종종 있었으나, 언론이 전혀 뉴스의 가치가 없다고 이를 무시하던 것이 당시 분위기였다. 그러나 육사 생도들의 부정행위는 뉴스의 초점이 되었고, 모든 언론매체는 이를 경쟁적으로 보도했다. 결국 미 의회는 조사단을 구성해 청문회를 열었으며, 당시 미 육사 교장과 생도대장이 경질되었고, 육사의 교과과정에 대폭적인 변화가 있었다. 리더십 교육을 미 육사의 전통으로 삼았넌 웨스트포인트는 군대윤리를 정규과목으로 채택하고 생도들에게 도덕적 진실성에 기초한 리더십 교육을 강화했다.

1976년 *U.S. News and World Report* 誌는 리더십의 도덕적 특성에 관해 설문을 실시했다. 특별히 리더에게 필요한 세 가지 특성이 무엇인지 물었다. 1,400명의 응답자 중에 76.1%가 "도덕적 진실성"(moral integrity)이라고 응답했으며, 55.2%가 "용기"(courage), 그리고 52.9%가 "상식"(common sense)이라고 답한 것은 5.5%가 "카리스마"(charisma)라고 응답한 것에 비해 놀라운 수치가 아닐 수 없었다. 설문에 나타난 결과는 사회 지도층 인사나 전문분야의 리더는 도덕성이 있어야 한다는 미국인들의 관심을 반영한 것이다. 그리고 이는 시대와 장소를 초월하여 적용되는 불변의 진리이기도 하다.

특히 군대의 전문 직업을 도덕성에 근거한 인간적 가치의 최후 보루라고 생각한 미국인들이 생도들의 도덕적 타락에 실망하는 것은 당연한 일인지도 모른다. 군복무에서 도덕적 진실성이 군대의 사명을 다하는 데 긴요한 요소일 뿐만 아니라 군 직업 자체가 국가를 수호하고 국민의 생명과 재산을 지키는 신성한 의무라면, 이는 인간의 최고 가치를 추구하는 고상한 일이 아닐 수 없다. 그런데 장차 군대의 리더로 성장 발전할 생도들이 풍부한 군사 지식과 업무적 탁월성만을 구비한 것으로는 충분하지 않다는 것이 당시 미국 사회의 분위기였다.[1]

이러한 이유로 미국의 모든 사관학교에서는 실력보다 인격을 더 강조한다. 실력은 사관학교에 응시하여 합격할 수 있는 지적 수준이면 족하다고 본다. 예를 들어 미 육사의 교육 목표를 보면, "사관학교는 생도들에게 의무·명예·조국의 핵심 가치인 도덕적 진실성에 투철한 인격자로 임관하여 평생토록 장교로서 위국 헌신하도록 교육과 훈련을 하며 그렇게 하도록 꿈과 비전을 심어준다."라고 되어 있다.[2] 미 공사의 생도양성 교육철학

---

1) Malham M. Wakin(ed.), *War, Morality, and the Military Profession*(Boulder and London: Westview Press, 1986), pp. 3-5. 사실 우리가 말하는 카리스마도 알고 보면 도덕성과 밀접하게 관련되어 있다. 카리스마라는 것은 상대방을 설득하여 굴복시키는 힘인데, 리더십 개념의 변화와 더불어 카리스마의 개념도 변화하고 있다. "Charisma is a strong ability to attract people, and inspire loyalty and admiration"(*Webster's New World Dictionary*. 1966.).

2) "The mission of the United States Military Academy is to educate, train, and inspire the Corps of Cadet so that each graduate is a commissioned leader of character committed to the values of Duty, Honor, Country; professional growth throughout a career as an officer in the United States Army; a lifetime of selfless service to the Nation," USMA, *Overview of the Leader Development,* 2003.

제1조가 도덕적 진실성(Integrity First)이다. 미 해사의 리더양성의 핵심가치로 첫째는 명예(Honor)이다. 여기서 명예는 도덕적 명예로 진실성이 그 기초가 된다.[3)]

한편 이러한 리더양성의 전통에 군대윤리 교육의 중요성이 더욱 강조된 것은 베트남전 직후 미군의 패전에 대한 반성과 교훈 때문이다. 미군은 베트남전쟁이란 말보다는 "베트남의 체험"(the experience of Vietnam)이라는 용어를 사용한다. 미국 역사상 가장 수치스러운 전쟁을 수행했기 때문이다. 베트남전에서 얻은 미군의 교훈은 도덕적으로 부패한 군대는 망한다는 진리였다. 비윤리적인 군대는 군기가 문란해지고 사기가 저하되는 것은 물론 전쟁에서 결코 이길 수 없다는 사실을 알게 되었다. 베트남전쟁에 참가한 미군은 국가가 제공할 수 있는 세계 최강의 장비, 고도로 동기화된 병사 그리고 일부는 양질의 교육을 받은 장교들로 구성되었으나, 전투 중에 미군의 기능은 직업주의와 윤리적인 내용에서 많은 결함을 보였다.

예를 들면, 전쟁 중에 미군 병사 28%가 마약을 상습적으로 복용했고, 탈영과 전투거부가 전투부대 내에서 일반화되었으며, 공격명령에 불복한 항명사건은 그 수를 헤아릴 수 없을 정도였다. 리더십이 붕괴된 사례들을 정확하게 밝힐 수 있는 사람은 아무도 없지만, 대략 1,016명의 장교와 하사관이 그들의 부하에게 사살되었다. 전과확인을 위해 지휘관들이 병사들로 하여금 적 시체의 숫자를 직접 확인하도록 하는 과정에서 목숨을 잃게 하는 모험을 감행하기도 했으며, 허위보고로 상관을 기쁘게 하는 경우도 있었다. 특히 장교단의 질적 수준에 문제가 있었다. 베트남전에 개입한 미국은 전투요원으로서 초급장교들이 부족했다. 그래서 정규 사관학교 출신 장교들보다는 선발기준과 자격을 대폭 완화하여 급거 선발한 초급장교들이 대거 베트남전에 투입되었다. 다음 장에서 살펴볼 미라

3) "Integrity First-Service Before-Self-Excellence In All We Do"(US Air Force Academy Core Values). "Honor-Courage-Committment"(US Naval Academy Core Values).

이 대학살의 핵심인물인 캘리(William Calley) 중위의 경우가 이를 뒷받침한다.[4)]

군 직업주의와 리더십의 윤리적 타락은 베트남전 패배를 자초했고, 다음과 같은 세 가지 위기를 야기했다. 첫째는 자신감의 위기(crisis of confidence)이다. 장교와 지휘관들은 무능했고, 비겁했으며, 부대관리를 잘 하지 못했다. 리더십의 부재가 결정타였으며, 경영주의와 관료주의의 폐해가 심했다. 둘째는 적응성의 위기(crisis of adaptation)이다. 미군들은 새로운 전쟁양상에 적응하지 못했다. 특히 지원병제도의 도입으로 1960년대 미국 사회에 만연했던 상업주의와 개인주의가 군에 유입되었고, 군대조직은 이에 적응하지 못하는 위기를 맞이했다. 전투수당과 개인의 이익에 관심이 많은 참전 병사들은 전사의 에토스(ethos)를 지니지 못했다. 셋째는 양심의 위기(crisis of conscience)로, 무고한 밀라이(My Lai) 양민에 대한 무차별 대학살, 사건의 은폐와 축소, PX물품 부정유출 등 각종 전쟁범죄와 부정사건이 자행되었다.[5)]

이러한 위기의식에서 미군은 사관학교, 사립사관학교, 일반대학의 ROTC 과정 등 장교양성기관에서 군대윤리를 정규과목으로 채택하게 된다. 그러나 "군대윤리"라는 과목은 강조하는 내용에 따라 각양각색으로

---

4) "캘리는 미국 평균 이하의 지능을 가지고 있었으며 우둔했고 주위의 시선을 전혀 끌지 못한 사람이었다. 제2차 세계대전 당시 해군에 복무했던 그의 아버지는 건설 중장비 판매원으로 상당한 성공을 거뒀고, 자식들을 사랑했다. 캘리는 주로 마이애미에서 지냈으며, 여름에는 노스캐롤라이나 웨인스빌 근처의 산악 지대에서 세명의 여동생과 함께 지내곤 했다. 마이애미에 있는 에디슨고등학교를 거쳐 조지아 군사학교를 다녔지만, 성적이 좋지 못해서 대학에는 가지 못하고 플로리다 주 워스호수 근처에 있는 팜비치전문대학을 다녔다. 전문대학 성적은 고등학교 때보다 더 나빴다. 1학년 때는 낙제했다. C학점이 2개, D학점이 1개, F학점이 4개였다. 1966년에 징집된 그는 장교후보학교에 배정받아 중간 성적으로 졸업했다. 그는 군사학교를 졸업할 때까지 독도법(讀圖法)도 제대로 이해하지 못했다." 예비역 중령 월턴(G. Walton)의 저서 『녹슨 방패』(*The Tarnished Shield*)에서.

5) Richard A. Gabriel, *To Serve With Honor: A Treatise on Military Ethics and the Way of the Soldier*(Westport: Greenwood Press, 1982), pp. 3-5.

표현된다. 군대윤리는 "군대명예", "군대관습", "군대정신", "직업주의" 혹은 "군대방식" 등 다양한 용어로 표현되고 있다.[6)]

이러한 용어들은 주로 군대의 고유한 역할이나 기능을 잘 발휘하기 위해서 군인에게 요구되는 독특한 덕목, 가치관, 규범 등이 있다는 것을 인정하면서도 그 내용이 무엇이냐에 따라 다르게 선택한 것들이다. 이밖에도 전쟁과 관련해서 논의될 수 있는 도덕적 문제에 중점을 둔다면, 군대윤리는 "전쟁도덕" 혹은 "전쟁과 평화의 윤리"이며, 군 장교의 주된 임무가 지휘통솔이라는 관점에서 군대윤리를 "지휘통솔의 윤리" 혹은 "리더를 위한 윤리"라 할 수 있다.[7)]

2. 군대윤리의 개념과 특성

윤리학은 일반적으로 인간의 행위에 관한 여러 가지 도덕적 문제와 규범(規範)을 연구하는 도덕철학의 한 분야이다. 윤리학이 도덕적 의무, 윤리적 교훈, 도덕적 추리와 판단 등의 문제를 다루며, 윤리적 갈등을 해소할 때 상충하는 규범의 우선순위를 결정하는 문제를 다룬다면, 군대윤리는

---

6) Malham M. Wakin, "The Ethics of Leadership," *War, Morality, and the Military Profession*(Boulder and London: Westview Press, 1986), p. 182. 이러한 표현은 군사행동이 비도덕적이라는 평화주의자들(pacifists)과 전쟁은 인정하지만 그것은 선도, 악도 아니라는 현실주의자들(military realists)의 입장과는 달리 군대의 기능과 도덕적 고려는 양립한다는 입장, 즉 군대윤리의 가능성을 옹호하는 사람들의 표현이다. 표현의 출처, 즉 사용자는 다음과 같다. 군대명예(Morris Janowitz), 군대정신과 직업윤리(Samuel P. Huntington), 군대관습 혹은 군대윤리(Sir John W. Hackett) 그리고 군대방식(Alfred Vagts).

7) 미국 장교양성기관의 군대윤리의 핵심은 전쟁도덕과 지휘통솔리더를 위한 윤리로 압축된다. 웨스트포인트 미 육사의 교육목표는 인격을 갖춘 리더(the leaders of character)이며, 일반학, 체육, 군사훈련은 리더십 함양을 위한 수단이다(West Point Catalog 1996-1997 참조). 마찬가지로 미 해군사관학교의 교재명칭도 "*Ethics for Military Leaders*"로 되어 있으며, 미 보병학교 초급장교반 군대윤리 내용은 주로 지휘통솔 원리들이다(*MQS Training Support Package*, 1990 참조).

군인의 행위와 규범에 관한 윤리학적 접근이라 말할 수 있다.[8)]

문제는 행위규범을 무엇으로 보느냐에 달려 있다. 행위규범은 사회적 풍속 또는 습관을 의미하는 희랍어 'ethos' 또는 'mores'에서 유래한 말이다. 즉 관습에서 발전되어 나온 조문화된 법률이나 규정도 행위의 규범이지만, 기독교의 십계명(十誡命), 불교의 보살오계(菩薩五戒), 유교의 삼강오륜(三綱五倫)에 이르기까지 행위규범은 다양하다.

이러한 규범 준수는 중요한 일이지만, 규범에 따른 행위가 곧 윤리, 도덕이 되는 것은 아니다. 왜냐하면 이들은 모두 타율적인 강제력으로 인간의 행위를 제약하므로, 행위자의 자율적인 의지의 결단을 통한 자유로운 행위를 보장해주지 못하기 때문이다. 규범을 준수하는 사람이 왜 그렇게 하지 않으면 안 되는지 이유를 이해했을 경우에 그 사람의 행위는 도덕성과 합법성을 지닌다. 그렇지만 아무리 자유로운 개인의 의지에서 나온 행위라 해도 그가 속해 있는 사회의 규범을 지키지 않을 때에는 그 행위를 도덕적이라 말할 수 없다.

결국 윤리, 도덕이란 사회의 객관적 규범과 개인의 자발적 의지가 조화되어야 성립된다. 다시 말하면 윤리란 "옳고, 그릇된 것을 분별하며 선택하는 것" 또는 "정사(正邪), 시비(是非), 선악(善惡)을 분별하여 실천하는 것"을 의미한다. 따라서 윤리학은 실천을 전제로 한 인간의 행동기준, 행동규범, 행동법칙 등을 연구하는 학문이다.

이와 같은 윤리의 개념적 성격을 응용하여 군대윤리 개념을 정의한다면 "군대윤리란 군에 종사하는 모든 사람들이 지녀야 할 가치, 태도, 행동의 규범 체계"이며, 군대윤리 교육이란 "군 임무 수행과 관련하여 군에 종사하는 사람이 지녀야 할 가치, 태도, 행동의 규범 체계 그리고 문화에 대한 이해의 증진과 실천 능력을 함양하기 위한 교육"이라고 할 수 있다.[9)] 이

8) Richard A. Gabriel, *To Serve With Honor: A Treatise on Military Ethics and the Way of the Soldier*(Westport: Greenwood Press, 1982), p. 29.

러한 교육의 주 대상은 군대의 기간인 장교로 임관될 사관생도들이다.

이 정의가 내포하고 있는 개념은 크게 두 가지 측면에서 이해할 수 있다. 하나는 군에 종사하는 사람이 자기의 직분을 다하기 위해 필요한 가치, 신념, 규범을 이해하고 실천하는 규범적 측면을 다룬다는 것이고, 또 하나는 군대윤리의 가능성과 윤리적 갈등에 직면하여 상충하는 규범들의 우선순위를 결정하는 문제와 관련하여 추론하고 판단하는 도덕적(혹은 이성적) 분별 작용을 다룬다는 것이다. 도덕적 판단과 추리에 대한 교육의 필요성은 장교가 군대의 가치와 규범을 준수하는 모범자인 동시에 부하들에게 영향을 주어 도덕성과 윤리의식을 심어주는 개발자이며, 부하들의 윤리의식을 기반으로 하여 그들의 능력을 임무수행에 효율적으로 활용하는 통합자 역할을 하는 리더이기 때문이다. 결국 군대윤리란 군대의 리더(간부, 지휘 통솔자)를 위한 과목이라 할 수 있다.

이 과목을 배우는 사관생도들은 장차 정예장교로 임관하여 리더다운 리더(the leader worth one's salt)로서 제 역할을 다해야 한다. 리더는 전·평시를 막론하고 주어진 임무를 완벽하게 수행하되, 항상 부하나 동료들과 더불어 일해야 한다. 다시 말하면, 팀워크를 극대화하는 일이 리더에게 더 중요하다.

팀워크를 극대화하기 위해서는 먼저 부하들의 존경과 신뢰를 받는 상관으로서 부족함이 없어야 한다. 부하들의 존경과 신뢰는 리더의 고결한 품성과 탁월한 직무수행능력에 대한 존경과 신뢰에서 나온다. 그러므로 군 장교는 평소에 자기 계급에 상응하는 직책을 완벽하게 수행하는 데 필요한 전문성을 유지하기 위한 노력을 경주하되, 직속상관이 유고되었을 때도 임무를 차질 없이 수행하기 위해서 상위 계급의 직책도 수행할 수 있도록 항상 준비되어 있어야 한다.

---

9) 국방부, 『군대윤리』(간부용), 동원문화사, 1991, pp. 1-4.

그러나 더욱 중요한 것은 리더의 인격이다. 인격은 고결하고 성실한 성품 그 자체인데, 우리는 이를 "도덕적 진실성"(moral integrity) 혹은 "인격적 진실성"(personal integrity)이라고 표현한다[10]. 에드거 F. 퍼이어의 저서 『영혼을 지휘하는 리더십』에서 보면 마셜 장군, 맥아더 장군, 아이젠하워 장군, 패튼 장군 등 19개 별(nineteen stars)의 리더십 특성의 첫 번째 공통점이 바로 "인격"이다.[11]

따라서 군대윤리 과목에서는 인격과 실력을 겸비한 리더로서 리더는 어떠한 인성과 군성을 갖고 있어야 하는가에 무게를 두고 장교의 의무와 덕목에 관하여 진지하게 연구하고 논의할 것이다. 앞으로 국제 분쟁지역에서 평화유지군으로서 국제신사답게 행동하는 군사전문가로 존경받기 위해서는 국제전시인도법의 도덕적 원리를 잘 알아서 부하들을 교육하고 실천하는 장교가 되어야 한다. 또 전쟁의 필수 요소인 군인정신에서 명예가 왜 중요한지도 알아야 한다. 전쟁수행 중인 군인은 군사필요성의 원칙에 입각하여 "투철한 충성심, 진정한 용기, 필승의 신념, 임전무퇴의 기상과 죽음을 무릅쓰고 책임을 완수하는 숭고한 애국애족의 정신"으로 반드시 싸워서 이겨야 하지만, "살생유택의 정신"과 "전쟁 중에도 자비"를 실천하는 기사도 정신을 발휘하여 국제신사로서도 손색이 없어야 한다는 것을 살펴보겠다.

---

10) 미국의 공군사관학교에서는 인격(character)을 도덕적 탁월성의 총체적인 특성으로 표현한다. 이는 올바르고 적절하게 행동하는 인격적 특성인데, 중요한 것은 내적인 충동이나 외적인 압력에도 그렇게 하려는 경향성으로서의 모든 성질이라 본다. 여기엔 도덕적 용기, 정직, 법적 책임, 도덕적 책임, 정의, 개방적 태도, 자긍심, 겸손 8대 덕목이 포함된다. 미 공사와 미 공군의 핵심가치는 동일하다. 미 공군의 핵심가치는 인성, 군성, 전문성의 순서에 따라, 진실성 제1주의(Integrity First), 멸사봉공(Service Before Self), 탁월한 전문성(Excellence in All We Do)이다.
미 육사에서는 인격적 리더의 필수적인 요소가 도덕적 · 윤리적 탁월성인데, 명예제도가 이를 함양하고 내면화한다고 본다. 미 육사 리더개발 프로그램(2003) 참조.

11) Edgar F. Puryer, Jr., *Nineteen Stars-A Study in Military Character and Leadership*, 1971(이민수 · 최정민 옮김, 책 세상, 2005) 참조.

그리고 국민의 존경과 신뢰를 받는 국민의 군대로서 부족함이 없는 군대문화 정립과 구현에 매진할 수 있도록 제복 입은 민주시민으로서 알아야 할 내용들도 이 과목에서 심도 있게 다룰 것이다. 여기에서는 군대의 전통적 가치와 위계질서, 바람직한 민군관계와 정치적 중립의 이념을 포함하는 군 전문직업주의의 제 문제들을 심도 있게 다룰 것이다.

그리고 바람직한 리더의 상을 생도 스스로 정립하기 위해서는 동서양의 위대한 리더들의 사례연구가 반드시 포함되어야 한다. 여기에는 군인이 아닌 역사적인 인물이나 소설 속의 주인공도 포함될 수 있다. 왜냐하면 성공적인 리더에게는 자신의 직무수행능력보다도 부하들이 자기를 존경하고 신뢰함으로써 모두 신바람 나게 일할 수 있도록 영향력을 행사하는 것이 더 중요하기 때문이다. 리더의 생명은 부하들의 존경과 신뢰를 받는 권위 혹은 카리스마에 있다. 유사시 상하동욕(上下同欲)의 단결과 팀워크의 시너지 효과로 주어진 임무를 완수할 수 있게 하는 리더십은 평소에 완성되어 있어야 한다. 중요한 것을 미리 미리 준비한 사람은 위급한 일에 봉착해도 이를 쉽게 해결해나갈 수 있다.

이러한 의미에서 생도들은 『국군병영생활 규정』에 명시된 "장교의 책무"를 깊이 연구해야 한다. "장교의 책무"에는 리더십의 기본 구조가 잘 반영되어 있다. 그래서 생도들은 장차 군대의 기간인 장교로서 책임의 중대함을 자각하여, "직무수행에 필요한 전문지식과 기술을 습득하고, 건전한 인격의 도야와 심신의 수련에 힘쓸 것이며, 처사를 공명정대히 하고, 법규를 준수하며, 솔선수범함으로써 부하로부터 존경과 신뢰를 받아 역경에 처해서도 올바른 판단과 조치를 할 수 있는 통찰력과 권위를 갖추어야 한다."

역경에 처해 있는 리더에게는 때로 권위보다는 용기가 더 필요하다. 아무리 좋은 계획이라도 반드시 계획대로 돌아가지 않는 것이 세상만사의 이치인데, 특히 전쟁 상황과 같은 역경에 처해서는 더더욱 그렇다. 이때

리더에게 필요한 것은 새로운 판단과 결심을 하고 이를 추진하여 난관을 돌파하는 용기와 추진력이다.[12)]

이 과목을 통해 생도들이 정예장교로 임관하여 성공적인 리더의 길을 가기 위해서는, 우선 리더다운 리더가 되겠다는 꿈을 가지는 "입지"(立志)가 중요하다. 뜻이 있는 곳에 길이 있고, 꿈은 반드시 이루어진다. 하나의 꿈이 이루어지면 이어서 다른 꿈들이 순차적으로 계속 이루어 질 수 있도록 담대한 비전을 가져야 한다. 목표와 방향이 분명하면 비록 이루어지는 과정에서 많은 역경과 고통이 있다 하더라도 그것은 보람된 쾌통(快痛)의 길이 될 것이다.

예를 들면 목표물, 즉 사냥감을 보고 달리는 사냥개와 옆의 개가 뛰니까 조건반사적으로 뛰는 개의 행위는 그 과정이나 결과에서 질적으로 판이하게 다르다. 마찬가지로 목표가 없는 사람들은 중도에서 쉽게 포기한다. 자기가 하는 일에 대한 의미도 모르며 일하는 사람은 보람도 없다. 따라서 리더가 되기로 목표를 정했다면 리더의 윤리에 관한 이론적인 이해와 더불어 성공한 리더를 롤 모델로 삼아 따라 배우기를 하는 것이 중요하다. 꿈은 자신의 인생행로를 개척하는 지팡이며, 간절하게 부르는 노래이다.

그다음에는 리더다운 리더로서 알아야 할 직무수행능력을 배양해야 한다. 군대윤리 과목에서 논의되는 모든 이론과 개념을 잘 알고 스스로 내면화하여 그렇게 실천할 수 있도록 행동으로 보여주어야 한다. 그리하여 부하들이 자신의 행동을 따라 배울 수 있는 리더의 표상이 되어야 한다.

마지막으로 부하들의 존경과 신뢰를 받도록 항상 건전한 인격과 심신

---

12) "인간은 잘해야 겨우 60퍼센트 정도만 올바른 판단을 할 수 있다. 이 판단 뒤에 필요한 것은 다름 아닌 용기와 실행력이다. 아무리 올바른 판단, 정확한 판단을 했다고 해도, 그것을 실행하려는 용기와 힘이 없다면 그 판단은 아무런 의미도 없다. 용기와 실행력이 60퍼센트의 판단을 확실한 성과로 바꾸어준다." 일본 경영의 신 마쓰시타 고노스케의 말이다. 고노스케는 파나소닉 내셔널(Panasonic National) 전기의 창업주이다(인터넷 검색 http://blog.naver.com/blynn?Redirect=Log&logNo=70043670362).

수련에 매진하여 리더다운 리더의 인격과 기질을 함양해야 한다. 고결한 품성과 리더의 기질을 지닌 상징적 모델이 서양에서는 신사(紳士)이며, 동양에서는 자기 수양이 완성된 인격자로서 군자(君子)라고 볼 수 있다.

여기서 인격자라는 것은 단지 성품이 착하다는 것만을 의미하지는 않는다. 그는 지혜롭게 사물을 보고 다른 사람의 행동과 태도의 장단점을 잘 아는 통찰력을 지니고 있어 편견이나 독단에 빠지지 않는다. 다른 사람의 거짓 진술에 쉽게 넘어가지 않고, 문제의 본질을 파악하는 분석력과 비판 정신, 그리고 풍부한 상상력과 창의력의 소유자이기도 하다. 진취적 발상과 낙관적 태도로 꿈과 비전을 제시하는 리더로서 존경받는다. 다른 사람의 주장이나 견해를 신중하게 받아들이고 시비가 분명하며, 다른 사람을 설득할 때는 논리정연하고 합당한 언어를 구사하는 능력을 지녔다.

신사나 군자로서의 인격자는 무엇보다도 유덕한 성품을 지닌다. 타인을 존중하고 배려하는 열린 마음과 따뜻한 인간미를 지닌다. 그리고 도덕적으로나 법적으로 약점이나 하자가 없어서 항상 마음이 태연하고 근심이 없다. 항상 남을 배려하는 겸손과 온유의 힘으로 적을 만들지 않으며, 남을 위한 헌신적인 태도로 일관한다. 그러면서도 불의를 보면 분연히 일어서는 정의감의 소유자일 뿐만 아니라 상대방의 실수를 용서하는 관용의 정신도 갖고 있다. 책임은 자신이 지고 공(功)은 부하에게 돌리는 "노블리스 오블리제"(noblesse oblige)를 실천한다.[13)]

인격적 리더의 뚜렷한 특성 중의 하나는 "용기"이다. 리더의 용기는 도덕적 용기와 육체적 용기로 구분되며, 전자는 정신적인 압박이나 스트레

---

13) "My own conviction is that every leader should have enough humility to accept, publicly, the responsibility for the mistakes of the subordinates he has himself selected. I am aware that some popular theories of leadership hold that the top men must always keep his 'image' bright and shining. I believe, however, that in the long run fairness and honesty, and a generous attitude toward subordinates and associates, pay off." Dwight D. Eisenhower. "What Is Leadership?" in *Reading in English*(KMA, 1994), pp. 94-95.

스를 받는 역경에 처해서도 흔들림 없이 원칙에 충실하며 주어진 임무를 수행하려 적극적으로 책임을 다 하는 성품이다. 후자는 추위, 기아, 갈증, 피로, 수면부족 등 자연적으로나 육체적으로 어려운 상황에서도 임무를 수행하며 온갖 시련을 참고 견디는 인내력을 의미한다. 때로는 생명의 위험과 고통을 감수하며 임무를 수행하는 용맹성과 진실한 태도가 바로 용기이다.

이러한 인격적 특성을 통틀어서 "도덕적 진실성"이라 한다. 리더의 도덕적 진실성에 대한 믿음에서 충성이 우러나오는 것이며, 상하견해 차이가 좁혀지고, 공감대가 형성되며 부대의 단결이 강화되고 시너지 효과가 극대화된다. 평시엔 실전과 같은 훈련을 실시하여 군사대비태세를 유지하고, 유사시엔 효과적으로 통합된 전투력을 발휘하는 막강한 군대여야만, 국민의 존경과 사랑을 받는 국민의 군대로서의 위상을 확립할 수 있다.

제1부

전쟁과 도덕

▎제1부 ▎

전쟁과 도덕

제1장 서 론

'전쟁'과 '도덕'이란 두 단어가 어느 정도의 연관성을 지니고 있을까? 그리고 어떤 의미를 지니는가? 과거엔 군인들이 전쟁에서 도덕이나 윤리를 생각하거나 말하는 것을 가장 군인답지 못한 발상이라 여겼을 것이다. 오히려 오늘날에도 이러한 생각을 하는 군인들이 많이 있다고 본다. 앞으로 고찰하게 되겠지만 베트남전쟁에서 미군 장교 캘리 중위와 같은 사람이 그 대표적인 사례일 것이다. 그렇다. 치열한 전투 중 내가 죽느냐 사느냐의 실존적 갈림길에서 도덕 운운하는 발상은 어쩌면 비현실적일지도 모른다. 그래서 "전쟁 중엔 승리를 대신할 그 어떠한 가치도 없다."라든가 "전쟁과 사랑엔 결과가 과정을 정당화한다."라는 주장이 상당한 설득력을 지니는 것으로 여겨진다.

그러나 이러한 발상은 고매한 인격과 탁월한 직무수행능력을 지닌 전투 지휘관이 취할 태도가 아니다. 이러한 발상은 전쟁도덕이 지니는 문제의 핵심을 모르는 무지의 결과이거나 가학성 인격 장애를 지닌 군인들의 생각에 내재하는 일반화의 오류일지도 모른다. 이 점 때문에 이 과목에서 전쟁의 도덕적 문제를 심도 있게 취급하게 된다. 왜냐하면 군인은 그가 지휘관이건 참모이건 혹은 장교이든 병사이든 간에 먼저 군인정신의 사표여야 하기 때문이다. 현행 『군인복무규율』(2007. 9 개정판)에 명시된 군인정신은 전쟁의 승패를 좌우하는 필수적인 요소로 간주되고 있다. 진정으로 전쟁에서 승리를 원한다면 이 군인정신의 내용과 의의를 잘 알고 행동하는 군인이 되어야 한다.

주지하는 바와 같이 군인정신의 기본은 명예이다. 명예는 도덕성을 의미한다. 명예는 도덕적으로 고결한 품성에 대한 필요충분조건이며 유일한 보증수표이다. 이것은 군대리더(지휘관 혹은 장교)의 인격적 특성이며 이 과목을 통해서 장차 정예장교로 임무를 수행해야 할 사관생도 양성교육의 궁극적 목표이기도 하다. 따라서 사관생도는 평소엔 명예로운 인격적 리더가 되어야 하고 전쟁터에 나아가서 전투지휘를 할 경우에는 "투철한 충성심, 진정한 용기, 필승의 신념, 임전무퇴의 기상으로 죽음을 무릅쓰고 책임을 완수"하여 결국 승리함으로써 나라를 빛내는 호국간성으로서 손색이 없어야 한다. 훌륭한 군인은 전·평시를 막론하고 주어진 임무를 완벽하게 수행하되, 그 방법과 과정은 언제나 도덕적으로나 윤리적으로 정당해야 하며, 그 결과 나라를 빛내는 위국헌신의 표상으로 역사에 기억되는 군인이 되어야 한다.

전쟁과 도덕의 문제가 군대윤리의 중요한 문제로 부각되는 것은 전쟁과 관련된 군인의 책무로서 현행 『군인복무규율』, '제10조의 2항'에 명시된 전쟁법 준수 의무가 부가되어 있기 때문이다. 그 내용은 다음과 같다.

① 군인은 전쟁법을 준수하여야 한다.

② 지휘관은 예하 장병들에게 전쟁법 준수를 위한 교육을 시킬 책무가 있다.

[본조신설 1998. 12. 31]

여기서 "전쟁법"이라 함은 무력충돌 행위에 관련된 모든 국제법 중에서 대한민국이 당사자로 가입한 조약과 일반적으로 승인된 국제법규를 말한

다.[1)]

그러면 우리는 여기서 전투에 가담한 군인이 왜 전쟁법을 준수해야 하는가라는 물음에 답해야 한다. 이것이 전쟁에 관한 도덕적 논의의 출발점이 된다. 그러기 위해서는 전쟁법이 무엇이며 그 기본 정신이 무엇인지도 알아야 한다. 그리고 예하 장병들에게 전쟁법 준수와 관련된 모든 사항을 체계적으로 교육해야 한다. 이러한 교육은 전투 중에도 필요하면 수시로 해야 하겠지만, 유능한 지휘관은 평소에 미리미리 이론을 교육하고 그 행동요령을 숙지시킴으로써 치열한 전투 중에도 부하들이 필승의 신념과 임전무퇴의 기상으로 싸워서 승리하고 국제사회에서 존경받는 군대, 평화의 사도로서 국가의 위상을 드높일 수 있게 해야 한다.

앞으로 전개될 논의를 위해 적절한 두 가지 사례를 제시한다. 전쟁법을 위반하고 전쟁범죄를 저지르며 싸우다가 결국 패전한 군대의 사례와 국제전시인도법의 정신에 따라 싸워서 승리한 군대의 전설적인 사례를 비교·검토해본다.

1. 미라이 대학살

1968년 3월 16일 캘리(William L. Calley) 중위는 소대원 30명을 이끌고 베트남 중부 광나이 성의 한 마을에 진입하여 무장하지 않은 민간인 약 500명을 무차별 살해했다. 『위기에 몰린 지휘권』이란 책은 이러한 현상을 다음과 같이 설명하고 있다.

---

1) 외교통상부 조약국 편, 『국제법기본법규집』(2007)의 제10편 〈전쟁〉에 보면 우리나라는 8개의 조약이나 협약에 가입하고 있다. 그 내용은 부전조약, 제네바협약 4개 및 추가의정서 2, 그리고 육전법 및 관습에 관한 협약 등이다. 이 외에도 전쟁에 임하는 군인은 국제테러, 군비축소와 비확산, 인권 등에 관한 국제협약도 숙지할 필요가 있다.

아무리 군부를 강하게 변론하는 사람들일지라도 군 당국이 엄격한 장교 선발 기준을 가지고 있었고, 평상시 같았으면 캘리 중위처럼 낮은 수준의 지성과 인격을 지닌 장교가 지휘하도록 허용하지는 않았을 것이라는 데 동의하지 않을 수 없을 것이다. 군 당국이 장교 선발 기준을 급격하게 낮추었기 때문에 미라이 학살 사건의 책임도 같이 져야 한다. 낮은 선발 기준 자체가 결국 장교들 자신을 해치는 요소가 되어 돌아왔다.[2)]

1968년 3월 16일 새벽, 헬리콥터가 찰리 중대원 전원을 착륙 지점에 내려놓았다. 중대장 메디나 대위는 옛날 포도밭 자리에 지휘본부를 설치했다. 사격이 시작되자 다른 장교들은 1천 피트쯤 상공에 떠 있는 헬리콥터에서 소탕작전을 관망하고 있었다.

찰리 중대의 캘리 소대원 30명은 볏짚으로 엮어 만든 초가집들만 다닥다닥 붙어 있는 '미라이－4' 지역으로 진입했다. 기록에 따르면 소대원들이 마을에 들어갈 때 흩어져서 들어갔기 때문에 어느 누구도 전체적인 상황을 동시에 볼 수 없었다고 한다.

또 이 기록은 '미라이－4' 지역에서는 어떤 반격도 없었으나, 캘리 중위가 소대원들에게 사격 명령과 함께 수류탄을 주민들이 살고 있는 지점에 투척하라고 지시했다는 사실을 보여주고 있다. 밖으로 뛰어나오는 여자들과 아이들을 기관총이 기다리고 있었다. 학살이 오갈 데 없는 주민들의 앞을 가로막았다.

즉시 사살하지 못한 나머지 여자들과 어린이, 노인들은 손을 머리 위에 올리게 하고 큰 도랑으로 내려가도록 했다. 여기서도 주민들을 기다리고 있는 것은 소대원들의 사격뿐이었다. 다른 2개 소대는 '미라이－4' 마을의 외곽을 포위하고 있다가 도망쳐 나오는 사람들을 사격으로 차단했다.

변호사이자 정치학 교수였던 예비역 중령 조지 월턴은 『녹슨 방패』에서

---

2) 마이클 매클리어, 유경찬 옮김, 『베트남: 10000일의 전쟁』(을유문화사, 2006), 제17장 "절규하는 병사들" 참조.

이렇게 말하고 있다.

미라이-4 지역에서의 학살은 천인공노할 짓이었다. 한 노인은 총검으로 난자당했으며, 어떤 노인은 우물 속으로 던져진 다음 수류탄 세례를 받았다. 마을 밖 사찰에서 불공을 드리고 있던 아이들과 여자들은 등 뒤에 병사들이 쏜 총을 맞고 죽었다. 가끔 병사들은 어린 여자아이들을 도랑가로 끌고 가서 강간하기도 했다. 한 병사는 겁탈한 여자아이 대여섯 명을 한 오두막에 집어넣은 다음 수류탄을 던져 폭사시키기도 했다. 사살 대상이나 방법에서 남녀노소의 구분이 없었다. 겨우 걷기 시작한 어린이들은 한곳에 모아 처치했다.[3)]

베트남전 당시 미라이촌 양민학살과 관련하여 당시 캘리 중위의 상관인 중대장 메디나 대위에 관하여 1971년 가을 미국 군법회의가 내린 판결 사례를 살펴보자. 메디나 대위가 지휘하는 중대의 병사들이 베트남의 한 촌락을 공습하는 과정에서 엄청난 잔혹행위를 범했다. 특히 미라이 마을에서는 그의 중대원들에게 수백 명의 비무장 민간인들이 사살되고 수많은 사람들이 강간당하거나 윤간당하는 일이 발생했다. 기소장에 따르면 잔혹행위가 일어나는 시간에 메디나 대위는 미라이촌 마을과 그 주변에서 무전으로 부하들과 교신하고 있었으며, 중대원을 적절하게 통제하는 데 실패했다. 더욱이 마을의 모든 것을 다 파괴하라고 부하들에게 지시했나든가 중대장 자신도 100여 명의 여자들을 의도적으로 사살하고 주민들을 사살해도 좋다는 지시를 직접 했다는 것과 관련하여 상충하는 증언들이 있다.[4)]

---

3) 같은 책, pp. 490-491.

4) 메디나는 부상당한 한 여성을 사살했다고 인정했지만 그 여인이 수류탄으로 무장했기 때문에 그랬다고 변명했다. 그는 부하들에게 어린이를 사살하도록 명령했으나, 그 때는 전투가 아주 치열한 상황이었고, 곧 신속하게 명령을 철회했으나 이미 일이 벌어지고 말았다고 주장했다.
육군장관 웨스트모어랜드(William Westmoreland)의 지시에 따라 임무를 수행한 조사 베트남전 당시 불법적이며, 비도덕적이며, 불필요하고도 비겁하며, 비생산적이고도, 아주 어리석은 미라이 만행에 대한 은폐기도와 육군 당국이 문제의 당사자들에게 부여한 터무니없는 상징적 처벌은 전쟁법의 비효율성을 나타내는 증거로 자주 인용된다. 캘리 중위는 기소되어 수많은 베트남 민간인들에 대한 계획적인 살해로 유죄판결을 받았다. 그는 5년간 가택연금을 당하면서 여자친구의 잦은 방문을 비롯하여 다양한 위로 방문을 받았다. 비록 몇 사람은 무공훈장을 박탈당하거나 행정적 징계처분을 받았지만, 사건에 연루된 24명 중에 5명이 기소되어 무죄판결을 받았으며, 나머지 사람들에게만 유죄가 인정되었다.[5)]

미라이촌 주민 대학살에 관한 이상의 진술과 보고서들의 내용을 통해서 우리가 얻을 수 있는 교훈은 전투 지휘관의 자질문제와 전시도덕의 무지가 가져오는 참상이 얼마나 심각한가에 대한 인식이다.

위원회는(The Peers Commission Investigation) 이 경우에 적합한 다음과 같은 결론에 도달했다. (1) 대학살의 원인은 명령계통에 있는 당사자가 내린 명령 자체의 성격에 있다. (2) 3월 16일 Barker라는 특수임무부대의 일부인 분대 내지 소대 규모에서 병사들이 그들의 직속상관의 감독과 지시에 따라 비전투원들을 살해했다. (3) 송미 마을(미라이 촌)의 주민에게 가해진 범죄의 일부로서 포함된 것은 개별적 혹은 집단적 사살, 강간, 남색(男色), 인체훼손, 그리고 비전투원 공격과 정치범(포로)에 대한 고문과 사살 등이 포함된다. (4) Barker 특수부대와 11여단의 지휘관들은 비전투원 사살의 규모에 관하여 확실한 정보를 갖고 있었다. (5) 사단의 모든 제대급차원에서 송미 마을에서 벌어진 전쟁범죄에 관한 정보를 의식적이든 무의식적이든 은폐하려 했다. (6) 중대차원에서는 자행된 전쟁범죄에 관해 사실을 상부에 보고하지 않았다. Paul Christopher, *The Ethics of War and Peace*(1994), pp. 160-163.

5) Joseph Goldstein, Burke Marshall, and Jack Schwartz, *The My Lai Massacre and Its Cover-up*(New York: The Free Press, 1976). 이 저술은 미라이 사건에 대한 미 육군의 독자적 조사 보고서인 "상원위원회 보고서"를 재작성한 것이다. 이 사건에 대한 미국의 조치를 언급하면서, 뉘른베르크재판에서 미국의 최고 검찰관이었던 텔포드 테일러 씨가 기록한 바에 따르면, "1902년 미국에서처럼, 1921년 독일에서처럼, 미라이 범죄의 결과는 '거의 터무니없는' 일이었으며 이 사건에서 많은 함축적인 교훈을 이끌어낼 수 있다. 그중의 한 교훈은 미국 군대와 독일 군대는 군인들에 대한 전쟁규칙들을 성실하게 집행하지 못했다는 점이다. 세계 곳곳에서 발생하는 사건들에서 도출할 수 있는 다른 결론은 많은 나라의 군대들이 전쟁규칙을 준수하려는 최소한의 노력도 기울이지 않는다는 것이다." 프리드먼(Friedman)의 『전쟁의 규칙』(*The Law of War*), pp. xxiv-xxv 참조.

2. 제3차 중동전쟁(6일 전쟁)의 교훈

우리가 잘 아는 바와 같이, 1967년 6월 5일 이집트—이스라엘 사이에 전투가 개시되었다. 전역은 시리아와 요르단으로 번지면서 전면적인 전쟁으로 확대되었다. 서전의 기습공격으로 아랍측 공군력을 괴멸시킨 이스라엘군은 압도적인 우세 속에서 4일 만에 시나이반도를 점령하였으며, 요르단강 서안(西岸)지역, 시리아 국경의 골란고원을 공략하였다. 국제연합안전보장이사회는 6월 6일 즉시 정전을 결의하였고, 쌍방의 수락에 의해 6월 10일 정전이 실현되었다.

제3차 중동전쟁인 6일 전쟁은 이스라엘군의 선제공격과 기습공격의 결정판이었다. 공격작전의 3단계는 우선 공군 전폭기를 이용한 수요거점 폭파 및 제공권 장악, 기갑부대의 요충지 공격과 돌파 그리고 지상군의 신속한 진격 순으로 이루어졌고 이스라엘군의 완승으로 전쟁이 종결되었다. 전쟁도덕의 관점에서 우리의 관심을 끄는 것은 지상작전을 수행한 중대원들의 이야기이다. 그들이 작전을 끝낸 다음 날(제 7일) 이구동성으로 제일 먼저 한 말이 무척 인상적이다.

6일 전쟁 당시 나부러스(Nablus) 지역에 진입하는 이스라엘 군의 한 중대에 관한 이야기가 있다. 유선상으로 대대장의 지시가 있었다. "민간인을 공격하지 말라. 그들이 사격해오지 않는 한 그들을 공격하지 말라. 경고한다. 피의 대가를 치를 것이다." 이 경고의 말을 반복하면서 중대원들은 작전을 계속했다. "피의 대가를 치를 것이다."[6)]

---

6) *The Seventh Day: Soldiers Talk About the Six Day War*, London, 1970. p. 132. "The battalion CO got on the field telephone to my company and said, 'Don't touch the civilian, don't fire until you are fired at and don't touch the civilians. Look, you've been warned. Their blood be on your head.' In just those words. The boys in the company kept talking about it afterwards. They kept repeating the words. Their blood be on your head." Michael Walzer는 그의 저서 『정당한 전쟁과 부당한 전쟁』에서 미라이 학살을 주도한 미군 장교의 질적 수준을 개탄한다. Michael Walzer, *Just and*

이 짧은 이야기에서 우리는 전쟁규칙을 준수한 이스라엘 군인의 전시도덕의 현주소와 그들의 군대문화를 엿볼 수 있다. 전투에 가담한 군인들은 교전 중에 정신이 없다. 생사의 갈림길에서 도덕적 판단보다는 동물적 본능에 따라 행동한다. 시비선악의 기준과 판단은 전적으로 그 전투를 지휘하는 지휘관, 즉 리더의 몫으로 남는다.

따라서 장차 군의 간성으로 임관하여 평시엔 부대관리, 전시엔 작전을 지휘할 생도들은 전쟁도덕의 제 문제를 잘 이해하고 부하교육을 해야 한다. 문명사회의 공공의 양심과 약속의 산물인 전시인도법(혹은 전쟁법)의 도덕적 원리와 그 기본 정신을 잘 알아야 한다.

제2장 전쟁도덕과 전시도덕

1. 전쟁도덕의 구분

2004년 6월 우리 국민이 이라크에서 이라크의 한 무장단체에게 참수당하는 일이 발생했다. 가나무역의 김선일 씨가 전쟁의 희생물이며 전쟁 범죄의 한 사례를 보여준다. 국가의 3요소는 영토, 국민, 주권이다. 이 3요소 중 어느 하나라도 손상당하면 국가는 최후의 수단으로 군대라는 무력을 사용하여 국가의 자존심을 회복해야만 한다.

그런데 국가는 전쟁을 통해 얻는 것과 잃는 것을 동시에 감당해야 하는 갈등에 직면한다. 인명살상 및 공공건물 파괴 그리고 무고한 사람의 희생이 있음을 알고도 무력사용을 하지 않을 수 없는 불가피한 선택을 한다. 전쟁개입을 고려하는 철학적 원리는 장기적 공리(long range utility)의 계

Unjust War: A Moral Argument with Historical Illustrations(New York, 1977), pp. 309-310.

산이다. 전쟁은 국민의 감정이나 군인의 전투의지에 따라 결정되는 것이 아니라 정치, 경제, 외교, 군사 분야의 전문가가 모여서 냉정하게 분석하고 계산해서 결정하는 것이다. 군인은 전쟁의 정당성 여부를 논하지 않는다. 군인은 단지 명령에 따라 투철한 충성심, 필승의 신념, 임전무퇴의 기상과 살생유택의 정신으로 죽음을 무릅쓰고 책임을 완수하여 승리해야 한다.

그러나 군인에게도 교전 중에는 반드시 지켜야 하는 규칙이 있다. 전쟁을 수행하는 군인이 지켜야 하는 법이 헤이그법과 제네바법이다. 전자는 교전 당사자들끼리 지켜야 하는 룰로 해적행위의 무제한적 사용을 금지하는 규정이다. 무차별 대량살상을 가능케 하는 핵무기나 화생방무기의 사용이 금지된다. 후자는 비전투원(민간인, 부상자, 포로, 적십사 요원, 종군기자 등)을 보호하는 인도주의 원칙이다. 과거에는 이러한 원칙들을 무시되었으나 이제는 반드시 준수해야 한다.

전쟁에서 리더(장교)는 사람을 죽이는 것이 아니라 적의 전투의지를 무력화하는 책임자이다. 권투 선수가 룰에 따라 K.O.나 판정승을 얻어 승리하는 것이지 흉기를 사용하여 반칙하거나 상대선수의 감독과 응원단을 공격해서는 안 되는 것과 같은 이치다. 이러한 원칙에서 벗어난 살상과 파괴는 명백한 전쟁범죄이다.

가나무역 김선일 씨를 참수한 테러리스트들은 응징해야 할 전범들이다. 이들은 국제사회의 이름으로 반드시 처벌해야 한다. 처벌과 용서는 선택의 문제이지만 이들의 뜻에 한 주권국가가 순순히 굴복한 예는 역사상 한 번도 없었으며 앞으로도 절대로 있어서는 안 될 일이다.

이러한 문제를 윤리학적으로 의미 있게 논의하기 위해서는 인간의 행위와 태도를 정당화하는 기준을 검토할 필요가 있다. 인간의 행위에 관한 도덕적 평가의 기준에 대해 사람마다 서로 다른 견해를 취한다. 윤리학에서 평가의 절대적 기준으로 간주되는 두 기준이 의무론(Deontology)과 목적

론(Teleology)이다.[7]

행위의 결과가 나에게 이익이 되는가, 아니면 손해가 되는가에 따라 정당화되는 것이 아니라 오직 옳기 때문에 하지 않을 수밖에 없는 행위가 있다. 예를 들면 '진실을 말하는 행위', '약속을 지키는 행위'는 시공을 초월하여 어느 누구에게나 타당한 행위가 된다. 반면 살인, 거짓말, 절도 등의 행위는 언제나 옳지 못한 행위가 된다. 이러한 견해가 의무론적 윤리설 혹은 법칙론적 윤리설이다.

그러나 행위 자체보다는 행위의 결과를 중시하는 견해가 있다. 바람직한 목적을 실현하는 수단으로 취한 행위가 옳은 행위로 정당화되는 윤리학적 견해가 목적론적 윤리설이다. 사회나 시대의 공동선을 구현하는 수단이 있다면 그 자체의 옳고 그름을 떠나서 정당화된다는 것이다. 예를 들면 '나무꾼과 선녀'의 이야기에서 노루의 생명을 구하기 위해 나무꾼이 사냥꾼에게 거짓말을 했다면, 나무꾼의 거짓말도 도덕적으로 정당화된다.

전쟁 상황에서 전투원의 행위는 도덕적 문제를 유발한다. "전쟁 중에는 법이 침묵을 지킨다."는 격언이라든지 "사랑과 전쟁에서는 무엇이든 공정하다."라는 속담은 마치 전쟁 중에 하는 행위는 무엇이든지 정당화된다는 의미를 담고 있는 것 같다. 그러나 그렇지 않다. 전투 중의 군인의 행위도 도덕적 평가의 기준에 따라 정당성을 가져야 한다.

가령 경비원을 쏘아 죽인 은행 강도는 살인자가 되지만 공격해 오는 적을 사살한 군인은 살인죄를 범한 것이 아니다. 그러나 그 군인이 선량한 민간인이나 부상당해 전의가 없는 적군, 투항하는 적군, 점령지 주민을 마구 쏘아 죽였다면 우리는 주저하지 않고 그를 살인자로 간주하고 비난하게 된다.

이처럼 전쟁에 관한 도덕적 반성은 얼마든지 가능하다. 그리고 전쟁도

---

7) William K. Frankenna, *Ethics*(New Jersey: Prentice-Hall, Inc., 1973), pp. 14-16.

덕과 관련하여 군대윤리는 어디까지나 목적론적 윤리학설에서 성립되며 그 의미가 살아난다고 볼 수 있다. 그러나 범죄금지 조항의 역할을 하는 전투원의 도덕은 의무론적 윤리학설에 더 근접한다. 전쟁에 관한 도덕적 논의는 일반적으로 '전쟁도덕'(morality of war)과 '전시도덕'(morality in war)으로 나누어 논의된다.[8)]

전쟁도덕은 정당한 전쟁과 부당한 전쟁을 구분하는 도덕적 기준과 관련된다. 즉 전쟁을 하는 그 자체가 옳은 일인가 옳지 못한 일인가를 따져보는 것이다. 전쟁은 군인이 폭력을 사용하여 인마 살상, 공공건물 파괴 등 의무론적 윤리설의 관점에서 보면 옳지 못한 행위들을 수단으로 하여 수행된다. 이러한 이유로 칸트 같은 도덕적 이상주의자는 전쟁을 절대악(絕對惡, absolute evil)으로 보았으며, 유학의 왕도정치론도 병자흉기(兵者凶器)라는 개념으로 군대나 전쟁을 필요악으로 간주했다.[9)]

비록 폭력과 살상에 호소하는 것이 일반적으로 악으로 간주된다 할지라도 폭력과 살상보다 더 큰 악이 발생한다면 이를 제거하기 위한 수단으로서 작은 악을 사용하는 것이 정당화된다는 논리에서 전쟁도덕은 시작된다.

그렇지만 전쟁을 먼저 일으키는 것이 어떤 경우에도 반드시 정당화될

---

8) 전쟁도덕(*jus ad bellum*)은 정치적 목적을 이루기 위해 전쟁을 일으키는 정당한 명분에 관한 논의이며, 전시도덕(*jus in bello*)은 전쟁 수행 중에 발생하는 모든 도덕적 문제를 다룬다. 전시도덕의 주제는 주로 적법한 공격대상과 수단의 문제인데, 가령 불필요한 고통을 야기하는 무기나 수단의 금지, 민간인이나 포로에 대한 부당한 대우의 금지 등 전쟁범죄 문제를 다룬다. 전시도덕의 윤리적 기준은 전시인도법(戰時人道法)이다. Paul Christopher, *The Ethics of War and Peace: An Introduction to Legal and Moral Issues* (New Jersey: Prentice Hall, 1994), p. 228.

9) 칸트(I. Kant)는 세계의 영구평화를 유지하기 위하여 악(惡)의 근원인 군대를 해산해야 한다고 제안했다. I. Kant, "Perpetual Peace," *Kant on History*, ed. by Lewis White Beck (Indianapolis: Bobbs-Merrill Educational Publishing, 1963), Section I, "The Preliminary Articles for Perpetual Peace," pp. 85-91. 『尉繚子 武議第八』에 보면, "兵者凶器也 爭者逆德也 將者死官也 故不得已而用之"라고 되어 있다.

수 없다고 단정하기는 어렵다. 왜냐하면 도저히 묵과할 수 없는 도덕적 악과 불의를 응징하기 위해 일으킨 전쟁을 부당한 전쟁이라고 평가할 수 없기 때문이다. 인권이 유린당한 동족의 노예생활과 비극을 종식하기 위해 일으킨 전쟁 또는 부당하게 점령당한 영토를 회복하기 위해 먼저 감행한 군사행동이 반드시 도덕적으로 비난받아야 하는지 의문이 아닐 수 없다.

그러나 보복이나 세력 확장을 시도하고 종족이나 주민을 모두 살육하려고 감행하는 군사행동은 도덕적으로 정당화될 수 없으며 그 의도도 불순하다고 말할 수밖에 없다. 의도를 분명하게 밝혀낸다는 것은 매우 어렵지만 이것은 전쟁 수행에 있어서 취하는 수단의 선택과 밀접한 관계가 있다.

이처럼 우리는 전쟁의 도덕성에 관해 많은 논의를 개진할 수 있다. 전통적으로 정당한 전쟁과 부당한 전쟁을 말하는 사람들은 근본적으로 전쟁을 억제하고 평화를 유지하려는 정신을 지니고 있다. 일반적으로 전쟁도덕은 전쟁의 불가피성을 정당화하는 원칙의 문제로 환원된다.

정당한 전쟁과 부당한 전쟁의 기준은 ① 정당한 명분(just cause), ② 합법적 권위(competent authority), ③ 비례적 정의(comparative justice), ④ 정당한 의도(right intention), ⑤ 최후의 수단(last resort), ⑥ 성공 가능성(probability of success), ⑦ 균형성(proportionality) 등의 원칙에 달려 있다.[10)]

정당한 전쟁의 명분은 기독교의 십자군 원정과 관련하여 논의가 시작된 '정당한 전쟁의 전통'(Just War Tradition)에 따라 끊임없이 연구·보완하면서 발전되어왔다.[11)] 정당한 명분에서 최후의 수단까지 5가지 조건은 국

10) U. S. Catholic Bishops, "The Just War and Non-Violence Positions," Malham M. Wakin(ed.), *War, Morality, and the Military Profession*(Boulder and London: Westview Press, 1986), pp. 239-255. 정당한 전쟁의 전통에 관해서는 Paul Christopher, *The Ethics of War and Peace* (New Jersey, 1994), 제1편 "정당한 전쟁의 전통"(pp. 7-68) 참조.

11) 어거스틴(St. Augustine)은 "복음을 전하기 위한 사랑의 매질"을 정당한 전쟁의 개념으로 이해하고, (가) 정당방위 전쟁 불인정, (나) 사랑의 매질의 원리(the principle of benevolent severity)에 따른 십자군 원정 정당화, (다) 정당한 전쟁 3원칙은 ① 정당한 명분, ② 합법적 권위, ③ 평화달성의 목적(평화=복음)에 있다고 본다.

제법의 아버지 그로티우스(Hugo Grotius)가 완성했다.

우선 그로티우스의 견해에 따라 정당한 전쟁의 필요충분조건 5원칙을 살펴본다.

첫 번째 원칙은 정당한 명분(just cause)이다. 이 원칙은 전쟁을 하는 이유가 타당해야 함을 의미하는 것으로서 사회적 제반 가치의 보호와 보전을 뜻한다. 예를 들면, 무장된 공격에서 무고한 인명과 재산을 보호하는 일이나 인권을 보호하기 위해 일으키는 전쟁은 정당한 명분이 있는 전쟁이다. 또는 침해된 주권의 회복과 같은 대의명분(大義名分)이 있을 때 그 전쟁은 정당성이 있다고 본다.

두 번째 원칙은 합법적 권위(competent authority)이다. 이는 국가의 통치권을 위임받고 있는 합법적인 당사자가 선생을 선포해야 하고 정규군이 전쟁을 수행되어야 함을 의미한다. 합법적 권위에 따른 무력 사용이란 잘 조직되고 훈련된 지휘권에 의한 무력 사용의 통제를 의미한다. 따라서 자칭 '해방군'이나 '시민군'이라고 하는 집단이 전쟁을 선포하고 무력을 사용한다면 그것은 정당한 전쟁이라고 할 수 없다.

세 번째 원칙은 비례적 정의(comparative justice)이다. 전쟁 중에 발생하는 정의와 불의의 비교대차를 따져서 정의가 더 많아야 한다는 원칙이다. 즉 전쟁을 통하여 얻는 이득이 전쟁을 통해 입는 손실보다 더 커야 함을 의미한다. 즉 무력을 사용해 얻는 이익이 무력을 사용해서 얻게 될 손실을 충족하지 못한다면 정당한 전쟁으로 보기 어렵다는 것이다. 따라서 비록

한편 아퀴나스(Thomas Aquinas)는 방어전쟁의 정당성과 '2중 효과론'을 주장했다. 정당방위(방어전쟁)를 인정하는 3원칙으로 ① 합법적 권위(proper authority), ② 정당한 명분(just cause), ③ 정당한 의도(morally good aim)를 제시했다. 전쟁의 이중효과 원리(the doctrine of double effect)는 전쟁의 양면성(善과 惡)을 인정하는 것으로 전쟁 수행 중에는 의도하지 아니한 악의 발생이 불가피하다는 것이다. 그러나 선의 측면이 많아야 한다고 하면서 비교 정의(comparative justice)가 많아야 정당한 전쟁이라고 보았다. Paul Christopher, *The Ethics of War and Peace*(New Jersey, 1994), pp. 33-58 참조.

전투에서 승리할 확률이 높다 해도 전쟁 결과가 민족의 전멸, 국가 재원의 완전 탕진 등을 초래한다면 전쟁에 호소하는 것이 올바른 선택이 되지는 못한다. 이 원칙은 전쟁개입 여부를 고려할 때 전쟁에서 얻을 수 있는 경제적 이해득실과 효율성 여부를 잘 판단해야 할 것을 요청한다.

네 번째 원칙은 정당한 의도(right intention)이다. 이는 전쟁의 시작 또는 개입의 의도가 정당한 명분(혹은 대의명분)과 일치해야 함을 의미한다. 즉 전쟁 개입에 숨겨진 의도가 무엇이지 분명해야 하고 또 정당해야 함을 말하는 것이다. 예컨대 전쟁 개입이 전쟁 종식과 평화 유지라고 한다면 정당한 전쟁이 되겠지만, 자국의 영토 확장이나 상대국 위협 혹은 종족 말살을 꾀하고자 하는 전쟁이라면 정당한 전쟁이라고 할 수 없다. 설사 명분은 정당하다 할지라도 전쟁 개입이나 도발에 불순한 의도나 동기가 숨어 있다면 정당한 전쟁이라고 할 수 없다.

다섯 번째 원칙은 전쟁은 최후의 수단(last resort)이다. 이는 전쟁을 선포할 때는 정당한 목적을 충족시키는 방법이 전쟁 이외의 다른 대안이 없어야 함을 의미한다. 전쟁은 정치적 중재나 협상 등의 외교적 노력을 동원해 문제 해결 방안을 모색했으나 다른 대안이 전혀 없을 경우에 한하여 최후의 수단으로 선택해야 한다는 것이다. 따라서 만약 무력에 호소하지 않고도 문제를 해결할 수 있는 방안을 발견한다면 그 전쟁은 부당한 전쟁이다.

이 5원칙이 정당한 전쟁의 기준에 관한 고전적인 견해이다. 예를 들면, 국가간 분쟁의 쟁점을 해결하려는 모든 노력, 즉 정치, 외교 등 모든 노력이 수포로 돌아갔을 때 마지막으로 남은 군사적 수단으로 무력을 사용하는 것이다. 그러나 국제사회는 대량살상 화생방 무기와 핵무기가 동원되는 현대전에서는 그 기준을 새로이 추가하면서 전쟁 발발을 자제하는 노력을 기울이고 있다.

결국 전쟁의 도덕이 추구하는 것은 호전성이 아니다. 오히려 전쟁을 억제하고 문제를 평화적으로 해결하려는 자세가 전쟁도덕의 기본 정신이다. 그러나 군인은 위에서 검토한 정당한 전쟁의 모든 원칙에 의해 내려진 정책결정자의 전투 명령에 절대 복종하고 가능한 모든 역량을 집중하여 신속하고도 정확하게 임무를 수행하고 전투를 승리로 이끌어야 한다.

2. 전시도덕과 전쟁법

전쟁도덕이 전쟁 자체의 정당성과 관련된 문제라면 전시도덕은 전투 중에 발생하는 군인의 행위, 전쟁의 수단, 전술, 전략 등의 도덕성과 관련된 문제라고 볼 수 있다.

전투행위 자체가 무력을 사용하여 인명살상, 공공건물 파괴 등으로 이루어지기 때문에 의무론적 윤리설의 관점에서 보면 군인은 악과 불의를 자행하는 부도덕한 사람이 될 수도 있다. 그러나 전쟁도덕은 목적론적 관점에서 성립하는 응용윤리이기 때문에 전투 중 군인의 행위는 비례적 정당성을 갖는다. 그런데도 큰 정의나 선을 실현하기 위한 필요악으로 국가는 무력사용이 불가피하다 하더라도 군인은 인노주의와 아마추어 선수의 공정한 경기정신과 신사도 정신을 지켜야 하는 것이 전시도덕의 핵심이다. 따라서 전시도덕은 의무론적 관점에서 접근해야 한다.

전쟁을 수행 중인 군인의 행위에 내포된 특수성을 뉘른베르크 전범재판의 미국 측 수석 검찰관이었던 테일러(Telford Taylor)의 설명으로 알아본다.

> 전쟁은 평상시 같으면 범죄행위가 되는 다양한 종류의 행위들, 즉 사살, 상해, 납치, 타인의 재산 파괴·약탈 행위를 담고 있다. 이러한 행위들이 전쟁 중에 발생하여도 범죄행위로 간주되지 않는 것은 전쟁사태가 군인들에게 면죄부를 주기 때문이다.
>
> 그러나 면죄 범위가 무제한적인 것은 아니다. 그 경계선은 전쟁법에 의해

그어진다. 문제의 행위들이 그 경계선을 넘으면 평화 시에 발생했을 경우와 같은 범죄의 성격을 갖게 된다. 그러므로 문자 그대로 해석한다면, "전쟁범죄"라는 말은 잘못된 명칭이다. 왜냐하면 비록 전쟁 중이라도 전쟁법에 규정한 면책의 영역을 벗어난 행위이기 때문에 여전히 범죄로 남는다.12)

그러면 전투 중인 군인의 행위에 면죄부를 주는 원칙은 무엇이며, 면죄부를 준다고 해도 그 한계가 분명하게 있다는데, 그 한계는 무엇인가? 이러한 물음에 답하기 위해서 우리의 논의는 전시인도법 혹은 국제법에 명시된 전쟁법에 관하여 알아본다. 우선 현대 전쟁법이 지니는 인도주의적 기본원칙들을 알아본다.13)

1) 현대 전쟁법의 기본원칙

(1) 불필요한 고통금지의 원칙

전쟁목적의 달성에 불필요한 행위는 허용되지 않는다는 것이 불필요한 고통금지에 관한 법원칙이다. 교전당사자는 해적수단의 선택에 관하여 무제한적 권리를 갖는 것이 아니다. 불필요한 고통 또는 과도한 상해의 금지에 관한 법적 원칙은 항복한 병사의 살상금지 및 불필요한 고통을 주는 무기사용의 금지에서 찾아볼 수 있다. 특히 1980년 체결된 '특정 재래식 무기사용의 금지 또는 제한에 관한 협약 및 의정서'는 동법 원칙을 집약한 것이다.

12) Telford Taylor, *Nuremberg and Vietnam: An American Tragedy*, reprinted as chap. 25, "War Crimes," in *War, Morality, and the Profession*, ed. by Malham M. Wakin(Boulder, Colo.: Westview Press, 1979), pp. 415-416.

13) 육군사관학교, 『군사법원론』(일신사, 2006), "제4부 전쟁법," pp. 614-618 참조.

(2) 전투원과 민간인의 구별원칙

전쟁은 교전당사자인 전투원간의 무력충돌로 전투원과 민간인은 엄격히 구별되어 전자에만 전투행위가 국한되고 후자는 전투 대상에서 제외된다는 것이 일반원칙으로 인정된다. 1868년 세인트피터스버그(St. Petersburg) 선언은 "국가가 전쟁기간에 달성하려고 노력하여야 할 정당한 유일의 목표는 적의 군사력을 약화시키는 것이다."라고 하여 이를 분명히 하고 있으며, 방수되어 있지 않은 도시 · 촌락 · 주택 · 건물에 대한 공격금지와 방수지역에 대한 공격개시 전 경고의무는 이 원칙을 구체화한 일례라 할 것이다. 그러나 군사적 필요가 압도적으로 우월한 비중을 점하여 민간주민에 대한 강제적 수단사용을 허용하는 경우는 예외가 인정되고 있다.

(3) 비례성의 원칙

비례성의 원칙은 투입된 군사력의 양과 작전수행 중에 평가되는 목표의 군사적 가치의 관계가 비례적이어야 한다는 것이다. 비례성을 일탈한 군사력의 사용은 불필요한 군사력 사용에 해당하게 된다는 점에서 불필요한 고통금지에 관한 원칙의 논리적 파생물이라고도 할 수 있다. 또 비례성의 원칙은 군사목표 공격으로 민간주민에게 심대한 고통을 가져오는 것을 금지하는 결과를 가져옴으로써 전투원과 민간인 구별 원칙과도 간접적으로 연결되고 있다.

1977년 제네바협약 추가의정서는 이 원칙을 민간주민보호에 관한 모든 규정에 구체화하고 있다. 우발적인 민간인 생명의 손실, 민간인에 대한 상해, 민간물자에 대한 손상 또는 그 복합적 결과를 야기할 우려가 있는 공격으로서 구체적이고 직접적인 군사적 이익에 비하여 과도한 공격을 무차별 공격으로 간주하여 금지하고 있으며, 공격의 계획 · 결정에서 군사적 이익에 비추어 과도한 공격 개시를 피하도록 하고, 개시한 것으로 될 것이 분명한 경우 공격의 취소·중지를 규정하고 있다.

(4) 인도주의 원칙

인도주의의 원칙이란 전쟁목적을 달성하기 위하여 실질적으로 필요하지 않은 폭력사용을 금지하는 것을 말한다. 교전당사자에게 군사적 목적을 달성하기 위한 모든 전투수단이 허용되는 것은 아니며, 문명과 인도주의 원칙에 따라 제한된다. 그러므로 특정부류의 사람(포로, 상병자, 조난자, 적국에 억류된 민간인 등), 특정부류의 건물(사찰, 교회, 학교, 문화기념관, 병원 등), 특정부류의 무기 등에 관해서는 제한이 따르는 것이다. 결국 인도주의 원칙은 불필요한 고통금지, 비례성의 요구 및 전투원과 민간인의 구별원칙으로 귀착된다.

인도주의의 요구는 다음 몇 가지 중요한 문서에서 공식화되고 있다. 1868년 세인트피터스버그선언은 "모든 교전당사자는 군사적 필요와 인도주의 원칙을 조화시켜야 한다."라고 하여 인도주의 원칙이 전쟁법의 기본원칙임을 분명히 하고 있다. 특히 1907년 헤이그 육전규칙 전문에서는 육전규칙에 명시적 규정이 없는 경우에도 문명국 간에 존재하는 관습 및 인도주의 원칙과 공적 양심의 요구에 따른 보호가 전투원 및 민간인에게 부여된다는 '마르텐스조항'(Martens Clause)[14]을 삽입하여 이를 뒷받침하고 있다.

---

14) 마르텐스는 1907년 헤이그 협약체결 시 러시아 대표로 참석하여 "가입하지 아니 해서 아직 국제협약이 적용되지 아니하는 지역의 민간인들과 전투원들도 기존 국제법의 보호와 권위 아래 놓이며, 이는 인간성의 원칙과 문명사회의 양심에서 나온다."라고 주장했다. Ame Wily Dahl, "The International Law Imperative on the Military Ethics" in MSO Cyber Institute for MEL., *40 Best Selected Papers for Military Ethics and Leadership*(Seoul, 2008. 12), pp. 53-61.

(5) 군사필요의 원칙

군사필요의 원칙이란 최소한의 경제적 · 인적 자원의 소비로 적을 제압하는 데 필요불가결하고 동시에 국제법에 의해 금지되지 않는 제한된 군사력의 사용조치는 정당화된다는 원칙이다. 이 개념은 네 가지 기본요소를 가지고 있다. 첫째, 사용된 군사력은 실제로 사용자에 의해 규제될 것, 둘째, 사용된 군사력은 적의 부분적 혹은 완전한 제압이 가능한 한 빨리 달성하는 데 필요할 것, 셋째, 사용된 군사력은 신속하게 제압하는 데 필요한 것보다 적의 인명 혹은 재산 피해가 훨씬 크지 않을 것, 넷째, 사용된 군사력은 달리(예컨대 실정 국제법상) 금지되지 않을 것 등이다.

이 군사필요의 원칙(the principle of military necessity)은 인도주의 원칙(the humanitarian principle)과의 상대적 관점에서 조명된다. 여기서 전쟁법 규범을 상기 2개 변수로 하여 결정되는 4개의 범주로 구분할 수 있다.

첫째, 군사필요의 원칙과 상호 충돌되지 않는 규범, 둘째, 인도주의 원칙이 우월하여 군사필요가 허용되지 않기 때문에 전쟁행위가 무조건적으로 제한되는 규범, 셋째, 인도주의 원칙과 군사필요의 타협의 산물로 군사적 필요가 있는 경우 전쟁행위에 대한 제한을 제거한 규범, 넷째, 군사필요의 우위를 인정하는 규범으로 분류한다. 그러므로 군사필요의 원칙과 인도주의 원칙이 전쟁법 규범의 매개변수로서 불가분의 일체를 구성한다고 본다면, 군사적 필요의 원칙은 전쟁법 규범에 대한 일반적 제한의 원용근거가 될 수 없다 할 것이다.

(6) 기사도 원칙

기사도 원칙이란 불명예스러운 수단 · 방법 및 행동을 취하는 것을 금지하는 것을 말한다. 기사도의 개념을 정의하는 것이 어렵지만, 널리 인정받은 정식절차와 정중함으로 조화된 무력충돌의 행동을 의미한다. 중세의 기사도는 전투원이 특권계급에 속한다는 관념, 무장전투가 하나의 의식이라는 관념, 적에게도 존경과 명예가 주어진다는 관념 및 적도 무장 기사단의 형제애 속의 한 형제라는 관념을 포함한다. 현대의 기술적이고 산업화된 무력충돌은 전쟁을 좀 더 비신사적으로 만들었다. 그런데도 기사도 원칙은 독약, 불명예스럽거나 배신적인 부정행위, 적기와 적의 제복, 제네바협약의 특수휘장 등의 오용을 반대하는 특별한 금지로 남아 있다. 요컨대 기사도 원칙은 무력충돌에서 전투원 개개인을 덜 야만적이고 더 문명적으로 만들고자 하는 것이다.

(7) 환경보전의 원칙

환경보전에 대한 새로운 전쟁법 원칙은 인류사회에 심각한 문제로 대두되고 있는 환경보전의 필요성을 승인하는 것과 관련된다. 이 원칙은 1974년 12월 9일 유엔총회에서 채택된 원칙이다. 적절한 국제협약을 체결해 국제안보 · 인류복지 및 건강의 유지에 반하는 군사적, 기타 적대 목적으로 환경 및 기후에 영향을 주는 행동을 금지하기 위한 실효적 조치의 필요성을 강조했다. 이 원칙은 1977년 제네바협약 제I추가의정서에도 반영되었다. 즉, 전투방법 및 수단에 관한 기본원칙의 하나로서 자연환경에 대하여 광범위하고 장기간의 극심한 손상을 야기하려는 의도를 갖거나 그렇게 될 것으로 예상되는 전투방법 및 수단의 사용을 금지하고 있으며, 전투 중 광범위하고 장기간의 극심한 손상으로부터 자연환경을 보호하기 위한 조치를 취할 의무를 부과하면서 주민의 건강 또는 생존을 침해할 것이 예상되는 전투방법 및 수단의 사용과 복구(復仇)[15]에 의한 자연환경 공격을 금지하고 있다.

---

15) 복구(復仇, reprisal)는 국제법상의 위법행위에 의해 권리가 침해된 국가가 가해국에 대해 그 중지 · 구제를 요구하여 실시하는 자구행위이다.

2) 전쟁법의 의의와 유형

좁은 의미에서 전쟁법(law of war)이란 전투행위와 전투로 인한 희생자의 보호 문제를 규율하는 국제법의 원칙과 법규를 말한다. 일반적으로 전쟁법이란 전쟁 혹은 무력충돌에서 무력충돌 당사자의 적대관계를 규율하는 법으로서 전쟁에 호소하려는 것 자체를 규제하려는 법, 즉 전쟁금지를 효율적으로 실현하기 위한 전쟁방지법(*jus ad bellum*)인 전쟁도덕(morality of war)과는 구별된다. 광의로는 교전국과 중립국의 관계를 규율하는 중립법을 포함하는 전시국제법과 같은 의미로 쓰이기도 한다. 전쟁법의 근본적 목적이 전투행위 자체의 규율이라기보다는 인간의 고통을 덜어주고자 하는 인도적(humanitarian) 이유들을 목표로 한다는 점에서 국제인도법(international humanitarian law)이라고도 부른다.[16)]

전쟁 혹은 무력충돌에는 법적 규제가 따른다. 이 법적 규제는 두 가지 측면에서 이루어져 왔다. 그 하나는 전쟁이나 무력충돌 자체에 대한 법적 규제(*jus ad bellum*)이다. 이것은 바꾸어 말하면, 전쟁이나 무력충돌의 적법성에 관한 문제이다. 앞에서 살펴본 바와 같이 전쟁억제를 위한 정당한 전쟁의 기준들이다. 전통적인 전쟁의 적법성 문제는 제2차 세계대전 이후 유엔헌장의 채택과 뉘른베르크 국제군사재판의 결과로 인하여 법적으로는 논의의 실익이 없게 되었다. 유엔헌장에서는 전쟁 대신에 '침략행위', '평화의 파괴', 그리고 '평화에 대한 위협'이라는 용어를 쓰고 있다. 이것

16) 인도법은 전쟁법과 인권에 관한 법으로 구분한다. 전쟁법의 목적은 군사필요 원칙이 허용하는 한 최대의 적대행위를 통제하고 인간의 고통을 제거함에 있으며 헤이그법과 제네바법으로 구분된다. 개인은 그의 생명이 지닌 신체적, 도덕적 완전성과 그의 개성과 불가분의 관계에 있는 모든 속성들이 존중받을 권리를 갖는다는 불기침의 원칙과 개인은 인종, 성, 국적, 언어, 사회적 지위, 부, 정치적, 철학적 또는 종교적 견해, 또한 이와 유사한 어떤 것에 의해서도 차별 없는 대우를 받는다는 무차별의 원칙 그리고. 누구나 인격의 안전에 대한 권리를 갖는다는 안전의 원칙을 기본으로 한다. —Jean Pictet, *The Principles of International Humanitarian Law*, Geneva, 1966(김명기 / 민경길 옮김, 『國際人道法의 原則』, 육군사관학교, 1979) 참조.

은 형식상 또는 공시적인 의미의 전쟁과 실질적 또는 사실상의 전쟁까지를 금지한 것이다. 그러나 이미 침략전쟁의 위법성과 범죄성이 누차 재확인되어 왔는데도 사실상 아직도 국제적 무력충돌과 내전이 그칠 줄 모르고 있다.

다른 하나는 전쟁이 이미 발발하였거나 무력충돌이 발생한 경우 이에 따른 문제에 대한 법적 규제(*jus in bello*)로서 전투원들에게는 규범적 구속력을 지닌다. 전쟁법은 전쟁을 불법화하기보다는 전쟁의 발생가능성을 줄이고, 전쟁으로 인한 비교전국과 일반국민의 고통을 축소하며, 더 나아가 국제관계를 가능한 한 안정시키는 데 공헌하였다. 전쟁 그 자체의 재앙을 없앨 수 있다고 주장하기는 처음부터 불가능하였으므로, 적어도 불필요하고 가혹한 행위를 수행할 때 특정 '경기규칙'을 준수할 것이 강요되는 것은 바로 교전당사자 상호 이익이 있기 때문이다. 이것은 국제법의 가장 중요한 부분을 구성하는 전쟁법의 근원이다. 개인과 그의 복지에 대한 존중은 공공질서와 양립할 수 있는 한, 전시에는 군사적 위협과 양립할 수 있는 한 최대로 보장된다. 또 전쟁법은 비록 불충분하다고 할지라도 문명생활의 지속성(continuity of civilized life)을 보장하는 데 기여하는 것이다.

개별국가 내에서 그래왔던 것과 마찬가지로 국제적 영역에서 이를 달성하기가 그렇게 쉬운 일이 아님은 말할 필요도 없다. 그러나 전쟁법의 목적은 군사필요 원칙이 허용하는 한 최대의 적대행위를 통제하고 인간의 고통을 제거함에 있고 유형은 헤이그법과 제네바법이다.

(1) 헤이그법

헤이그법(Hague Convention)은 전투행위에서 교전자의 권리와 의무를 결정하며, 해적수단의 선택에 제한을 가한다. 교전자는 적에게 해를 가하는 수단의 무제한적 선택권을 갖지 않는다. 헤이그법은 주로 전투행위, 점령 및 중립의 개념이 포함된다. 헤이그법에는 네덜란드의 도시이름(헤이그)이 붙은 협약만이 포함된 것은 아니다. 전시에 특정 투사물(投射物)의 사용을 금지한 1868년의 '세인트피터스버그선언'이나 질식성, 유독성 등의 가스와 세균학적 방법의 사용을 금지한 1925년의 제네바의정서도 여기에 속한다. 헤이그법에는 1899년 및 1907년의 헤이그에서의 모든 협약, 1923년 공전법규 초안, 특정무기에 관한 모든 조약(세인트피터스버그선언, 1925년 제네바의정서, 1980년 특정 재래식 무기 사용의 금지 또는 제한에 관한 협약 및 의정서 등)이 포함된다.

(2) 제네바법

제네바법(Geneva Convention)은 적대행위에 가담하지 않은 인원과 전투능력을 상실한 군사요원의 안전을 도모하려는 것이다. 즉 전투능력을 상실한 인원과 적대행위에 가담하지 않은 인원은 존중되고 보호되며 또한 인간적인 대우를 받도록 한다. 제네바법은 1949년 이래 그 이름으로 된 이후 4개 협약에 의해 구체적인 형태를 띠게 되었다. 제네바법에는 전쟁포로 · 부상자 · 병자 · 난선자 등 무력충돌의 희생자가 된 자, 민간인 일반, 무력충돌의 희생자를 돌보는 자(특히 의무요원) 등이 포함된다.

제네바법은 문명과 평화의 제1차적 요소인 인도주의적 성격을 좀 더 정확하게 나타내면서 적십자의 이상을 실체화하고 있다. 여기에는 국제적십자사의 역할이 개입되어 있다. 그러므로 제네바법을 때로는 적십자의 법이라고도 부른다. 제네바법에는 1864년, 1906년, 1929년의 제네바협약 그리고 전항의 협약을 개정하고 완성한 1949년의 제네바 4개 협약이 있다.

헤이그법과 제네바법의 명확한 차이는 점차 감소되고 있다. 그러나 두 법의 본질적인 차이는 전쟁법을 실제적으로 이해하는 데 여전히 유용하다. 특히 헤이그법은 지휘책임을 담당하는 모든 자에 대해 언급함으로써 지휘계통을 통하여 모든 군대요원을 규율하고 있다.

제네바법과 헤이그법을 구별할 수 있게 하는 또 다른 요소인 제네바협약문은 오로지 개인의 이익만을 위해 작성되어 왔다. 일반적으로 말할 때 여기서는 국가간의 권리에 관해서는 정하고 있지 않다. 제네바법은 개인과 인도주의 원칙에 우위성을 부여한다. 반면에 헤이그법은 군사작전 통제를 목적으로 하며, 부분적으로는 군사필요 원칙에 기초를 두고 있다.

이러한 정신은 1948년 8월 12일 제정된 전쟁희생자 보호에 관한 제네바협약에 잘 반영되어 있다. "전쟁 중에도 자비를 베풀어야 한다."는 제네바 협약의 인도주의 정신은 4개의 협약과 2개의 추가 의정서에 담겨져 있다.[17)]

제네바협약이 지니고 있는 인도주의 정신과 아마추어적 경기정신이 전쟁에서 도덕성의 근간이 된다. 그러나 전시인도법의 기본 원칙들을 암송하는 것만으로 그 정신의 실현이 불가능함을 우리는 전쟁의 역사에서 많

---

17) 대한적십자사, 『제네바협약 백문백답』 (서울: 대한적십자사 인도법연구소)을 참조할 것. 제네바협약이 담고 있는 인도주의 정신은 다음 7대 원칙에 명시되어 있다.

① 전투능력 상실자와 적대행위에 직접 가담하지 아니하는 자는 그들의 생명과 육체적·정신적 보존에 대하여 존중받을 권리가 있다. 그들은 모든 상황에서 차별 없이 보호되고 인도적으로 대우받아야 한다.

② 투항하거나 전투능력을 상실한 적군을 살상하는 것은 금지되어야 한다.

③ 부상자와 환자는 적대행위가 있었던 충돌 당사자에 의하여 수용되고 진료되어야 한다. 의료요원, 시설, 수송기관 및 자재도 보호대상이 된다. 적십자의 표장은 이러한 보호를 위한 표지로서 반드시 존중되어야 한다.

④ 포로가 된 전투원과 적대국의 지배아래 있는 민간인들은 그들의 생명, 존엄성, 인권 및 신념에 대하여 존중받을 권리가 있다. 그들은 일체의 폭력 및 보복행위에서 보호된다. 그들은 자기 가족과 서신을 교환하고 구호품을 받을 권리가 있다.

⑤ 모든 사람은 기본적인 사법상의 보장을 받을 권리가 있다. 누구나 육체적·정신적 고문과 체벌 또는 품위를 손상하는 잔혹한 대우를 받아서는 아니 된다.

⑥ 충돌당사자와 그 군대의 구성원은 전쟁의 방법 및 수단을 무제한적으로 선택할 수는 없다. 불필요한 손실 또는 과도한 고통을 유발하는 성질을 지닌 무기나 전쟁방법의 사용을 금지한다.

⑦ 충돌당사자는 어떠한 경우에도 민간인과 그들의 재산을 보호하기 위해 민간주민과 전투원을 구별하여야 한다. 민간인이나 개인이 공격목표가 되어서는 아니 된다. 공격대상은 오직 군사 목표물에 국한되어야 한다.

이 보아왔다.

전시도덕은 비록 군인이 폭력을 수단으로 하여 전투하지만 제네바협약의 전시인도법에 따라 "전쟁 중에도 자비를 베푼다."라는 정신을 실천할 것을 요구한다. "군인은 그가 우군이건 적군이건 간에 약하고 무장하지 않은 사람을 보호할 책임이 있다. 이것은 군인의 존재 이유이며 본질이다. 이러한 믿음이 사라지면 군인의 모든 명예와 신성함이 더럽혀질 뿐만 아니라 국제사회의 구조가 위협받게 된다."라는 맥아더 장군의 말이 전시도덕의 핵심이다.[18)]

제3장 전쟁범죄와 지휘관의 책임

1. 전쟁범죄의 개념

군인은 전쟁수행 중 군사필요 원칙에 따라 사살, 상해, 납치, 타인의 재산을 파괴하고 약탈하는 행위를 할 수도 있다. 평상시 같으면 이러한 행위는 분명 범죄행위이다. 이러한 행위들이 전쟁 중에 발생하여도 범죄행위로 간주되지 않는 것은 전쟁사태가 군인들에게 면죄부를 주기 때문이다. 그러나 면죄 범위가 무제한인 것은 아니다. 그 경계선은 전쟁법에 의해 그어진다. 문제의 행위들이 그 경계선을 넘으면 평화 시에 발생했을 경우에 갖게 되는 범죄의 성격을 갖게 된다. 그러므로 전쟁범죄는 전쟁법의 위반이다. 왜냐하면 비록 전쟁 중이라도 전쟁법에 의해서 규정한 면책의 영역을 벗어난 행위이기 때문에 여전히 범죄로 남는다.

18) Michael Walzer, *Just and Unjust War: A Moral Argument with Historical Illustrations*(New York: Basic Books, Inc., Publishers, 1977), p. 317.

1907년의 헤이그조약 (IV) 전문에 보면 조약당사국들은 "군사적 요구조건들이 허용하는 한 전쟁의 해악을 억제하기 위한 열망을 반영하는 어휘들로 구성된 이러한 규약들을 준수해야 한다."라고 되어 있다. 유엔총회의 요구에 따라 국제 사법재판 위원회가 제정한 뉘른베르크 원칙들조차도 전쟁범죄 구성요건에 대한 논의에서 이와 비슷한 유보조항을 담고 있다.

> VI(b) 전쟁범죄: 전쟁의 규칙이나 관례의 위반으로 다음과 같은 사항들이 포함되나 이에 국한되지는 않는 것들로서, 점령지 주민들에 대한 살인, 강제노동과 같은 부당한 대우나 국외추방, 전쟁포로나 해상 조난자들의 살해나 부당한 대우, 인질 살해, 공공 혹은 사적 재산의 약탈, 도시나 마을의 무자비한 파괴 혹은 군사필요에 의해 정당화되지 않는 파괴행위 등이다.[19]

전시도덕의 차원에서 논의할 수 있는 전쟁범죄(war crimes) 개념은 간명하게 점령지에서 '전쟁법 위반'이다. 그러나 전쟁발발의 책임까지 묻는 광의의 전쟁범죄는 국제법상 대체로 다음 세 가지로 분류된다. 평화위반 범죄(crimes against peace), 인간성파괴 범죄crimes against humanity) 그리고 전쟁법 위반으로서 전쟁범죄이다.[20] 따라서 현행 『군인복무규율』 '제10조의 2항'에 명시된 "군인은 전쟁법을 준수하여야 한다."라는 전쟁법 준수의 의무는 전쟁범죄를 예방하기 위한 것이다.

전쟁범죄의 개념을 정립하기 위해서는 군사필요의 원칙(the principle of military necessity) 개념을 잘 이해해야 한다. 군사적 필요의 원칙이란 최소한의 경제적・인적 자원을 소비하여 적을 제압하는데 필요불가결하고 동시에 국제법으로 금지되지 않는 제한된 군사력의 사용조치는 정당화된다

19) "Principles of International Law Recognized in the Charter of Nuremberg Tribunal and in the Judgment of the Tribunal," reproduced and discussed in Yehuda Melzer, *Concept of Just War*(Leyden: A.W. Sijthoff, 1975), pp. 88-93.

20) Donald A. Wells, *War Crimes and Laws of War*(The University of America Press, Inc., 1984)와 미 육군의 『육전법』(1956), p. 178 참조.

는 원칙이다. 그러나 '군사적 필요성'과 '전쟁의 불가피성'을 혼동해서는 안 된다. 후자는 정치적 문제를 해결하는 수단으로 무력에 호소한 결과 불가피하게 파생되는 군인과 민간인의 고통과 수난을 지칭하는 일반적인 방식이다. 이러한 관점에서 전쟁의 불가피성은 무력사용의 불가피한 측면을 반영하는 서술적 표현이다. 한편 '군사 필요성'은 필연적으로 고통을 수반하는 폭력의 수단을 선택하면서 규칙상 고통을 최소화하려는 시도 속에 내재한 긴장을 특별히 표현하는 형식적인 말이다.

여기서 우리는 군인에게 부여된 전쟁법 준수 의무에 관하여 다시 한 번 생각해보아야 한다. 전쟁과 관련된 군인의 책무로서 현행 『군인복무규율』, '제10조의 2항'에 명시된 전쟁법 준수 의무를 다하는 것이다. 즉, "군인은 전쟁법을 준수하여야 한다. 지휘관은 예하 장병들에게 전쟁법 준수를 위한 교육을 시킬 책무가 있다."라는 점을 명확하게 이해해야 한다. 전쟁법 준수 의무는 전쟁범죄를 방지하기 위하여 전투 지휘관에게 부여된 책임이다.

2. 지휘관의 책임[21]

무력충돌에서 지휘관의 책임은 실로 막중하다. 지휘관은 휘하 부대로 하여금 전투에서 승리를 얻도록 하여야 하며, 동시에 자신은 물론이고 부하들에게도 전쟁법을 준수케 하고 그 위반을 방지하도록 하여야 하기 때문이다. 특히 무력충돌 기간에 군대는 전쟁법의 적용을 직접 담당하는 주된 기관이다. 그러므로 지휘관의 책임에 관해 전쟁법은 여러 곳에서 그 중요성을 언급하고 있다. 이는 모두 전쟁범죄를 예방하려는 노력과 부하들의 전쟁범죄에 관한 책임도 함께 진다. 이것이 군인의 딜레마이다.

21) 육군사관학교, 『군사법원론』(일신사, 2006) 제4부 전쟁법에서 지휘관의 책무를 요약했다.

1) 전쟁법의 교육, 보급, 전파 및 훈련 책임

지휘관은 전·평시를 막론하고 전쟁법을 교육, 보급, 전파 및 훈련할 책임이 있다. 특히 제네바 제협약 제I추가의정서 제87조(지휘관의 의무) 제2항은 다음과 같이 규정하고 있다.

> (제협약 및 본 의정서의) 위반을 예방하고 억제하기 위하여 체약당사국 및 충돌당사국은 군지휘관들이 그들의 책임수준에 상응하게 그들의 지휘 아래 있는 군대구성원들이 제협약 및 본 의정서에 의거한 자신의 의무를 알고 있도록 보장할 것을 요구하여야 한다.

여기서 '군지휘관들이……, 그들의 지휘 하에 있는 군대구성원들이……, 자신의 의무를 알고 있도록 보장할 것'이라고 규정한 것에 유의할 필요가 있다. 이 규정은 지휘관에게 적절한 전쟁법을 교육, 보급, 전파 및 훈련할 책임이 있음을 의미한다.

전쟁법 교육·훈련의 목적은 모든 군대구성원이 그들의 직무, 시간, 위치, 상황에도 불구하고 전쟁법을 완전히 준수하도록 보장하려는 데 있다. 그러므로 전쟁법 교육은 군사교육과정에 포함되어야 한다. 그리고 모든 지휘관은 그의 지휘권의 영역 범위 내에서 전쟁법을 교육·훈련할 완전한 책임이 있다. 따라서 전쟁법의 교육·훈련은 지휘활동의 필수불가결한 일부분이라 할 것이며, 모든 지휘관은 자신의 부하에 대하여 교육을 할 수 있을 만큼 교육되어 있어야 한다.

무엇보다도 개별전투원 교육을 우선적으로 실시해야 할 것이다. 그러한 교육은 반응이 자동적으로 나오도록 하는 데 목적이 있다. 그러한 자동적 반응은 야전교육 및 통상적인 개별훈련으로 체득되어야 하고, 그 훈련결과는 개인이나 분대, 소대, 기타 전투훈련에서 확인·평가되어야 한다.

2) 전쟁법의 준수 및 이행의 감독 책임

지휘관은 자신이 전쟁법을 준수해야 함은 물론이고, 자기 부하들이 전투수행과정에서 전쟁법을 위반하지 않도록 예방할 의무가 있다. 이러한 지휘관의 의무는 제I추가의정서 제87조 제1항에서도 확인되고 있다.

> 체약당사국 및 충돌당사국은 지휘관들에게 그들의 지휘 아래 있는 군대 구성원 및 그들의 통제 하에 있는 다른 자들의 제협약 및 본 의정서에 대한 위반을 예방하고, 필요한 경우에는 이를 억제하며, 권한 있는 당국에 이를 보고하도록 요구하여야 한다.

상기 조항은 무력충돌 시 각급지휘관이 취하여야 할 전쟁법상의 일련의 의무적 조치, 즉 ① 전쟁법 위반을 방지하기 위한 조치, ② 위반행위가 행하여지는 때 그 위반행위를 억제하기 위한조치, ③ 권한 있는 당국에 위반행위 보고조치를 규정하고 있다. 여기에서 위반행위의 주체는 자신의 부하들뿐만 아니라 자신의 통제 아래 있는 자들을 포함한다. 자신의 통제 아래 있는 자들이란 전시에 군의 통제 아래 놓이게 되는 전방지역과 점령지역의 현지민간주민을 말한다.

그러므로 지휘관은 자신의 부하들 외에 이러한 현지주민의 전쟁법 위반행위도 방지하고 억제해야 할 책임을 지는 것이다. 이러한 책임을 다하지 못할 경우 위반을 구성하게 되며, 국내법상으로도 제네바의정서상의 징계 및 형사책임을 지게 될 것이다. 지휘관은 전쟁법 위반 사실을 몰랐다고 항변함으로써 면책될 수는 없다.

전쟁법의 준수 및 이행은 군대에서는 명령과 군기의 문제이다. 엄정한 명령과 군기만이 모든 상황에서 전쟁법이 준수되고 이행되게 할 수 있을 것이다. 따라서 지휘관은 부하들에게 전쟁법 위반을 금하고, 위반 시 징계나 형벌이 가해진다는 것을 확신시켜야 한다.

3) 작전수립 시의 책임

지휘관은 상부로부터 공격임무를 받으면 통상의 지휘절차에 따라 전투를 수행한다. 지휘관은 먼저 각종 첩보를 수집하고 정보를 조사하여야 한다. 정보조사에서 지휘관은 정보참모의 조력을 받게 되는데, 이때 의료설비의 위치, 문화재 및 예배장소, 댐, 제방, 원자력발전소, 그리고 민간인 집중거주지역 등이 포함되어야 한다. 특히 민간인 집중지역, 중요한 민간 목표물, 특별히 보호되는 설치물에 관한 정보는 중요하다. 제복을 착용하고 하든지 또는 아무런 위장 없이 하는 정보수집이 합법적인 것은 물론 간첩을 사용할 수도 있다. 위장, 모조시설, 기만적인 작전이나 허위정보 등의 기만수단은 이른바 '기계(奇計)'로 허용된다.

그러나 적의 신뢰를 악용하여 보호받는 상태를 가장하는 것은 배신행위로 금지된다. 그러한 행위로는 식별기호, 휴전 표시의 기호나 깃발의 오용, 항복이나 부상병에 의한 무능력의 가장 또는 적의 제복이나 깃발을 사용하는 것 등을 들 수 있다. 한편 정보자료를 수집하거나 수송하기 위해서 이동 의무부대나 시설을 이용할 수 없다. 요컨대 이상의 전쟁법상의 제한을 유념하며 지휘관은 허용되는 수단만 사용하여 정보를 수집하여야 한다.

다음으로 작전의 수립과 그 결정이 행해지게 된다. 이 단계에서 지휘관은 군사적 필요와 인도주의를 신중히 비교하여야 한다. 먼저 군사적 필요는 전쟁법이 허용되는 한도 내에서 고려되며, 군사적 필요에 따라 목표물을 공격하더라도 임무를 완수하기 위해 불가결한 수단만이 정당화될 수 있다. 또 지휘관은 작전수립과 전투판단에서 그 자신과 적의 행위가 일반 민간인과 민간목표물에 미치는 영향 및 특별히 보호되는 사람과 목적물에 미치는 특수한 영향을 고려해야 한다. 이것은 전쟁법상의 대원칙으로 기능하는 '전투원과 민간인의 구별원칙'에 따라 지휘관에게 요구되는 의무라 할 것이다.

4) 전투수행 시의 책임

지휘관은 전투원이나 군사목표물에 대하여 공격행위를 하기에 앞서 임무가 허용되는 한 공격방향이나 부과된 목표에 의해서 위험에 처하게 될 민간주민에게 사전에 적절히 경고해야 한다. 경고했다고 해서 지휘관이 자신의 책임을 다한 것은 아니고, 실제로 민간인 사상자 및 피해를 피하고 또 최소한으로 극소화하기 위하여 모든 예방조치를 강구하여야 한다.

공격할 때 지휘관은 공격목표를 엄격히 분리해야 한다. 전투원과 군사목표물은 공격할 수 있으나 민간인은 적대행위에 직접적으로 참가하지 않는 한, 그리고 민간목적을 위해 사용하는 비군사적 물질은 군사적인 목적을 위해 제공되지 않는 한 공격해서는 안 된다. 즉 공격을 위한 군사목표물에는 전투원, 각종 군사시설 및 수송, 진지와 전술적으로 관련 있는 지점만이 포함된다. 또 공격목표 대상에서 문화재는 허용되는 한 최대한으로 보호해야 한다.

5) 체포된 적 인원 및 물건에 대한 취급책임

적대행위가 종료된 후 지휘관은 먼저 체포된 적국의 전투원을 무장해제하고 전쟁포로로서 인간적으로 대우해야 하며, 가능한 한 후방으로 이동시켜야 한다. 일반적으로 체포된 적 전투원의 후송은 자국 군대 구성원의 수송과 같은 조직 아래서 신속히 해야 한다. 전쟁포로는 후송도중 보호되어야 하며, 특히 폭행 · 협박 · 모욕 및 대중의 호기심으로부터 보호되어야 한다. 전쟁포로는 그들이 수용소에 억류되어 있든 아니든 그들을 처리하여야 할 책임 있는 억류국의 수중에 있는 것이다. 그리고 체포된 군 의료요원 및 종교요원은 적의 전투원과는 다르므로 최소한 전쟁포로 또는 그 이상의 인도적인 대우를 해야 하고, 민간인의 경우에는 제네바 제IV협약에 따라 적절한 보호를 제공하여야 한다.

지휘관은 부상자, 병자 및 조난자가 된 적의 군대구성원들에 대해서는 응급처치 및 적절한 간호를 제공하고, 필요에 따라 후방으로 후송할 수 있다. 부상포로는 의무후송이나 병참지원 계통을 통하여 포로수용소로 후송해야 한다.

사망자에 대해서는 인식표로 일반적으로 식별할 수 있도록 하고, 현장에서 매장 및 화장하거나 수장해야 한다. 다만 화장은 위생상 부득이한 경우이거나 사망자의 종교적 동기에 의한 경우에만 할 수 있다. 현장에서 매장 또는 화장되지 않은 시체는 그들이 식별되어 매장될 수 있는 경로나 장소에 후송되도록 해야 한다. 선박으로부터 육지로 후송하는 시체도 마찬가지로 취급해야 한다.

적국의 군 의무요원을 체포하거나 의무목적에 사용되는 설비 및 수송시설을 노획한 경우에는 그러한 의무요원은 부상자, 병자와 조난자 치료를 위해서 필요한 한도에서 그들의 임무에 계속 종사하도록 하여야 하고, 의무설비나 야전구급차도 계속 의무목적을 위해 사용되도록 해야 한다. 한편 적국의 군 종교요원을 체포한 경우에는 적국의 군 의무요원과 동등하게 취급해야 한다.

6) 부하의 위법행위에 대한 상관(지휘관)의 지휘책임

여기서 지휘책임(command responsibility)이란 부하에 의하여 전쟁법 위반행위가 행해졌을 경우 그의 상관(지휘관)이 지는 형사 또는 징계책임을 말한다. 이러한 상관의 책임에 관하여는 세 가지 견해가 있다.

첫째는 상관은 자기가 명령한 행위에 대해서만 책임을 진다는 견해이며, 둘째는 상관은 부하의 모든 전쟁법 위반행위에 대하여 그의 명령 유무를 불문하고 책임을 진다는 견해이며, 셋째는 중간적인 입장에서 상관은 자기가 명령한 행위와 허가, 묵인 및 간과한 행위에 대해서만 책임을 진다는 견해이다.

위 세 가지 견해 중에서 상관은 자기가 직접 명령하고 지휘한 행동에 대해서만 책임을 진다고 하는 것은 오늘날 받아들이기 어려운 이론이다. 왜냐하면 상관은 자신이 직접 명령하거나 지휘한 부하의 행위에 대하여는 물론이고, 부하의 위법행위를 묵인하거나 또는 이를 억압하기 위하여 필요한 조치를 취하지 않았을 경우에도 책임은 동일하게 존재한다고 보아야 하기 때문이다. 그러므로 상술한 세 가지 견해 중에서 남은 두 가지 경우가 중요한 논의의 대상이 된다.

1945년 12월 일본의 장군 토모유키 야마시타가 자신의 부하들(특히 마닐라에 주둔했던 병사들)이 필리핀에서 일본군과 미군의 교전 중에 저지른 범죄에 대한 책임을 지고 처형되었다. 혐의는 야마시타 장군이 자신의 명령을 수행하면서 발생한 부하들의 불법행위를 방지할 수 있는 적극적인 조치를 취하지 않았다는 것이다. 판결문은 다음과 같다.

> 군부대를 지휘하는 임무에는 광범위한 권위와 무거운 책임이 수반된다. 이는 유사 이래의 모든 군대에 적용되는 진실이다. 그러나 부하가 살인하거나 강간했기 때문에 그 지휘관을 살인자라거나 강간범이라고 인정하는 것은 불합리하다. 그런데도 살인, 강간, 악랄한 보복행위들이 광범위하게 자행되고 이러한 범행들을 적발하고 통제하는 지휘관의 적절한 조치가 없는 경우, 비록 형법상 명예훼손이지만, 지휘관은 부대원들의 불법적인 행위에 책임을 진다.[22]

야마시타 장군 자신은 잔학한 행위에 가담하거나 용인하지 않았다. 실제로 장군은 발생한 만행을 인지하고 있는 것 같지도 않았다. 그런데도 그

---

22) "The Yamashitta case." in Friedman, *The Law of War: A Document History,* vol. II, p. 1597.

만행은 쉽게 알려지고 너무 광범위하게 확산되었기 때문에 장군도 그러한 일들을 인지하고 있어야만 했다고 재판부는 판단했다. 결국 그는 부하들을 적절하게 통제하지 못했다는 혐의로 교수형에 처해졌다.

당시 군사법원의 관할관이었던 맥아더 장군도 야마시타에 대한 사형판결을 옹호하였다. 재판에서 밝혀진 것은 야마시타가 군인으로서의 의무를 위반함으로써 군인이라는 직무를 더럽힌 것이다. 또 문명의 오점이고, 결코 잊을 수 없는 수치와 불명예를 구성하는 것이라고 맥아더는 선언하였다.

한편 야마시타원칙을 절대지휘책임의 원칙과 동일시하는 데 반대하는 유력한 견해도 있다. 야마시타에 대한 판결은 후술하는 제한책임의 원칙과 동일하다는 것이다. 야마시타의 형사책임에 관하여는 지금도 찬반논의가 계속되고 있다.

상관이 자기가 명령한 행위와 허가, 묵인 및 간과한 행위에 대해서 책임을 진다는 원칙은 제한지휘책임의 원칙(principle of limited command responsibility)이라고 부른다. 제2차 세계 대전 후 뉘른베르크 군사재판에서는 제한지휘책임의 원칙을 분명히 하였다. 즉 지휘관은 부하들의 범죄를 알고 묵인 혹은 참가하거나, 혹은 범죄행위를 중지하는 데 형사상 태만이 있어야 한다고 판시하였다. 이러한 전쟁범죄에 관한 원칙은 제2차 대전 후 각국의 전범재판소에서, 그리고 일부 국가의 국내입법 및 야전교범에서 수용되고 있다.

3. 전쟁법 위반의 논거들

1) 군사필요성과 위험의 감소

전쟁법 위반은 군사필요성의 원칙을 인도주의 원칙(humanitarian

principle)보다 더 중시하는 경우에 해당한다. 군사목적상 무력사용의 불가피성이 인정되는데, 자신의 안전, 즉 위험을 줄인다는 의도에서 이 원칙을 확대해석하고 적용하는 경우이다.

코헨(Sheldon Cohen)은 군사필요성에 대한 몇 가지 지침을 제시한다. 즉 군사필요성의 개념이 남용되지만 그 개념이 다 악용되는 것은 아니다. 우리가 누군가에게 요구하거나 그가 양도할 수 있는 권리 이상의 것을 더 많은 군부대에게 요구할 수 있는 대안이 있을 수 있다면 군사필요성이 남용되는 것은 아니라는 것이다. 코헨이 제안하는 한계들은 그가 제시하는 다음 사례들로 잘 이해할 수 있다.

> 전쟁규칙이 함축하는 바로는 군인들이 전투지역의 무고한 사람들의 경미한 위험을 더 줄이기 위해 자신들에게 직면한 심각한 위험을 더 높은 수준으로 올려야 할 의무는 없다는 것이다. 무고한 사람들의 권리를 너무 신성시하여 군인들을 위험으로 몰아넣어 다른 사람들이 도저히 용납할 수 없는 지경까지 간다면 무고한 사람들의 권리는 무효처리된다. 공격자는 전투지역에 무고한 사람들이 출현했어도 마치 무고한 사람들이 아무도 없는 경우에 할 수 있는 것처럼 마구 행동하기 때문에 균형성 원리에 따라 제약을 받기 쉽다는 것이 내가 제안하는 규칙이다. 무고한 사람들을 구분하면서 공격할 가능성보다는 그들이 포함된 지역에 대하여 무차별적인 포격을 감행하게 된다.[23)]

코헨은 군인이 합리적으로 감당할 수 있는 위험의 합당한 분량을 정하고자 한다. 그렇게 하기 위해서 민간인의 위험부담을 가중하려 한다. 군인에게 위험부담의 한계를 정해주는 것이 군인과 민간인에게 당면한 위험의 균형을 이루기 때문에, 군사필요성이 전쟁규칙을 무시해도 정당화될 수 있는 시점의 기준으로 본다.

---

23) Sheldon M. Cohen, *Arms and Judgement: Law, Morality, and the Conduct of War in the twentieth Century*(Boulder, Colo.: Westview Press, 1989), p. 323

한국전쟁 당시 북한 군인들은 부인들과 어린이들의 민간인 그룹에 숨어 들어서 대검을 장착한 총으로 주민들을 위협하여 그들을 미군지역으로 몰아붙였다. 전방에 배치된 미군 신병들은 양자택일의 기로에 직면했음을 알았다. 대포나 소형무기로 북한군을 공격하거나 현지에서 철수하는 대안을 선택하는 것이었다. 공격하면 대다수 민간인의 사상이 불가피하고, 철수하면 중요한 방어거점을 잃게 된다. 그 어떤 선택도 미군에게는 확실히 심대한 위기이다.

이 경우에 그 지역을 방어하는 것이 아주 중요한 임무일 경우 군사필요성의 이름으로 적군을 향한 집중사격이 정당화될 수 있다고 생각할 것이다. 민간인 사상자들의 문제는 그들을 위험지역으로 몰아넣은 사람들의 일차적인 과오라고 주장할 것이다.[24)]

이러한 주장이 지니는 문제는 아무런 조치를 취하지 아니하면 미군 병사들의 생명에 대한 위험이 '불필요하게' 증가하리라는 가정에 기초한 대안이란 점이다. 우리에게 필요한 합리적 대안을 올바르게 판단하기 위해 우리는 군인들의 생명이 존엄하다는 가정을 버려야 한다. 군인들의 윤리에 용감하게 행동하고 무고한 사람을 보호하는 것이 포함된다는 것을 일단 인정하게 되면 안전하게 보호해야 할 것은 군인의 생명이 아니라 민간인의 생명이라는 것이 자명해진다.

군사필요성의 난점 중 하나가 군인의 안전이 우선시됨으로 군인이라는 직책으로 보호받아야 할 어떤 사람의 안전이 소홀해진다는 점이다. 이렇게 되면 우스운 결과가 발생하는데 다음 사례가 그러하다.

한 소총분대가 강력한 적군에게 포위되어 있고 실탄도 거의 바닥 났다고 가정하자. 그 상황에서 벗어나는 유일한 방법은 인근의 무고한 아녀자

---

24) 혹자는 이중효과원리(the principle of double effect)로서 민간인의 죽음을 합리화할지도 모른다. 민간인 사상자의 발생은 이중효과원리에 따른 우연한 일이며, 의도되지 않았으며 피차의 손실에서 균형을 이룬다는 주장은 위에서 언급한 상황에서 보면 그럴듯하지 못하기 때문에 문제가 있다.

들을 방패로 삼고 그들에게 총을 겨누면서 지뢰밭을 통과하여 안전지대로 가는 것이다. 만일 항복하게 되면 모두 사살당할 것이 분명한 상황이다. 도피를 용이하게 하기 위해서 민간인의 생명을 희생하는 것이 군사필요성의 이름으로 정당화되는가?[25] 코헨의 추론을 인용한다면 군인은 자기 자신의 생명의 위험을 줄이기 위해서 민간인에게 그 위험을 전가하는 것이 온당하다는 결론에 도달할 수도 있다는 것이다.

2) 군사필요성과 성공의 필요성

한편 군인들은 주어진 임무를 완수(승리, 성공)하기 위해서 전시인도법을 무시할 수도 있다. 테일러는 군인들이 군사필요성을 들먹이며 선시도덕을 군사적 목표수준으로 격하할 때의 문제점을 제시한다. 그래도 그는 전쟁규칙의 인도주의적인 관점에서 전쟁규칙을 옹호한다.

> 이러한 요건들[전쟁규칙들]이 대개는 준수됨으로써 수많은 사람들이 생명을 유지하고 있다. 그러나 그것이 종종 위반되고 있다. 규칙들이 말로는 절대적인 요구사항으로 이해되지만 군사필요성에 의해서 혹은 그럴 필요성이 없는 경우조차도 그들이 무시되는 상황이 발생한다. 전투가 치열하게 되면, 동료의 죽음을 보고 놀라거나 화나서 충격받은 군인들이, 그리고 죽은 체하거나 항복할듯하던 적이 돌변하여 공격하는 것을 두려워하는 군인들이 적을 생포하기보다는 사살해버리기 쉽다. 전혀 다른 상황으로는 잔인한 지휘관의 지시에 따라 태연하게 살육이 자행된다. 특수임무를 수행 중이거나 본대로부터 우연히 고립된 소규모 부대가 포로를 생포했는데 그들을 돌볼 인원도 부족하고 후방에 배치하여 같이 행동하게 되면 성공적인 임무수행이나 부대원의 안전에 심대하게 위험이 예상되는 상황이 있을 수 있다. 이

25) 적군이 범죄행위를 저지를 것이라는 믿음은 이 경우에 적합한 생각이 아니다. 당신에 대한 다른 사람의 범죄가능성은 제3자에 대한 당신의 범행을 정당화시키지는 못한다.

렇게 되면 포로는 군사필요성의 원칙이 적용되어 사살될 것이며, 내가 그것이 전쟁범죄임을 알고 이실직고하지 아니하는 한 군사재판이나 일반 법정에 회부될 일도 없다.[26)]

테일러는 이것이 전시도덕의 규칙들을 무시해도 되는 충분한 이유로 성공적이라고 본다. 전쟁에서 군인의 지상과제인 '성공의 필요성'을 검토해 보자. 군인들은 무용지물인 전쟁규칙들을 인정하고 널리 공표해야 할 이유가 무엇인지에 관해서 의문을 제기한다.

비록 전쟁규칙이 잘 지켜지지 않고, 그것이 군사필요성이나 전투의 가공할 만한 현실에 의해서 정당화되지만 전쟁규칙은 두 가지 이유로 유용하다고 본다. 이를 규명하기 위해서 테일러가 전쟁규칙과 군사필요성의 관계를 어떻게 이해하고 있는지 그의 글을 보면서 알아본다.

전쟁규칙들은 자주 위반되고 무시되지만, 많은 규칙들이 오랫동안 충분하게 지켜짐으로써 그것이 없는 것보다는 있는 것이 좋다는 견지에서 인류는 잘 지내왔다. 군대병원을 폭격하는 것이 잘못이라고 간주되지 않았더라면 군대병원들은 가끔이 아니라 항상 포격의 대상이 되었을 것이고, 전쟁규칙들이 전투원 당사자들에게 죽음이 불가피한 치명적인 전투의 유해한 영향을 줄여주는 데 필요하다. 군대가 군사적인 살상과 비군사적인 살인을 구별하는 훈련과 당위성을 교육받지 않는 한, 그리고 불필요한 살상과 파괴를 뿌리칠 생명의 가치들이 존중되고 유지되지 않는 한, 그들은 평생토록 그러한 구분의 의미를 알지 못할 것이다. 원대 복귀한 군인들은 잠정적인 살인자가 되리라는 결론에 이른다.[27)]

전쟁규칙을 무시하는 결과론자의 두 가지 관점(안전과 성공)에 대해서

26) Telford Taylor, *Nuremberg and Vietnam: An American Tragedy*(Chicago: Quadrange Books, 1970), reprinted as chap. 24, "War Crimes," in Wakin. *War, Morality, and the Military Profession,* p. 426.

27) Ibid., p. 429.

테일러는 전쟁규칙들이 군인들로 하여금 사사로운 이유로 말미암아 범한 불법적 살인과 국가를 대신해서 수행하는 합법적 살상을 구별할 수 있게 해주기 때문에 필요하다는 것이다. 그러나 테일러가 이미 언급한 것처럼 전쟁규칙의 위반을 허용하는 군사필요성의 원칙과 치열한 전투, 공포, 분노, 충격 등의 상황에서 볼 때 문제가 있다. 이와 같은 전쟁 상황의 논리로 국내법이나 국제법을 위반하는 사람이 비난을 받지 않는다면, 이와 유사한 논리로 평화 시에도 유사한 법규들을 위반하는 것이 용인될 것이다.

예를 들면, 민간사회에서 효력을 지니는 법들을 전시에 적용하지 않고 전혀 다른 강력한 법체계를 적용하거나 아니면 무법상태로 전쟁한다는 주장이 전시에 무고한 사람의 사살을 금지하는 규칙들이 있기는 하지만 군인들의 공포, 분노, 전투의 치열함, 임무완수, 전우의 안정 등의 상황에서 전쟁규칙이 무시될 수 있다는 테일러의 주장보다는 더 설득력이 있다. 준법정신을 교육할 필요성에 호소하는 테일러의 정책보다는 차라리 법을 완전히 무시하는 것이 더 설득력 있는 정책이다. 그러나 테일러의 결과론적 주장은 전쟁법에 대한 강력한 존중을 지지한다.

성공 필요싱의 견해가 지니는 문제로는 만일 군사적 성공이란 명분으로 인도주의적인 전쟁 규칙들을 위반하는 것이 정당화된다면 모든 전쟁의 모든 전투에서 오직 한쪽(늘 이기는 강자)만이 이 법조항에 구속된다. 테일러의 '성공의 필요성'이라는 논거에 따라 지는 쪽이 항상 군사필요성에 호소하는 것이 정당화된다. 이것은 말도 안 된다. 그래서 결론을 내리자면 군인은 무고한 사람들을 고의적으로 해치는 권한을 갖고 있지 않으며 군사필요성을 정당화하지 못한다.

3) 군사필요성과 고통의 감소

전쟁규칙에 대한 테일러의 두 번째 명분은 고통의 감소이다. 그는 전쟁규칙들이 없었다면 인간의 고통이 가중될 것이라고 주장한다. 그럼에도 군사적인 목표달성에 의미 있는 고통은 무엇이든지 정당화된다는 점을 분명히 한다. 테일러에 따르면 전쟁법으로 방지되어야 할 고통은 군사적 성공과 무관한 고통이다. 이것조차도 테일러가 이미 의도한 바와 같이 분노, 공포, 전투의 치열함 등과 같은 상황에서 전쟁규칙이 무시될 수 있다는 점에서 문제가 된다. 이렇게 되면 전쟁법의 인도주의적 측면은 전혀 법이 아니라 자발적인 지침의 체계일 뿐이다. 게다가 테일러의 견지에서 보면 군사필요성과 군사적 이익을 구분하기 어렵다. 실제로 테일러의 논의는 전쟁법의 인도주의적 관점이 군사적 이익이라는 명분으로 완전히 무시될 수 있다는 것처럼 보인다.

이 견해는 뉘른베르크전범재판에서 미국 측 수석검사였던 테일러의 이력이 알려진다면 특별히 문제가 될 것이다. 테일러의 견해가 지닌 부가적인 문제를 검토하기 전에 우리는 베트남전의 파장으로 인해 인정되었던 견해, 주로 테일러의 견해라고 보는 견해, 즉 위에서 인용한 내용들이 주로 베트남에서 한 미군들의 행동에 대한 테일러의 비판적인 분석이라는 점을 주목해야 한다. 이 점이 우리의 논의에 적합한 것은 베트남전의 특징이 우군지역과 적군지역의 구분, 전투원과 비전투원의 구분이 잘 되지 않는 특징을 지니는 전쟁이었기 때문이다. 베트남전쟁을 수행하는 당사자들은 과거 유럽이나 한국의 전쟁에서처럼 적과 동지가 분명하고 작전지역이 분명하게 구분되는 전쟁의 규칙들이 게릴라전쟁에서는 효력이 없다고 믿고 게릴라들에게 책임을 전가했다. 새로운 전술에서 파생된 전시도덕의 많은 문제점을 베트남전에 관한 비평가로 잘 알려진 다른 사람의 견해를 들어본다.

> 미군들이 전시도덕을 위반한 상당수 사항들은 대개 주민들을 방패로 이용한 공산주의자들의 교묘한 정책의 결과이다. 부적합하지만 무차별적인

작전을 감행하는 위험을 감수하지 않고는 적에게 접근이 불가능했다.[28]

베트남전을 기소하는 데 있어서 가장 심각한 문제의 하나가 군사적 성공의 개념을 일차적으로 무력사용이 허용되는 정치적 목적과는 무관하게 오직 '시체의 숫자'로만 해석하고 있다는 점이다. 특히 군인헌장의 변수를 정하는 도덕적 진리의 관점에서 볼 때 문제가 심각하다. 확실히 무고한 사람들을 위해서 싸우는 군인들은 그들을 보호해야 할 의무를 지닌다. 베트남전쟁에서 보호해야 할 사람들은 남부 베트남인들이었다. 사실 자명한 것은 미군들이 베트남에서 보호했어야 할 사람들은 베트남의 무고한 민간인들이었으며, 이는 마치 그들이 미국에서 전투를 했었을 경우 미국의 무고한 시민들을 보호해야할 의무를 지니는 것과 같은 이유에서다.

두 번째로, 미군들은 베트남에서 우방이든 적국이든 무관하게 무고한 사람들을 고의적으로 해치지 않아야 할 의무를 지니는데, 이는 미군들이 미국이나 유럽의 우방국에서 싸울 때도 갖게 되는 의무와 같은 의무이다. 이러한 교훈의 관점에서 볼 때, 중대장, 소대장, 분대장 등 지휘자에게 성공이란 군사적 목적과 동시에 적용된 목적 달성 수단을 포함한 관점에서 정의해야만 한다. 군사목적과 수단 중에서 수단이 전술적 단계나 전략적 단계에 더 중요하다. 왜냐하면 이 수단의 원칙으로 제일 먼저 군인이라는 자리가 만들어졌기 때문이다. 어떤 도덕적인 교훈이나 금지사항들을 강화하기 위한 수단으로 만든 군인의 자리가 그 본연의 임무수행을 강화하기 위해서 그들을 위반토록 하는 것은 자가당착이다.

---

28) William V. O'Brien, *The Conduct of Just and Limited War*(New York: Praeger Publishers, 1981). 이 책의 p. 123에서 인용한 이 짧은 글은 O'Brien가 이 책에서 밝힌 월남전 패전에 관한 상세하고도 예리한 분석을 잘 반영하지 못하고 있다.

4) 상관의 명령과 전쟁규칙

전쟁규칙(전시인도법)을 위반하는 논거로 “나는 상관의 명령에 따랐을 뿐이다.”라는 주장이 있다. 그러나 뉘른베르크전범재판 이래 서구에서는 범죄에 가담하라는 명령에 복종해야 할 군인들의 의무를 공식적으로 부인해왔다. 군인은 위법한 명령과 군인의 의무에 부합하는 명령을 구분해야 한다. 공식적인 선언에 따르면 명확히 구별할 수 있는데, 실제로 총력전 상황에서 더러는 구별하기 매우 어려운 것들도 있다. 오늘날 우리는 고통스런 모순에 봉착해 있는데, 이를 해결하는 방식은 전쟁을 포기하든가 아니면 지금까지 전쟁을 일으키던 방식을 이 시대에서는 버리든가 해야 한다.[29)]

전쟁규칙들이 적용되는 상황의 관점에서 군인들에게 명령의 합법성과 불법성을 구분하라고 요구하는 문제의 어려움은 미국의 군사교리를 정립하려는 당사자에게 계속 남아 있다. 미군의 야전교범 27-10, 『육전법』의 서문은 다음과 같은 논의로 시작된다.

> 상관의 명령이 과연 타당한 방어막이 되는가 하는 문제를 고려할 때 법원은 적법한 군사명령에 대한 복종은 모든 군대 요원들의 의무라는 점을 고려할 것이고, 전투군기가 확립된 상태에서 그들에게 내려진 명령의 법률적 가치를 따질 것을 기대할 수 없다고 볼 것이며, 전쟁범죄는 어떤 전투규칙엔 논란의 소지가 있거나 보복의 수단으로 이해된 명령에 대한 복종으로 발생할 수 있다고 볼 것이다. 동시에 군인들은 합법적인 명령에만 복종하게 되어 있다는 점을 명심해야 한다.[30)]

---

29) J. Glenn Gray, *The Warriors: Reflections on Men in Battle*(New York: Harper & Row, 1970), p. 182.

30) 미 육군성 발행 야전교범 27-10 (Washington, D.C.: U. S. Government Printing Office, 1956) 509조, pp. 182-183. 홍미롭게도 육군 교범의 이 글들은 라사 오펜하임의 책 『국제법』 제8판의 주제로 논의된 내용을 거의 그대로 사용하고 있다. (*Lassa Oppenheim's International Law*, ed. by H. Lauterpracht, New York: David McKay, 1952,

이 인용문은 많은 관심을 불러일으킨다. 한편, 군인들은 "부여받은 명령의 법적 가치를 면밀하게 저울질" 할 수 없다는 점과 전시의 어떤 행위들은 상황에 따라 죄가 되기도 하고 합법적인 행위가 되기도 한다는 점을 인정한다. 그런데 다른 한편으로는, 군인들에게 '오직 합법적인 명령'만을 복종하라고 한다. 그래서 군인들은 명령이 불법이 아닌 것으로 인식하는 한 반드시 복종해야 하나, 상황에 따라 합법성 여부가 극적으로 변하기 때문에 군인들이 확실하게 주어진 명령이 적법한 것인지를 안다는 것은 불가능할 것이다. 즉 유용한 군사교범들은 군인들이 명령의 적법성 여부를 분간할 수 없다는 점도 인정하는 동시에 군인들에게 합법적인 명령만을 따르라고 권고한다. 이 점을 유념한다면 명령에 따라 전쟁규칙을 위반한 군인들을 인정하는 경우가 드물었었다는 것은 놀라운 일이 아니다.

지금까지 정당한 명령에 복종해야 하는 군인들의 의무와 관련된 문제들을 검토했다. 상관의 명령에 따른 부하의 범죄행위에 면죄부를 줄 수 없었다. 그러므로 지휘관은 전시 인도법의 정신에 따라 올바른 명령을 하달해야 한다.

제4장 전쟁법의 도덕 원리

지휘관은 전・평시를 막론하고 전쟁법을 교육, 보급, 전파 및 훈련할 책임이 있다. 특히 제네바 제협약 제I추가의정서 제87조(지휘관의 의무) 제2항에 따르면 체약당사국 및 충돌당사국의 군지휘관들에게 제협약 및 본 의정서의 위반을 예방하고 억제하기 위하여 적절한 전쟁법의 교육, 보급,

---

pp. 568-569).

전파 및 훈련의 책임이 있음을 의미한다.

전쟁법 준수에 대한 교육적 책임을 다하기 위해서 지휘관은 현행 국제법의 내용과 그 안에 흐르는 도덕적 원리들을 잘 알아야 한다.

1. 전시인도법의 도덕적 원리

하틀(Anthony Hartle)은 그의 논문 "인도주의와 전쟁의 규칙들"에서 현행 국제법의 전쟁규칙들은 다음과 같은 인도주의적 원리를 지니고 있다고 해석한다. 군 전문직을 위한 목적론의 이론적 근거는 전쟁의 규칙들 안에 명시되어 있다. 그리고 전쟁규칙들은 다음과 같은 인도주의 원리를 반영한다.

① 각 개인은 인간적으로 존중된다(HP1).

② 인간의 고통은 최소화되어야 한다(HP2).

두 원칙은 서로 다른 정당화의 구도를 갖는데, 첫 번째는 비결과론(의무론 혹은 법칙론)으로서 인권에 호소하고, 두 번째는 결과론으로서 공리주의적 고려에 기초한다. 전쟁의 규칙 안에서는 HP1이 HP2보다 우선한다는 결론을 내리고자 한다.[31)]

하틀은 현행 국제법이(헤이그법과 제네바법을 포함하여) HP1을 HP2보다 우선시하기 때문에 무고한 사람들이 보호되며, 모든 나라의 군인들이 이를 지키면 오히려 장기적 관점에서 볼 때 인류의 고통이 감소되는 방향으로 간다고 본다. 하틀은 국제법의 인도주의 원리를 규칙공리주의의 틀로 받아들이는 것 같다. 두 원칙의 우선순위를 바꾸면 엄청난 결과를 초래한다고 한다. 특히 포로를 획득하고 임무 수행하는 소규모 부대의 예를 들어 포로사살 여부를 결정하는 문제를 검토해보면 이 점이 분명해진다.

---

31) Anthony E. Hartle, "Humanitarianism and the Laws of War," *Philosophy* 61(1986), 109-15 참조.

제네바협약은 “고문이나 잔인하고 비인도적인 학대나 임의적인 추방 혹은 임의적인 처벌 등을 받지 아니할 자유, 학대에 대한 합법적인 치료를 받을 권리, 인간 존엄성에 대한 최소한의 대우기준, 신체적인 건강에 대한 권리 그리고 가족에 대한 존엄과 학대 금지 등의 기본권들”32)을 규정하고 있다. 인권존중의 근거는 마르텐스 조항으로 소급된다.

> “좀 더 완비된 전쟁법전이 마련되기 전까지는 모든 국가의 전투원들과 민간인들은 문명국들의 관행으로, 또한 인도의 법(laws of humanity)과 공적 양심(public conscience)의 요청으로 비롯된 국제법원칙의 보호와 지배 아래 존재한다.”33)

제네바법은 특별히 ‘보호받을 인원들’에 대한 인도적인 대우에 관한 다음의 4가지 기본적인 분야와 관련된다.

1. 부상자, 병자, 조난자 치료
2. 전쟁포로 취급
3. 비전투원 보호
4. 점령지 주민에 대한 대우

이처럼 전시인도법은 인권존중의 원칙을 절대적으로 지지하고 있으며, 헤이그협약들을 조사해보면 제2의 인도주의적 원리(HP2)와 논리적으로 부합하고 있음을 볼 수 있다. 그 조약들은 특별히 전쟁수행 방식과 관련된다. 불필요한 고통을 일으키는 무기 사용을 금지하는 제23조 e항과 포로와 민간인 보호에 관한 헤이그규정들은 전쟁의 악행을 개선하려는 의도에서 만들어진 것이다.34) 비록 헤이그에서 전쟁의 규약들을 제정하는 동기가 주로 권고적이기는 하지만, 헤이그협약의 거의 모든 조항은 인간의 고

---

32) AFP 110-31, pp. 11-14.

33) So called in recognition of the Russian jurist, F. F. Martens, President of the 1899 Hague Conventions(see Sidney Bailey, *Prohibitions and Restraints in War,* Oxford, 1972).

34) This point is presented clearly in the Preamble to Hague Convention No. IV(1907).

통을 최소화하는 직접적인 수단으로 보일 수 있다.

요컨대, 전쟁규칙들의 도덕적 특성은 두 개의 인도주의적 원리에 의해 명료하게 접착이 되었는데, 이 원리들이 개별적으로 혹은 연합하여 행동의 특수한 규칙들을 결정하는 도덕적인 기초를 제공하고 있다. 각 개인들은 인간답게 존중되어야 한다는 원리가 인간의 고통이 최소화되어야 한다는 원리와 충돌할 수 있다. 이러한 경우, 제1원리인 HP1이 우선권을 갖는다는 주장을 펴는 것이 합당할 것 같다. 만일 HP1이 정당하게 전투에 가담하는 문제의 기초를 제공한다면, HP1이 HP2보다 더 근본적인 원리가 될 것이다.

그리고 이것이 타당하다면, 오직 첫째 원리가 충족된 연후에야 둘째 원리가 적용될 것이다. 전쟁규칙들이 불완전하고 앞으로도 그러할 것이기 때문에 이 원리들과 둘 사이의 관계를 확고히 정립하는 것이 중요하다. 마지막으로, 비록 브란트 같은 논평자는 공리주의 이론의 공식을 전쟁규칙의 도덕적 기초로 이해하려고 하지만,[35] 그자체로 한계가 있는 공리주의의 원리인 HP2를 결과론도 아니면서 공리주의적 원리도 아닌 것으로 타당하게 검토된 HP1에 종속시키는 것이 더 타당한 견해라는 것이다.

2. 전쟁법 준수에 관한 절대적 입장

전시도덕의 원칙들을 지지 옹호하는 절대적인 입장에 있는 사람은 네이글(Thoma Nagel)이다. 그는 '도덕적으로 막다른 길목'인 딜레마를 해결하기 위해서 군사필요성의 명분 아래 전쟁규칙을 무시하는 논거를 분명하게 반대한다. 즉 전쟁규칙이 보호하려는 무고한 사람을 군사필요성의 원칙으로 사살하는 것은 절대로 불가하다는 입장이다. 네이글은 자신이 전쟁 자

35) Richard B. Brandt, "Utilitarianism and the Rules of War," *Philosophy and Public Affairs* 1(Winter 1972), pp. 145-165.

체를 악으로 보는 반전주의자(pacifist)의 입장은 아니라고 한다.

> 아주 치명적인 전투의 상황들, 특히 강자가 약자를 완전히 섬멸하거나 노예화하겠다고 위협하는 상황에서 잔학행위에 의존하자는 견해가 강력해지고 딜레마는 고조된다. 이러한 딜레마들을 해소할 원칙은 존재하나 아직 성문화되어 있지 않다. 어쩌면 그런 원칙이 없을지 모른다.36)

예를 들면, 포로를 고문하여 재앙을 미연에 방지할 수 있는 정보를 얻을 수 있다든지, 혹은 한 마을을 폭격하여 테러전쟁을 막을 수 있다고 믿을 수 있다. 만일 대가를 치르더라도 더 많은 결과를 얻을 수 있는 수단이 있다고 믿지만 그렇게 해서는 아니 된다고 망설이고 있다면, 그는 명백하게 상이한 범주의 도덕적 추론이 주는 딜레마, 즉 공리주의자와 절대주의자라는 두 범주 사이에서 고민하게 된다. 공리주의자는 장차 일어날 일(결과)에 더 관심이 있고, 절대주의자는 지금 하고 있는 한 사람의 행위에 더 관심이 있다. 군인은 지금하고 있는 행위가 명령이거나 규정에 위배되는 일이라면 무조건 하지 말아야 한다. 반대의 경우에 나타날 공리를 계산한다면 군대의 명령체계와 복종의 위계질서는 붕괴될 것이다.

그러나 현대전에서 이러한 조치들은 유감스러운 일이라고 말하지만, 군사필요성과 전쟁의 승패라는 장기적 결과를 고려하여 일반적으로 인정되고 있다. 이것이 공리주의의 입장이다. 갈등이 유발되면 그는 결과의 중요성보다는 금지사항을 우선시 한다. 이러한 견해의 일부 결과들은 아주 분

---

36) Thoma Nagel, "War and Massacre" in War and Moral responsibility, ed. by Marshall Cohen, *Thomas Nagel, and Thomas Scanlon*(Princeton, N.J.: Princeton University Preaa, 1974), p. 23. 미 육사 군대윤리 교수 크리스토퍼(Paul Christopher)는 네이글이 의도한 것보다 더 "절대적인" 입장을 취한다. 미 육사에서 촉망받는 일련의 장교들에게 한 강연에서 네이글은 가끔 문제 상황에서 올바른 지침으로 삼을 규칙들이 없음을 언급했다. 일단은 어려운 선택에 대한 가능한 모든 측면의 모든 고려사항들이 검토되었다 해도, 최종적인 결단은 판단의 문제로 남게 된다. 물론 네이글이 절대적으로 옳다는 것이 크리스토퍼와 미 육사의 입장이다.

명하다.

인질이나 포로를 살육한다든지, 적 주민들을 굶주리게 만든다든가 탄저병과 흑사병 같은 전염병에 걸리게 하거나, 대량 소각 등의 방법으로 그들의 수를 감소시키기 위한 무차별적인 시도 등과 같은 아주 유용한 군사적 조치들을 금지할 것을 요구한다. 이처럼 의도적인 조치들은 결과라는 이름으로 정당화될 수 없으므로, 더 큰 악을 피할 수 있다는 구실로 그러한 조치들의 정당성 여부를 생각할 수 없다는 뜻이다.

그런데 "공리주의와 전쟁규칙들"이란 논문에서 브란트는 롤스(John Rawls)의 규칙공리주의 버전을 이용한다. 즉 교양이 있고 합리적인 행위자가 무지의 면사포를 쓰고 계약체결에 참여토록 하는 규칙공리주의를 이용하여 네이글의 절대주의 견해를 반박한다. 그러나 브란트는 군사필요성의 형식을 공리주의의 규칙에 대입하여 재구성한다. 전쟁규칙이 교전당사자들로 하여금 적을 제압하기 위해 가능한 모든 군사력을 동원하지 못하도록 제한해야 하는데, 그렇다면 허용되는 전쟁의 규칙들은 최대다수의 공리를 보장하는 규칙들이 될 것이다. 그러나 이러한 제한은 그 자체로 공리주의적인 고려를 반영하고 있다. 왜냐하면 어떤 국가도 적을 제압하기 위해 필요한 수단의 사용에 제한을 받기 때문이다.

그런데 브란트의 "해법"이란 것은 단순히 전쟁규칙보다도 군사필요성이 더 중요하다는 주장의 반복에 불과하다는 것이 미 육사 군대윤리 교수들의 해석이다. 네이글의 강력한 응수('절대로 아님 됨')에 브란트는 살짝 비켜선다. 흥미로운 문제는 "군사필요성이 인도주의 원칙들을 무시해야 하는 경우는 언제인가"라는 물음이다. 브란트는 승리를 보장하는 데 필요한 수단으로서 인도주의 원칙들을 완전히 무시하고 군사필요성에 호소해야 한다는 주장이고, 반면에 네이글은 무고한 사람의 사살을 정당화하는 군사필요성의 원칙을 거부한다.[37]

---

37) Paul Christopher, *The Ethics of War and Peace*(New Jersey, 1994), p. 184 각주 24 참조.

그러면 지금까지 논의된 전쟁규칙의 도덕적 원리에 대한 상반되는 주장들을 어떻게 소화해야 하는가? 몇 가지 개념을 이해하는 데 공감대가 형성되어야 한다.

첫째, 전시도덕의 주제인 전쟁법이 적용되는 대상과 영역이다. 전쟁법은 공격전쟁 혹은 침략전쟁을 방지하고, 강대국이 약소국의 땅, 즉 점령지에서 무고한 사람들(the innocent)을 보호해야 하며(제네바법), 상호 교전 중인 전투원 사이에도 가급적 고통을 최소화하는 방향으로(헤이그법) 전쟁을 수행해야 한다는 점이다.

둘째, 전시도덕(morality in war)과 전쟁도덕(morality of war)의 차이를 분명히 해야 한다. 전시도덕은 전투원이 지켜야 하는 도덕이자 명령이며, 법적 규제이다. 이 명령은 인간성의 법칙, 문명의 공석인 양심에 따른 국가 간의 합의와 약속이다.

셋째, 전쟁도덕은 전쟁방지법으로 전쟁발발을 규제하기 위한 정당한 기준으로서 최소한 5개 기준을 충족해야만 정당한 전쟁이 된다. 그중에 비례적 정의는 공리주의 관점에서 정당화되지만, 전시도덕은 전쟁을 수행 중인 군인의 행위에 관한 법적 규제(*jus in bello*)로서 전투원들에게 규범적 구속력을 지닌다.

넷째, 전쟁법이 왜 준수되어야 하는가? 전쟁법 위반은 전쟁범죄이기 때문이다.

제2부

군대사회와 군대문화

‖ 제2부 ‖

군대사회와 군대문화

제1부 전쟁과 도덕에서 다룬 전쟁도덕(morality of war)과 전시도덕(morality in war)의 문제는 국제사회 수준에서 장교가 당면하게 되는 윤리적 문제라 할 수 있다. 제2부 군대사회와 군대문화에서는 국가 내 수준으로 그 범위를 좁혀 군대윤리 문제를 논의하게 될 것이다. 이때 주된 문제는 국가사회 안에서 군대의 위치와 역할이 무엇이며, 군대사회와 대별되는 시민사회와의 관계를 어떻게 정립할 것인가 등이다.

제1장에서는 군대사회의 특징을 살핌으로써 군대의 국가사회 안에서의 존재 의의와 임무, 기능을 알아보고, 군대사회의 대표적 특징으로 명령과 복종의 위계조직적 특징을 집중적으로 살펴볼 것이다. 제2장에서는 군대문화의 일반적 특징과 전통적 가치들을 살피고, 미래적 군대문화의 방향을 짚어 볼 것이다. 이상 두 장은 군 고유의 특징과 특성을 살피는 부분이라 할 수 있다. 제3장에서는 국가사회 안에서 특히 시민사회와의 관계성에 유의하면서, 군대가 가져야 할 바람직한 윤리적 태도가 무엇인지, 시민사회와 군대사회의 바람직한 관계가 무엇인지 제시해보고, 그러한 민군관계를 위한 토대로서 우리 군의 실정에 맞는 군 전문직업주의를 검토해볼 것이다.

제1장 군대사회의 특징

1. 군대의 임무와 기능

1) 군대의 존립 목적

동서고금을 막론하고 인류는 누구나 폭력과 갈등보다는 평화를 원해 왔다. 동양의 유가(儒家)에서는 전통적으로 전쟁을 부정적인 것으로 인식하며, 무력에 의한 정치를 패도(覇道)라 칭하였다.[1] 또 서양의 칸트 같은 철학자는 전쟁으로 인한 인류 말살의 위험으로부터 벗어나기 위한 '영구평화론'을 주장하기도 하였다. 최근에도 세계 곳곳에서는 전쟁에 반대하는 목소리가 끊이지 않고 있다. 전쟁이 가져오는 파괴적인 결과를 생각할 때 이러한 요구는 더욱 정당하게 느껴진다. 그런 점에서 왜 군대가 필요한지 그 존재의의를 묻지 않을 수 없다.

흔히 인류의 역사를 전쟁의 역사라고 말하곤 한다. 전쟁의 역사는 인류 역사의 거의 모든 시기를 점유해 왔으며, 심지어 국가의 역사보다 더 오래되었다. 사회의 제반 문제들을 전쟁이라는 물리적 폭력 사용 위협이나 실제적 사용으로 해결하고자 한 것은 인류 역사에서 기본적인 행동양식으로 자리 잡아온 것으로 보인다. 인류의 역사와 국제현실이 보여주듯이, 국가 간의 관계는 노골적인 약육강식은 아니더라도 여전히 강자가 약자를 유린하는 상태를 벗어나지 못하고 있다. 이는 전쟁의 원인을 인간성의 근원에

1) 유가에서는 전통적으로 힘과 무력에 의한 정치를 패도(覇道)라 비판하였다. 또 전쟁의 현실적 불가피성을 부인하지는 않았지만, 가장 최후의 수단으로서 인의(仁義)의 대의 명분에 합당한 전쟁을 수행할 것을 주장하였다. 이때 인의의 도리에 따르는 전쟁은 현대의 정당한 전쟁과 인도주의 원칙에 입각한 전쟁에 비견될 수 있는 부분이라 할 수 있다. 이와 관련한 좀 더 자세한 내용은 박연수, 『중국인의 지혜』, 집문당, 2008. pp. 251-283의 「유가의 군사사상」 부분 참조.

서 찾든 다른 사회적 요인이나 외부적 환경에서 찾든 간에, 그러한 분석 이전에 전쟁은 인류 역사에서 부정할 수 없는 냉정한 현실로 이해해야 함을 보여준다.

역사적으로 볼 때 어느 나라건 전쟁에서 패배하거나 외세의 무력에 굴복하여 나라를 잃게 되면 그곳에 삶의 터전을 갖고 있던 민족과 개인은 거의 모든 것을 잃게 된다. 가까운 예로 일제(日帝)의 침략에 나라를 빼앗겼을 때 우리 민족이 당했던 고초와 설움은 말로 다 표현할 수 없는 것이었다. 이처럼 국가 존립의 가장 기본적 요건인 국권을 지키는 것은 너무나 중대한 일이다. 그리고 이에 대한 현실적 요구로서 정당한 무력의 관리와 사용이 대두된다. 그러므로 군대의 일차적인 존재의의는 냉엄한 국제 현실 속에서 국가의 생존과 사활적 이익을 지키기 위한 국가 방위에 있다고 해야 할 것이다.[2)]

2) 임무

군대는 유사시 전쟁을 수행하고, 평상시 그러한 국가 위기 상황을 상정하여 대비하는 조직으로서, 그 임무는 국가를 대신하여 조직화된 폭력을 관리·사용하여 외부의 침략 등 국가의 생존과 사활이 걸린 이익을 지키는 국가방위에 있다.[3)]

---

2) 육군에서 "21C 국가 방위의 중심군(中心軍)"을 전략브랜드로 제시하고 있는데, 이는 군의 존재이유와 기본임무가 '국가방위'에 있음을 단적으로 보여주는 것이다. 2005년 제정된 육군의 "강한 친구 대한민국 육군"이란 슬로건도 군대의 존재의의를 압축적으로 담고 있는 한 예라 할 수 있다. 군대는 강해야 한다. 왜냐하면 엄연한 역사적 현실은 군대의 존재 필요성을 역설(力說)하며, 국가의 사활적 이익을 지키기 위한 군대는 강해야 하는 것이 본연의 모습이기 때문이다. 그러나 군대의 폭력 사용과 관리 권한의 합법성과 정당성은 국가로부터 나온다. 군대는 국가와 국민을 위해 존재하며, 그 '강함'의 원천은 국가와 국민의 지지에서 비롯된다. 그런 점에서 군대는 국민의 군대로서 '친구'여야 한다.

3) 최근에는 전쟁 양상이 복잡화·다층화되면서 군대의 임무는 전쟁 이외의 군사작전

우리 군에서도 이와 같은 군 고유의 임무에 대해서 여러 규범 체계상에서 명시적으로 밝히고 있다. 대표적인 것들을 소개하면 아래와 같다.

① 「대한민국 헌법」
제5조 제2항: "국군은 국가의 안전보장과 국토방위의 신성한 의무를 수행함을 사명으로 하며, 그 정치적 중립성은 준수된다."

② 「군인복무규율」[4)]
제2장 1. 〈국군의 이념〉: "국군은 국민의 군대로서 국가를 방위하고 자유민주주의를 수호하며 조국의 통일에 이바지함을 그 이념으로 한다."
제2장 2. 〈국군의 사명〉: "국군은 대한민국의 자유와 독립을 보전하고 국토를 방위하며 국민의 생명과 재산을 보호하고 나아가 국제평화의 유지에 이바지함을 그 사명으로 한다."

위의 헌법 제5조 제2항과 군인복무규율의 〈국군의 이념〉에서는 국군의 기본성격과 존재 목적을 천명하고 있다. 여기에서 '국민의 군대'란 국군의 주인이 국가, 즉 국민임을 나타낸다. 그리고 헌법에서의 '국가의 안전보장'과 '국토방위', 「군인복무규율」에서의 '국가방위', '자유민주주의 수호', '조국 통일'의 문구는 군의 존재 목적을 제시하고 있다. 〈국군의 사명〉에선 이러한 이념을 좀 더 구체화된 사명, 즉 임무로 밝히고 있다. '대한민국의 자유와 독립보전', '국토의 방위', '국민의 생명과 재산 보호', '국제평화 유지의 공헌' 등을 국군이 지켜야 할 국가의 사활이 걸린 이익이라고 명시적으로 규정하고 있는 것이다.

한편 육군에서는 "대한민국 육군은 국가방위의 주력으로서 전쟁억제에 기여하고, 지상전에서 승리하며, 국민편익을 지원하고, 정예강군을 육성한다."라고 육군의 목표를 제시하고 있다. 여기서 '국가방위의 주력'이란 국

(MOOTW: Military Operation Other Than War)에까지 그 폭이 넓어지고 있는 실정이다.

4) 「군인복무규율」(2007. 09. 20, 대통령령 제20282호), 육군인쇄창, 2008, p. 6.

가의 사활적 이익을 지키는 중추로서 육군의 임무를 천명한 것이라 하겠다. 이를 위해 구체적으로 '정예강군'을 육성하여 '전쟁억제에 기여'하며, 유사시 '지상전에서 승리하는 것'을 목표로 삼고 있다. 이는 육군이 국군의 주력으로서 폭력의 관리와 사용에서 고유의 기능과 전문성을 성공적으로 발휘하여 국가방위의 임무를 달성하겠다는 것이며, 단지 직접적 폭력의 운용과 관련된 전쟁에서뿐 아니라 평시에까지 '국민편익을 지원'하는 국민의 군대로서 임무를 다하겠다는 것이라 풀이할 수 있다.

3) 기능

군대라는 집단이 국가를 대신하여 폭력을 관리하고 사용한다는 점은 어떤 구별되는 특징을 갖는 것일까? 타인에게 물리적 폭력을 사용한다는 점에서는 개인이나 조직폭력배 같은 범죄조직도 다르지 않다. 그러나 그런 경우는 아무리 규모가 커진다고 해도 군대는 아니다. 특정 권력자가 사병(私兵)을 많이 거느린다고 군대가 되는 것도 아니다. 군대가 폭력을 관리하고 사용하며 국가의 사활이 걸린 이익 수호에 직접 관련된 일에 종사하는 까닭에, 군대의 정당성과 합법성은 더욱더 중요하게 요구되며, 동시에 엄격한 통제를 필요로 한다. 그래서 군대의 모든 권한과 권위는 합법적 절차와 방식에 따라 국가로부터 나오게 조직되어 있다. 이것은 군대의 직접적인 주인이 국가임을 뜻하며, 군대가 국가의 엄격한 통제 아래 놓여 있어야 함을 말해준다.

군대는 임무를 달성함에 있어서 상당한 권한을 국가로부터 위임받는다. 군대는 국가를 위해서 그리고 국가를 대신해서 주어진 임무를 수행하는 것이며, 그 임무 수행의 영역 안에서는 자율성과 전문성을 지니게 된다. 이런 측면이 군 전문직업주의를 가능케 하는 주요 부분이다. 이에 대해서는 제3장에서 자세하게 다룰 것이다.

군대가 국가의 사활적 이익수호라는 임무를 위해 국가로부터 합법적으로 위임받아 국가를 대신해 전문적으로 종사하고 있는 일이 바로 폭력의 관리와 사용이다. 이것이 군대의 고유한 임무수행을 위한 핵심 기능이며 전문성의 영역이다. 군대는, 특히 장교단은 국가의 명에 따라 전쟁을 비롯한 조직적인 폭력의 행사에 대비해서 필요한 인적·물적 자원을 관리, 조직, 교육, 훈련하고 유사시에는 그것을 가장 효율적으로 발휘하는 일을 담당하고 있는 전문직업집단이라 할 수 있다. 군대의 이러한 기능은 무엇보다도 장기간의 교육과 훈련을 필요로 하며, 오늘날과 같이 전쟁기술이 발전되고 전문특기화가 불가피한 군대에서는 고도의 전문성을 요구한다. 군대는 요구되는 전문성만큼 기능상의 효율성을 증대하기 위해 노력해야 한다. 왜냐하면 국가의 사활적 이익을 지키는 전쟁에서 패배를 감수할 수는 없기 때문이다. 이른바 '싸우면 이기는 군대'라는 말은 군대의 기능상의 탁월성을 함축적으로 표현할 뿐 아니라, 군대의 임무의 특수성을 감안할 때 그 임무수행 시 반드시 승리를 추구해야 한다는 당위성을 내포하는 것이라 하겠다.

군대의 이러한 기능적 특징은 동시에 높은 도덕성을 요구한다. 높은 도덕성이 뒷받침되지 않는 폭력의 관리와 사용은 재앙을 낳을 수 있기 때문이다. 전문직업군에 종사하는 장교단에게 명령에 대한 복종과 명예의 숭상, 진실성 등을 비롯한 덕성과 엄격한 직업윤리가 강조되는 까닭도 여기에 있다. 그래서 군대가 존재의의를 제대로 달성하기 위해서는 효율성과 도덕성을 동시에 갖추어야 한다. 폭력의 관리와 행사에 관한 전문성 발휘의 목표가 효율성에 있다면, 그러한 기능에 수반된 책임성의 목표는 도덕성에 있다고 해야 할 것이다.

군이 고유한 기능을 발휘할 때 폭력은 타인의 생명을 파괴할 수 있다는 점을 간과해서는 안 된다. 군의 폭력 사용은 더 큰 선(善)을 위한 마지막 선택으로서 신중히 고려해야 하며, 여기에 앞에서 논한 정당한 전쟁 문제가 대두되는 것이다. 따라서 군의 폭력의 관리와 사용은 반드시 국가의 합법적 통제에 따라야 하며, 국가를 대신하여 실제적으로 그 기능을 발휘하는 군인들은 높은 도덕성을 갖추고, 전문성을 발휘하여 최소의 희생으로 최대의 선을 지킬 수 있도록 해야 한다.

2. 군대 조직의 특성

1) 위계조직: 명령과 복종의 체계[5)]

군대는 국가라는 더 큰 모체사회의 안전보장을 위해 특수한 상황과 조건(전쟁, 전쟁 이외 군사작전 등)에서 폭력의 사용이라는 특수한 방법으로 임무를 수행한다. 이러한 군대 사회는 여러 면에서 일반 사회조직과는 구별되는 특수한 구조를 가지는데, 그 대표적 특징으로 권위주의적 위계구조를 꼽을 수 있다.

군대는 엄격한 상명하복(上命下服)의 전형적인 피라미드식 위계구조로 조직되어 있다. 육군의 경우 최하위 제대(梯隊)로 분대가 있으며, 그 위로 소대 · 중대 · 대대 · 연대 · 사단 · 군단 · 군 등이 존재한다. 자노비츠(Morris Janowitz) 교수는 위계적 조직구조는 사회학적 개념에서의 관료제를 나타내는 대표적인 특성이라고 지적하고, 이는 한마디로 말해서 모든 하급자가 상급자 한 사람의 통제와 감독을 받도록 된 조직구조라고 한다.[6)]

그렇다면 군대의 이러한 위계구조의 조직적 특성은 어디서 연유할까?

---

5) 이 절은 니코 케이저, 조승옥 · 민경길 편역, 『군대명령과 복종』, 법문사, 1994, pp. 21-43을 주로 참고하고, 일부 내용을 추가하였다.

6) Morris Janowitz, "Hierarchy and Authority," in *Sociology and Military Establishment*(New York: Russell Sage Foundation, 1965), pp. 27-49. 백낙서 · 이상회 편역, 『군대와 사회』, 법문사, 1974, p. 50.

군 조직구조의 특성은 군 고유의 임무와 기능에서 나온다. 앞에서 보았듯이 군대는 국가의 사활이 걸린 이익을 방어하기 위해 국가로부터 부여받은 합법성과 정당성을 근거로 국가를 대신하여 조직화된 폭력을 관리하고 사용하는 것을 임무와 주요 기능으로 한다. 군대란 국가가 자신이 합법적으로 독점하고 있는 폭력사용권을 행사할 때 이용하는 도구들 가운데 하나이다. 군대는 국가를 위해 존재한다. 군대를 통제하는 것은 국가와 국민을 대표하는 정부이며, 군대의 활동에 대해서 정치적으로 책임을 지는 것도 정부이다. 따라서 군대는 정부의 통제를 받도록 위계질서(位階秩序)가 서 있어야 한다. 그렇게 함으로써 군대의 사용은 항상 정부의 통제에 따르게 되어 있는 것이다. 이는 군인 개개인이 국가의 이익에 전적으로 연루되어 있음을 의미하며, 군인은 임무완수와 기능발휘를 위해 필요하다면 자신의 생명까지도 바쳐야 한다. 헌팅턴은 이런 군의 특징을 "군대는 국가에 봉사하기 위해 존재한다."[7]라고 표현한다. 즉 군인은 그 고유한 특성상 국가에 대한 헌신과 복종이 요구되며, 위계조직은 그러한 특성이 반영된 산물의 하나라고 볼 수 있다.

군인의 임무가 전적으로 전시(戰時)의 전투행위로 국한되는 것은 아니다. 시대의 변화와 발달에 따라 조직과 전쟁수단 등이 복잡하게 되었고,

---

7) Samuel P. Huntington, *The Soldier and the State: The Theory and Politics of Civil-Military Relations*(Cambridge, Massachusetts: The Benknap Press of Harvard University Press, 1957), p. 73.
그 내용을 옮겨보면 다음과 같다. "군대는 국가에 봉사하기 위해 존재한다. 가능한 최대한의 봉사를 제공하기 위해서 군사력과 그 전체 모든 군사적 직무는 국가정책의 효과적인 수단이 되어야만 한다. 정치적 지시는 위에서 밑으로 하향식으로 내려오므로, 이것은 군대가 복종의 위계구조로 조직되어야 한다는 것을 의미한다. 군대가 기능을 발휘하기 위해서는 그 내부의 각 제대(梯隊)가 그 하위 제대의 즉각적이고도 충실한 복종을 명령할 수 있어야 한다. 이러한 관계가 없다면 군대는 그 직무를 성공적으로 수행할 수 없다. 따라서 충성과 복종은 군대의 최고덕목이다. 군인은 권한이 부여되어 있는 상관에게서 합법적인 명령을 받았을 때, 그 명령을 논란하거나 [그 명령의 이행을] 지체할 수 없고, 그 자신의 견해로 교체할 수 없으며, 즉각 그 명령에 복종하여야 한다."

전투 자체와는 구별되는 평시 자원관리라든가, 전쟁 이외의 군사작전 등도 군의 임무 달성에서 중요한 역할을 하게 되었다. 그래서 오늘날의 군사 활동 중에는 예컨대 실제 전투와 간접적인 관계만을 지닌 수많은 기술적 · 행정적 · 문화적인 과업들도 포함되어 있다. 그러나 비록 '군대' 또는 '군사적'이라는 용어 아래 포섭되는 활동이 광범위하다고 해도 군대의 변하지 않는 본연의 임무는 전쟁의 대비와 그 수행이다. 전투(전투준비와 실제 전투를 포함하는 개념)에서의 승리가 여전히 군대의 핵심적 가치인 것이다.

계급질서로 대표되는 관료적 위계구조(bureaucratic hierarchical)는 이러한 군의 변하지 않는 임무를 신속 정확하게 효율적으로 수행하기 위해 정착시킨 제도라고 할 수 있다. 이와 같은 계층적 구조 속에서 구성원들이 임무수행을 효율적으로 하기 위한 엄격한 규율과 통제가 강조된다. 특히 임무수행 여부에 따르는 치명적 결과를 고려할 때, 또한 폭력을 관리하고 사용하는 집단이라는 특성을 감안할 때 강제적 · 타율적 명령과 통제에 대한 복종까지 엄격히 요구하게 된다.

2) 계급과 권위 그리고 권한[8)]

계급은 군대의 위계조직적 특징을 대표하는 것으로, 군대조직 내부에서 몇 가지 중요한 기능을 수행한다.

첫째, 계급은 직책을 결정하는 지표로 사용된다. 어떤 계급에 올랐다는 것은 해당 계급에 상응하는 전문지식과 자질을 갖춘 것으로 간주된다. 그래서 어떤 계급을 보유한 사람은 그 계급에 상응하는 제대의 지휘자로서 또는 참모로서 직책을 맡게 된다. 예를 들어 대위는 중대장 또는 대대참모

8) 더 자세한 내용은 니코 케이저, 앞의 책, pp. 34-35, 87-94 참조.

를, 대령은 연대장 또는 군단참모를 맡는다.

둘째, 계급은 직능상의 지위에 부여되어 있는 권한을 결정한다. 따라서 비록 동일 직능상의 참모계선에 있다 할지라도 대령급 참모의 권한과 위관급 참모의 권한에는 차이가 많게 된다.

셋째, 계급의 위계질서는 지휘관(자)이 부재중이거나 유고 시에 누가 그의 지휘권을 승계할 것인지 그 순서를 지시해주는 기능을 한다. 군대는 그 특성상 예상 밖의 위험한 상황에서도 기능을 발휘할 수 있는 준비를 잘 갖추고 있어야만 한다. 그래서 지휘관이 유고 시나 연락이 두절되었을 때 계급의 위계질서는 누가 그 위기상황을 처리해야 할지 지시해주며, 이때 상황을 처리한 사람의 행위를 합법화해준다.

넷째, 상급자는 하급자들의 군기와 하급자들 사이의 질서를 유지할 책임이 있기 때문에 계급의 위계질서는 아직도 그 자체가 기능상의 임무를 결정해주는 요소라고 할 수 있다. 군대조직에서 계급과 직책이 일치하는 것은 일반적 현상이다. 그래서 지휘계통상 상위에 있는 사람은 보통 동시에 계급상으로도 상위에 있다. 그러나 예외적으로 계급이 낮은 사람이 상급 직책에 있는 경우도 없지 않다. 이런 경우 원칙적으로 직책이 우선한다. 예를 들면 근무 중인 초병이나 헌병은 자기보다 계급이 높은 장교들에게 명령을 내릴 권한이 있다. 이때 그 권한이란 초병 또는 헌병으로서 임무수행에 필요한 명령을 내릴 수 있는 권한만을 말한다.

계급의 기능 외에 우리가 좀 더 숙고해야 할 문제는 권위와 권한의 문제이다. '권위'란 사람들 간의 특정한 관계를 지칭하는 개념이다. 그래서 보통 '권력의 승인'(acceptance of power)이 핵심 요소로 간주된다. 권위를 지니고 있다는 것은 물리적 힘으로 복종을 강제할 필요 없이 어떤 개인이나 집단을 움직일 수 있음을 의미한다. 왜냐하면 피지배자들은 권력자가 행사하는 영향력을 아무런 저항 없이 올바른 것으로 받아들여 행위하기 때문이다.

권력을 정당한 것으로 승인하도록 유도하는 요소들은 여러 가지가 있을 수 있지만, 두 가지 측면으로 대별할 수 있다. 하나는 업무수행능력이나 인격 등 권력을 소유하고 있는 사람의 개인적 특질과 관련된 요소들이고, 다른 하나는 그가 차지하고 있는 사회적 지위 또는 기능과 관련된 요소이다. 두 측면은 각각 일정한 역할을 하며, 양자가 상호 보완될 때 권위는 더 강화될 것이다.

이 중 후자는 '권한'의 개념과 밀접한 관련이 있다. 위계조직 안에서 한 사람이 차지하고 있는 합법적 지위에서 유래되는 권력을 권한이라고 한다. 앞서 계급의 기능에 대한 설명에서 보듯, 계급은 군의 위계조직 안에서 합법적 지위와 직책을 결정하고, 그에 따른 임무와 권리 등을 부여한다. 즉 계급 자체가 일정한 권한을 보장한다.

군의 조직특성상 위계질서를 유지하는 계급의 존엄성은 반드시 존중되어야 한다. 계급이 인간의 가치를 결정하는 기준은 아니지만, 조직 내에서 임무수행을 성공적으로 하기 위한 장치이자 수단이며 책임을 가늠하는 기준이 된다. 그러나 동시에 계급이 높아질수록 군인은 이에 상응하는 수준의 임무수행의 질을 보장할 수 있어야 하며, 조직 전체의 성과에 책임을 질 수 있어야 한다. 미 육군대장 브루스 클라크(Bruce Clark)는 "계급이란 상급자와 하급자들이 임무수행을 더 잘할 수 있도록 하기 위해 부여된 것이지 개인의 사적 욕망을 충족시키기 위한 수단으로서 부여된 것이 아니다."라고 하였다.[9]

공식적 권한은 개인적 능력 및 인격과 함께 어우러질 때 이른바 '계급값'을 하는 권위를 창출하게 된다. 우스갯소리로 부대의 지휘관(자)을 '○하사'니, '○별'이니 비꼬는 것은 그 지휘관(자)이 자신의 계급과 직책에 속한 권한의 우월적 지위만을 앞세우고, 그에 상응하는 인격과 실력은 구

9) 육군본부, 야전교범 지-0, 『육군 리더십(초안)』, 육군본부, 2008(구판), pp. 2-3, 2-4 참조.

비하지 못하였다고 보기 때문이다.[10] 군의 위계질서의 효율적 기능 수행을 보장받기 위해서는 단순히 권한에 기초한 지휘나 관리만으로는 불충분하다. 누군가 권한을 가지고 있다고 그것만으로 '권위 있는 사람'으로 인정되지는 않기 때문이다. 오히려 권한에 따른 권리와 힘만 남용할 때 '권위주의적'이라 비난받고, 그러한 사람의 권위는 실추되기 십상이다.

최근 육군에서는 기존의 상관과 부하의 상하관계에서의 영향력에 초점을 맞춘 '지휘통솔' 개념보다 상관・동료・부하라는 모든 구성원 상호 간의 전방향적(全方向的) 영향력의 상호작용 과정으로 파악하는 '리더십' 개념을 강조하고 있다. 이때 리더십 발휘의 원천은 직책에 따라 부여된 공식적 권한뿐 아니라 개인적 영향력이 중요한 요소임을 밝히고 있다.[11] 이는 리더에게 부여된 합법적 권한을 바탕으로 솔선수범, 언행일치, 탁월한 군사 전문지식과 업무수행력 등 리더의 개인적 인격과 실력에 기초한 영향력을 발휘함으로써 바람직한 권위를 확보해야 함을 말하는 것으로 풀이할 수 있다.

군의 임무 지향적 특성을 감안할 때, 군에서의 권위 문제는 부여된 임무를 완수할 수 있는 조직의 힘과 직결된다. 지휘관의 바람직한 권위는 부대원들의 노력을 효과적으로 결집해 부여된 임무를 충성스럽게 완수할 수 있도록 움직이게 만드는 것이다. 반대로 지휘관의 권위에 불만이 큰 부대는 그만큼 해당 부대원들이 피동적이며 임무수행을 소극적으로 할 것으로 예상된다.

---

10) 우리 육군에서는 "육군의 리더는 부여된 역할과 책임을 효과적으로 수행하기 위해 요구되는 역량을 갖추어야 하며, 이는 자질과 능력, 행동의 세 가지 분야로 구성된다."라고 본다. 이에 따라 자질 면에서는 '올바른 리더', 능력 면에서는 '유능한 리더', 행동 면에서는 '실천하는 리더'의 상을 제시하고, 각각에 대한 세부적인 요소들을 제시하고 있다. 결국 육군 리더는 위 3가지 역량, 즉 지(智: 능력), 인(仁: 자질), 용(勇: 행동)의 전인적 요소를 구비한 '위국헌신의 강한 리더'로 요약된다(육군본부, 야전교범 지-0, 『육군 리더십(초안)』, 2009, p. 2-14).

11) 위의 책, pp. 1-6～1-11.

「국군병영생활 규정」 제2장 제3조에 나오는 〈장교의 책무〉에서도 장교, 곧 군 리더의 참된 권위는 부하의 존경과 신뢰에 기반함을 분명히 밝히고 있다.[12] 따라서 장교는 계급과 직책에 부합하는 인격과 실력을 갖춤으로써 부하로부터 자발적인 존경과 신뢰를 받아 '권위주의적인 상관'이 아닌 조직에 바람직한 영향력을 발휘할 수 있는 '권위 있는 군 리더'가 되어야 할 것이다.

3) 탈위계질서화와 그 한계[13]

앞에서 우리는 군 조직의 특징을 계급에 의한 위계질서로 정리하여 보았다. 그러나 20세기에 들어서면서 과학기술의 눈부신 발전은 일반 사회뿐 아니라 군사조직에까지 막대한 영향을 미쳤으며, 그 결과 군 조직 내부의 권위의 유형 및 분배에도 큰 동요를 일으켰다. 이에 따라 전통적 위계질서로 특징지어지던 군 조직에 탈위계질서화 양상이 나타나고 있다고 본다. 그러나 그와 같은 시대 변화 속에서도 근본적으로 군의 위계질서로서의 고유한 특성은 변하지 않으리라는 것이 니코 케이저의 진단이다. 이제 그의 견해를 중심으로 군의 탈위계질서화에 대한 전망과 그 한계에 대해 살펴보자.

군의 탈위계질서화를 예견하는 입장에서 제시하는 이유는 다음 세 가지 정도를 꼽을 수 있다. 첫째, 과학기술의 발전에 따른 전쟁양상의 변화이다. 첨단 과학기술로 인한 무기의 사거리, 정확도, 살상력 등의 비약적인 증대

---

12) 「국군병영생활규정」(국방부 훈령 제660호, 1998. 8. 6), 제2장 제3조 〈장교의 책무〉: "장교는 군대의 기간이다. 그러므로 장교는 그 책임의 중대함을 자각하여 직무수행에 필요한 전문지식과 기술을 습득하고, 건전한 인격의 도야와 심신의 수련에 힘쓸 것이며, 처사를 공명정대히 하고, 법규를 준수하며, 솔선수범함으로써 부하로부터 존경과 신뢰를 받아 역경에 처하여서도 올바른 판단과 조치를 할 수 있는 통찰력과 권위를 갖추어야 한다."

13) 자세한 내용은 니코 케이저, 앞의 책, pp. 36-43 참조.

는 종래의 선형작전에서 전후방 구분이 없는 전전장(全戰場) 비선형 작전으로의 변화를 초래하였다. 이에 따라 독자적으로 행동하는 소집단들에 의한 작전이 중요해지게 되었고, 소극적이고 피동적인 복종이 아니라 자발성이 중요해졌다. 소집단 지휘자들의 자율적인 분권화 지휘가 중요한 비중을 차지하게 된 것이다.

둘째, 무기 및 장비의 기술적 복잡성의 증대가 지휘관의 역할에 변경을 초래하였다. 무기와 장비를 배치하고 운용할 책임이 있는 지휘관들은 다양한 무기 및 장비의 조작과 정비에 관한 모든 기술과 지식을 숙지한다는 것이 불가능하게 되었다. 더군다나 최첨단 기술이 요구되는 문제에서는 해당 분야의 부하나 지휘계통 밖의 전문가들에게 의존하는 정도가 더 커지게 되었다. 이런 현상은 결국 전문기술 분야에서, 권위의 근거로서 계급의 역할은 감소시키는 대신 전문기술, 지식의 전문성, 직무수행능력의 역할은 증대시키는 현상을 초래하게 되었다. 이로써 기술전문가에게는 그의 기술을 언제, 어디에 사용하라는 명령만이 내려지게 되고, 그의 기술을 어떻게 사용할 것인지에 관한 기능적 자율성은 기술전문가 자신이 갖게 되었다.

또 군 조직의 모든 수준에서의 기술의 출현은 전문기술과 지식의 수준에서 장교와 사병의 뚜렷한 구별을 약화시키는 경향이 있다. 오늘날 장교, 부사관, 사병으로 충원되는 인원들의 사회적 계층, 학벌, 능력 등에서 과거와 같은 뚜렷한 구별이 점차 줄어들고 있다. 사병이나 부사관 신분에서 장교로 임용됨으로써 군내 신분 간의 장벽도 많이 낮춰지게 되었다. 그 결과 사병들이 장교의 행위와 명령에 대해 비판하는 것을 정당한 것으로 느낀다거나, 좀 더 일반적인 현상으로는 부하들이 자신들과 관련된 방침을 결정할 때 그들의 상관이 자신들과 상의해주기를 기대하는 분위기가 확산되고 있다. 이 외에도 고도로 숙련된 군대 기술자들은 일반 사회의 노동시장에서도 매우 가치가 높기 때문에 이들이 군을 떠나는 것을 막기 위해서는 이들에 대한 군 당국의 대우가 높아지지 않을 수 없다.

셋째, 점차 증가하는 정치의식도 탈위계질서화의 또 다른 요소가 된다. 서양의 군대에서 예컨대 감찰관이나 인권보호관 같은 직책의 출현과 심지어 군대노조가 출현한 현상 등은 모두 부하가 그들의 상관에게 간접적인 방식으로 어느 정도 강력한 영향력을 행사하는 것을 허용하였으며, 그에 따라 군대 상관의 권위적 지휘가 더욱더 침식되고 있다는 것을 보여준다.

이상에서 군대조직에 나타난 탈위계질서화의 경향을 간략하나마 살펴보았다. 하지만 이와 같은 현상에도 불구하고, 군 고유의 위계질서의 조직이 존속하게 되리라는 견해가 유효한 이유는 무엇일까?

첫째, 앞서 언급한 바와 같이 군대란 국가가 독점적으로 상악하고 있는 폭력수단이다. 이는 군대의 사용이 언제나 정부의 통제에 종속되어야 하고, 이런 통제를 가능하게 하는 조직구조를 군대가 갖추어야 할 것을 요구한다. 따라서 군대 내부에서는 명령과 그에 대한 철저한 복종의 관계가 주된 조직 특성으로 존속되지 않을 수 없다.

비록 과거에 비해 전문기술 영역에서 부하의 재량폭이 넓어지고 수평적 의사소통이 중시된다고 해도, 관련된 임무와 과업에 대한 책임의 위계적 배분에까지 영향을 미치지는 못한다. 전문영역의 운용과 방법 측면에서 전문기술자에게 일정한 자율성이 부여된다고 해도, 그는 결국 명령에 따라 부여된 과업을 반드시 달성해야 한다. 명령에 따라 과업을 부여한 상관에 대해서 전문기술자는 여전히 복종할 책임이 있는 것이다.

둘째, 군에서 명령의 신속한 수행은 군 고유의 직무수행을 위한 전제조건이 된다. 실제 전투를 수행 중이건 혹은 훈련 중이건 작전에 임하여서 전 제대가 일사불란하게 명령에 따라 움직이지 않는다면, 임무의 원활한 수행은 고사하고 전 부대의 생사가 위태로울 수도 있다. 예를 들어 평시 상황에서도 여러 전차부대가 이동할 때 이동경로에 대한 협조 명령을 즉각적으로 따르지 않게 되면, 제한된 기동로에 여러 부대가 동시에 몰려 혼란을 겪을 수 있다.

또 현대 과학무기의 발달은 부대의 작전 지역과 시간을 광범위하게 확장시킴으로써 소부대 단위 자발성과 재량권을 늘려야 한다는 요구가 높아지고 있지만, 동시에 현대 통신장비의 발달은 전투행위에 대한 지휘관의 통제를 강화해 주기도 한다. 그래서 현대전의 일반적 특성과는 정반대 방향으로 새로운 경향을 낳게 하였다. 일례로 걸프전이나 이라크전에서 보듯이 네트워크 시스템에 의해 현장 동영상을 실시간으로 확인하면서 필요할 때는 최고위 지휘관이 최전방 말단 지휘관까지 직접 통제할 수 있게 되었다.

셋째, 불확실성의 영역이자 마찰의 영역이라 불리는 전장에서는 행위과정에 대한 권위적 통제가 더욱 효율적이며, 또 필요하다는 점을 들 수 있다. 예를 들어 전투가 벌어지는 혼란 속에서는 모든 제대에 걸쳐서 상호협조의 필요성이 커지게 된다. 이런 혼란 속에서 가능한 한 안정성을 많이 줄 수 있는 제도가 바로 위계적 조직이다. 위계적 조직은 통솔받아야 할 상관을 지시해주고 그를 중심으로 질서있게 움직이도록 하기 때문에 전투의 혼란과 전장심리에 의한 불안감을 극복해내고 안정적이고도 효율성 있게 대처할 수 있게 해준다.

넷째, 상관의 명령에 대한 복종 의무는 전투 상황의 스트레스를 덜어주는 역할을 하게 된다. 전장에 선 각각의 사람들은 한 인간으로서 살인과 파괴행위에 대한 도덕적 책임과 그에 따른 죄책감에 시달리게 된다. 이때 '명령은 명령이다'라는 구호는 상위의 권위자에게 그와 같은 책임을 전가하는 기능을 한다.

이상에서 보듯, 현대 군 조직은 명령복종의 위계질서적 전통과 탈위계질서화의 경향이 공존하고 있다. 현대로 오면서 군이 담당해야 할 임무의 폭은 더욱 확대되고 있으며, 그에 따라 과거에 비해 훨씬 다양하고 예측하기 힘든 위험한 상황에서도 고유의 임무를 완수할 것이 요구된다. 그런 점에서 군인에게는 다양하고 복잡한 상황에 적응할 수 있는 융통성이 필요하다. 위계질서의 전통과 탈위계질서화의 신경향도 그와 같은 현대 군의 상황에 비추어 좀더 융통성있게 조화시켜야 할 것이다. 한편으로는 충성심과 군인정신이 고취되어야 하지만, 한편으로는 자율성과 창의성이 개발되어야 할 것이다. 한편으로는 명령・복종의 군인의 의무가 계속 존중되어야 하지만, 한편으로는 합리적 근거가 있는 권위에 입각한 명령과 자발적 복종을 이루는 것이 더욱 중요하게 될 것이다.

3. 명령과 복종의 윤리

1) 명령과 복종 체계의 필요성

군은 그 임무와 기능의 고유한 특성상 명령・복종 체계를 근간으로 하는 위계조직 구조를 갖게 된다. 국가안보의 의무와 책임을 진 군의 업무와 기능은 매우 다양하고 복잡하며 따라서 이를 수행하는 조직구조도 크고 복잡할 수밖에 없다. 『손자병법』에서 말하듯이 국방의 문제는 생사가 걸리고 존망이 달린 문제이기 때문에[14] 뒤로 늦추거나 늑장을 부릴 수 없다. 군의 임무수행은 대체로 고도의 긴박성과 신속성을 요구한다. 이와 같은 국가의 명운이 걸린 사활적 이익을 위해 긴박하고 신속하게 작전과 임무수행을 하고자 할 때 요구되는 것은 그 큰 조직이 일사불란하게 움직이는 것이다. 이를 위해서는 각개 병사 하나하나의 뜨거운 애국심에 기초한 충성과 국가가 부여하는 여러 가지 의무와 명령에 대한 복종이 필요하다.

14) 『손자병법』 始計篇: “孫子日, 兵者, 國之大事也, 死生之地, 存亡之道, 不可不察也.”

특히 군의 엄격한 명령과 복종의 위계구조는 위와 같은 군 고유의 임무와 기능의 특성을 효율적·성공적으로 완수하기 위해 확립된 것이다. 특히 전시 상황에서 지휘관의 명령에 복종할 것이라는 확신이 없이는 어떠한 작전이나 계획도 세우기 어렵고, 군대의 기능 자체도 마비되고 말 것이다. 따라서 "명령에 대한 복종은 그것 없이는 군대조직이 기능을 발휘할 수 없게 되는 하나의 규범"인 것이며,[15] "법규와 명령에 대한 자발적인 준수와 복종"을 근간으로 하는 군기(軍紀)를 군의 생명과 같다고 하는 것이다.[16]

2) 명령의 개념

군대가 명령·복종의 체계를 가진다고 해서 모든 상급자의 지시가 명령으로 성립되는 것은 아니며, 명령권을 가진 사람이 발하는 것이 모두 명령으로서 구속력을 갖는 것도 아니다.[17] 「군인복무규율」에서는 "'명령'이라 함은 상관이 부하에게 발하는 직무상의 지시를 말하며, 발령자의 의도와 수명자의 임무가 명확하고 간결하게 표현되어야 한다."[18]라고 규정하고 있다. 이는 명령의 요건들을 함축적으로 담은 것이다.

첫째, 명령은 상관이 부하에게 내리는 것이다. 여기서 "상관이라 함은 명령복종 관계에 있는 자 사이에서 명령권을 가진 자"를 말하며,[19] 명령과 복종의 관계에 있는 상관이란 지휘계통상 상급지휘관(자), 업무상 상

15) 니코 케이저, 앞의 책, p. 73.
16) 「군인복무규율」 제2장 제4조 4 〈군기〉.
17) 적법하고 정당한 명령의 개념과 그와 연관된 복종의 한계 문제는 많은 부분에서 법적인 논의와 겹친다. 따라서 이 글에서는 법적인 논의와 겹칠 수 있는 부분은 가급적 피하고, 군대 조직의 특성으로 파악되는 군인의 명령과 복종의 의무를 윤리적 차원에서 짚어보는 것으로 논의의 폭을 줄이고자 한다. 명령과 복종의 문제에 관한 법적 접근은 육군사관학교, 『군사법원론』, 일지사, 2000 참조.
18) 「군인복무규율」 제3장 제2절 제19조 〈명령〉.
19) 「군인복무규율」 제1장 제2조(정의) 〈상관〉.

위직책에 있는 자라고 할 수 있다. 즉 명령은 명령을 내릴 권한이 있는 사람이 그 명령에 복종할 의무가 있는 사람에게만 내릴 수 있는 것이다.

둘째, 명령이란 직무상의 지시여야 한다. 즉 부대훈련과 부대운영, 병력관리, 참모업무 등 직무와 관련된 지시여야 한다. 예를 들어 지휘관(자)이 부하에게 자기 집 심부름을 시키거나 자기 아들 과외공부를 지시하는 것은 직무상 권한을 벗어난 것으로, 명령으로 성립될 수 없다.

셋째, 명령은 그 내용이 수명자에게 명백히 전달되어야 하는 의사전달이다. 따라서 발령자의 의도와 수명자의 임무가 명확하고 간결하게 표현되어야 한다. 명령의 내용이 분명하지 않아 수명자가 어떻게 해야 할지 망설이게 하거나 자의적(恣意的)으로 해석하게 해서는 안 된다. 예를 들어 "제1분대는 오늘 20시 30분까지 공격개시선에 전개하라", "제1분대는 내일 아침 06시까지 전방초소 경계 임무를 수행하라"라는 명령들과 "오늘밤 달이 중천에 뜰 무렵에 공격하라", "경계근무를 철저히 서라"라는 명령들을 비교해보라.

넷째, 「군인복무규율」상의 규정에는 명시되어 있지 않지만, 명령은 복종을 요구하는 의사전달이어야 한다. 하급자의 복종으로 시행되지 못한 의사전달이라면 명령이라고 할 수 없다. 단순한 권고나 의견제시 또는 그것의 실행여부를 하급자의 판단에 맡기는 의사전달 등은 명령이라 할 수 없다.

이상과 같은 요건을 갖춘 명령은 지휘계통을 따라 문서, 구술 또는 신호 등 다양한 방법으로 정확・신속하게 하달되어야 한다. 발령자는 명령을 해당 부하에게 철저하게 알릴 책임이 있으며, 수명자는 그 임무를 확인할 의무가 있다.[20)]

---

20) 「군인복무규율」 제3장 제20조 〈명령계통〉, 제21조 〈명령의 하달〉.

3) 발령자의 책임과 수명자의 복종 의무

보통 '군인' 하면 흐트러짐 없는 부동자세로 수명(受命)하는 모습을 연상하곤 한다. 이는 명령에 대한 복종 의무를 군대의 가장 대표적인 것으로 생각하는 사람들의 일반적 인식을 보여주는 단적인 예이다. 명령에 대한 복종 의무가 군인에게 절대적으로 중요한 요소이며, 대개 명령에 대한 즉각적이고도 능동적인 복종이 군인에게 미덕(美德)이 된다는 것을 부인할 사람은 없을 것이다. 그러나 이 말이 어떠한 명령에 대해서도 무조건 복종해야 함을 의미하는 것은 아니다. 발령자라 해서 어떠한 명령도 내릴 수 있다고 생각하거나, 수명자는 무조건 절대 복종해야 한다고 생각하는 것 모두 심각한 결함을 갖는 단견(短見)이다. 왜냐하면 명령의 성립요건을 충족하지 못하는 명령은 참다운 명령이라 할 수 없으며, 우리가 전쟁과 도덕을 논하는 곳에서 이미 다룬 바 있듯이 무조건적인 복종이 최선이라고 할 수 없는 상황도 있을 수 있기 때문이다. 즉 군에서 복종의 중요성을 부인하지 않으면서도 그것에 한계가 있어야 한다는 사실을 간과해서는 안 된다.

또 장교는 자신이 수명자의 의무뿐 아니라 발령자로서 책임도 가진다는 것을 깊이 이해하여야 한다. 자신의 명령이 가지는 복잡하고 다양한 파급효과를 검토하고, 수명자 입장에서 복종의 한계에 부딪히게 할 수 있음을 고려하여, 발령할 때는 책임감 있게 신중히 고민하고 합리적으로 판단해야 한다.

(1) 발령자의 책임

일반적으로 발령자는 지휘계통에 따라 신속하고 정확하게 명령을 하달해야 한다. 발령자는 자신이 내린 명령의 하달 및 실행을 감독, 확인해야 하며, 자신이 내린 명령의 실행 결과에 대하여 법적·도덕적 책임을 진다.[21] 또 발령자는 자신의 생각과 다른 부하의 의견을 수용할 준비를 갖추고 있어야 한다. "상관은 부하의 건의를 경시하거나 소홀히 다루어서는 아니 되며 부하의 의견이 유익하거나 정당하다고 인정될 때에는 이를 받아들여 필요한 조치를 하여야 한다."[22] 간혹 부하의 건의를 자신의 권위에 대한 도전이나 불복종적 태도로 간주하는 지휘관들이 있는데, 이는 지휘관 자신의 인격과 리더십의 수준을 드러내는 것일 뿐이다. 그뿐만 아니라 그런 지휘관 휘하 부하들은 오직 입을 꾹 다물고 지휘관의 의견에 'yes'만 하고, 지휘관이 지시하지 않은 것은 괜히 해봤자 손해라는 '아무 생각 없는' 수동적인 군인이 될 수밖에 없음을 명심해야 할 것이다.

기본적으로 군인은 복종의 의무가 있다. 이는 도덕적·법적 차원의 근거가 있다.[23] 그러나 도덕적·법적으로 복종의 의무를 지고 있다고 해서 모든 명령에 절대적으로 복종해야 하는가? 반드시 그런 것은 아니다. 복종의 의무와 병행하여 발령자에게도 책임이 있다. 「군인복무규율」에서는 "발령자는 건전한 판단과 결심하에 적시 적절한 명령을 내려야 하며, 직

21) 「군인복무규율」 제3장 제21조 〈명령의 하달〉, 제22조 〈발령자의 책임〉.
22) 「군인복무규율」 제3장 제24조 〈의견의 건의〉.
23) 도덕적 근거라 함은 군인은 국가 방위를 위해 '충성'의 의무를 기본으로 한다는 점을 들 수 있다. 위국헌신의 자세를 갖춘 충성된 사람의 경우 '충성'의 덕목과 '복종'의 덕목이 거의 일치한다고 볼 수 있다. 그러나 모든 상황에서 모든 사람이 이와 같은 내적 충성심에 근거한 복종을 할 수 있는 것은 아니다. 때로는 내면적인 복종을 기대할 수 없는 경우에도 국가와 상관으로부터 발해지는 정당한 명령들은 지체 없이 복종되어야 하는 것이 군사적 상황이다. 예를 들어 적의 진지 코앞에서 "돌격, 앞으로!" 명령이 내려지면, 내면적으로는 죽고 싶지 않은 마음 때문에 복종하기가 어렵겠지만 복종해야 하는 것이 군사적 상황의 특성이다. 이러한 경우 복종의 근거는 법적일 수밖에 없다. 국가안보와 국가의 사활적인 이익을 보호하기 위해서 명령은 반드시 실행해야 한다. 군은 이러한 필요 때문에 상급자의 적법하고 정당한 명령에 복종하지 않을 경우 강력한 처벌규정을 두고 있다. 즉 군형법 제44조를 보면, 상관의 정당한 명령에 반항하거나 불복종한 경우, 적전인 경우에는 사형, 무기 또는 10년 이상, 전시 사변 또는 계엄지역인 경우에는 1년 이상 7년 이하, 그리고 그 밖의 경우에는 2년 이하의 징역에 처한다는 내용이 명문화되어 있다. 또 제47조에는 정당한 명령을 위반한 경우 2년 이하의 징역이나 금고에 처한다는 규정이 나와 있다.

무와 관계가 없거나 법규 및 상관의 정당한 명령에 반하는 사항 또는 자기 권한 밖의 사항 등을 명령하여서는 아니 된다."라고 발령자의 책임을 명시하고 있다.[24)]

여기서 직무와의 관계 여부, 권한의 초과 여부는 기본적으로 앞서 언급한 명령의 형식적 요건과 관계된 것이라 볼 수 있다. 그러나 명령의 형식적 요건을 모두 갖추었다 할지라도 실행 불가능한 명령, 불법적인 명령, 비도덕적인 명령은 수행하거나 복종할 수 없는 명령에 해당할 수 있다. 따라서 발령자는 이와 같은 유형의 명령에 해당되지 않는, '적시 적절하고', '정당한' 명령을 내려야 한다.

먼저 불가능한 명령은 실행할 수도 복종할 수도 없는, 논리적으로 불가능한 비합리적인 명령을 말한다. 예를 들어 예하부대가 부여된 목표 '가'를 이미 점령하였는데, "목표 '가'를 00시까지 확보하라."라고 명령한다면 이런 명령은 한마디로 불가능한 명령이요, 무의미한 명령이다.

논리적으로 불가능한 것은 아닌데 실제적으로 불가능한 명령인 경우도 있다. 예컨대, 얼차려를 행하면서 "400미터 운동장을 30초 안에 뛰어라"라고 명령하였다면, 이는 400미터 육상 세계 챔피언조차도 실행할 수 없는 명령이다. 그런데 우리는 군 생활에서 이와 같은 비합리적인 명령을 적지 않게 경험하게 된다. "5초 안에 집합하라"라거나 "부대 화장실을 고속도로 휴게소같이 꾸며라" 등과 같은 실제적 상황이나 여건과 능력 밖의 것을 지시하는 명령이나, 부대 전체에 대한 조사사항을 몇 시간 안에 보고하도록 하는 지나치게 촉박한 명령 등은 그것이 명령의 요건을 갖추었다 할지라도 건전한 명령의 실행을 이끌어낼 수 없는 비합리적인 명령이라 할 수 있다.

그렇다면 이런 경우 수명자는 어떻게 해야 할까? 수명자가 사정을 알고

---

24) 「군인복무규율」 제3장 제22조 〈발령자의 책임〉.

있는 한도 내에서, 상관에게 명령의 수행 불가능성을 설명함으로써 명령의 수정 또는 취하를 이끌어내는 것이 합리적인 부하의 처사이다. 그러나 이와 같은 상황을 전달할 여건이 아니라면, 수명자로서는 어리석은 행위일지 모르되 최선을 다해 할 수 있는 데까지 수행하는 노력을 기울여야 할 것이다.

불법적인 명령은 말 그대로 불법적 행위를 행하도록 지시하는 명령이다. 불법적인 명령은 수명자가 그것이 불법적인 것인지 잘 모를 수 있다는 점에서 어렵다. 불법적인 명령에 대한 복종이 문제될 때 그 책임 소재가 불분명하여 논란이 일게 되는 까닭이 여기에 있다. 그러나 분명한 것은 불법적인 명령에의 경우 그것이 불법임이 명백할 때 불복종한다고 해서 항명죄나 명령위반죄가 성립되지 않는다는 사실이다. 군형법 제44조나 제47조에서 문제 삼는 명령위반죄도 '정당한 명령'에 대한 반항이나 위반 사항이다. 불법적 명령은 정당한 명령일 수 없다.

하지만 부하의 경우, 불법적 명령에 대한 불복종 문제는 실제로 그리 쉬운 것이 아니다. 상관의 명령에 대한 복종은 전시는 물론이요, 평시에도 엄격하게 강조되고 있으며, 불복종의 경우 엄벌에 처해지고 있는 군대의 현실을 놓고 볼 때, 설사 상관이 불법적인 명령을 내렸다고 할지라도 그에 맞서 항거할 하급자가 과연 얼마나 될지는 의심스럽다. 불법적 명령에 복종한 책임보다는 당장에 떨어질 불복종에 대한 대가가 그들에게는 훨씬 두려운 문제일 수 있다. 이런 상황에 놓인 부하들은 어느 쪽을 선택하건 불행을 잉태할 수밖에 없는 까닭에 딜레마 속에 있다고 해야 옳을 것이다.[25)]

---

25) 불법적인 명령에 대한 실제적인 상황을 우리는 전쟁과 도덕을 다루는 전쟁법 준수의 문제에서 심도 있게 다룬 바 있다. 전시라는 특수한 상황에서는 절대적 복종의 문제, 군사적 이익(필요성)의 이유 등으로 전쟁법 위반을 정당화하려는 경우가 적지 않다. 즉 불법적 명령이라 할지라도 특수한 상황에서는 발해지거나, 복종을 요구당하는 경우가 있는 것이다.

좀 더 어렵고 복잡한 논의가 요구되는 것은 비도덕적 명령에 대한 것이다. 불법적인 명령과 비도덕적인 명령은 다르다. 가령 여러 달 동안 방세가 밀린 세입자를 방세를 받을 수 없다는 구실로 한겨울에 길 밖으로 내모는 행위는 분명 불법적인 행위는 아니지만 비도덕적인 행위이다. 군에서 발생할 수 있는 비도덕적 명령의 경우는 이보다 훨씬 더 심각한 문제를 발생시킨다. "파리를 불바다로 만들라!"라는 히틀러의 명령이나, "적의 주요 도시에 원자탄을 투하하라!"라는 명령은 불법적인 명령은 아닐지 모르되, 반문화적이고 비도덕적인 명령임이 틀림없다. 비도덕적 명령의 경우 수명자는 과연 어떻게 해야 하겠는가? 결코 쉽사리 대답할 수 없는 물음이다. 헌팅턴은 "군인으로서는 복종해야 하지만, 인간으로서는 불복종해야 한다."[26]라고 대답하기도 하였다. 하지만 전쟁도덕의 문제에서도 다루었듯이, 좀 더 적극적으로 본다면 군인은 군사적 승리 자체가 최종 목적일 수는 없다. 군사적 승리를 거둬 지키려는 가치, 즉 국가와 민족의 보편의 가치, 더 나아가 인류 보편의 가치를 지키는 것이 더욱 중요하다. 그런 점에서 군사적 승리를 명분으로 쉽사리 비도덕적 명령을 발할 수는 없다.

분명 현실에 있어 비도덕적 명령에 대한 복종 문제도 매우 곤란한 딜레마적 상황임에 분명하다. 이는 수명자보다 발령자의 적시 적절하고 정당한 명령을 발령할 책임 문제에 더욱 관심을 가지게 한다고 할 수 있다. 따라서 발령자는 앞서 논의했던 명령의 요건들을 갖추고, 정당한 명령, 즉 합법적이고 합리적인 명령, 적시 적절하고, 정당한 명령을 내려야 한다. 또 일관성 없는 명령으로 이전 명령과 모순되게 하고, 명령을 자주 바꾸거나 철회함으로써 발령자에 대한 신뢰를 떨어뜨리고 부하에게 복종의 갈등 상황에 직면하게 하지 않도록 유의해야 한다. 이로써 가장 효율적인 임무

26) Samuel P. Huntington, "The Military Mind," *War, Morality, and the Military Professional* (ed. by Malham M. Wakin, Westview Press, 1979), p. 44.

수행과 자발적인 복종을 이끌어내도록 해야 한다.

(2) 수명자의 복종 의무

이상에서 발령자와 관련한 몇 가지 논의를 살펴보았지만, 군인으로서 상관의 명령에 복종하는 것이 기본적인 직업적 책임과 의무라는 사실을 잊어서는 안 된다. 장교는 발령자로의 책임뿐 아니라 수명자로서 바람직한 복종 태도를 습득하고 자신의 부하들에게도 솔선수범함으로써 가르쳐야 한다.

먼저 수명자는 그 임무를 확인할 의무가 있다. 그리고 명령받은 사항을 신속, 정확하게 실행하여야 한다. 권한이 부여된 상관이 내린 합법적인 명령에 대하여 논란하거나 지체할 수 없고, 자신의 견해로 교체할 수 없으며 즉각 그 명령에 복종해야 한다. 그러나 부하는 군에 유익하거나 정당한 의견이 있는 경우 지휘계통에 따라 단독으로 상관에게 건의할 수 있다. 이 경우 상관이 자기와 의견을 달리하는 결정을 하더라도 항상 상관의 의도를 존중하고 기꺼이 이에 복종하여야 한다.[27]

군대에서는 보통 즉각적인 복종을 '군인다움'으로 여기는 경향이 있다. 국가의 직접적 통제를 받는 폭력 관리와 사용의 주체로서, 또 전투와 같은 신속한 명령수행이 요구되고, 살인과 같은 일반적·도덕적 규범을 어겨야 하는 등의 군 조직 특성을 고려할 때 즉각적인 복종이 이루어져야 한다고 보는 것이다.

이와 같은 '군인다움'에 대한 이해는 상관의 명령에 무조건적으로 동의하거나 맹목적으로 복종하는 것을 헌신적 군인, 군인다운 군인으로 오도할 수 있다. 일반적으로 명령의 하달과 그것의 수행 사이에는 늘 어느 정

27) 『군인복무규율』 제23조 〈복종 및 실행〉, 제24조 〈의견의 건의〉.

도 간격이 있기 마련이며, 수명자는 즉각적 복종이 아니라 좀 더 숙고하는 복종을 할 수 있게 된다. 미 공사(空士)의 웨이킨 교수도 "우리 모두가 우려하는 것은 진실로 군인다운 역할을 수행하기 위해서는 군인은 합리성(rationality)이나 창조성(creativity) 게다가 인간으로서의 존엄성(dignity as a man)마저 포기하지 않으면 안 된다는 직업관이다."라고 하여, 맹목적 복종은 군인의 역할을 바람직하게 수행하기 위한 합리성, 창조성, 존엄성마저 포기하는 것이라 지적하고 있다.

따라서 군 리더로서 장교가 명심해야 할 사실은 어느 누구에게나 전적으로 이유를 물을 수 없는 맹목적 복종을 요구해서도 안 되며, 맹목적 복종을 '군인다움'의 미덕으로 삼아서도 안 된다는 사실이다. 지휘관은 그 누구도 보편적 양심이 명령하는 바에 따라 부하가 명령에 불복종하는 그러한 상황을 만들지 않도록 최선을 다해야 한다. 부하의 입장에서 보면 불법적이며 부당한 명령에 복종할 경우, 자신뿐만 아니라 동료까지도 위험한 사태로 몰고 간다는 사실을 깊이 깨달아야 하며, 그러한 명령에 복종하기 이전에 어떤 수단을 강구하든 최선을 다할 준비가 되어 있어야 한다.

4) 명령에 대한 복종의 한계

앞에서 발령자로서의 책임과 수행 불가능한 명령의 유형, 수명자로서 '숙고를 통한 복종'의 태도 등을 살펴보았다. 복종의 의무가 군인의 가장 기본적인 덕목의 하나임에는 틀림없지만, 모든 명령에 대한 무조건적·맹목적 복종이 군인에게 요구되는 것은 아니라는 것도 짚어 보았다. 더구나 합리적 판단과 선택의 여유와 능력을 지녀야 할 장교에게 무조건적 복종을 요구하는 것은 군의 도덕성을 훼손할 수 있다. 왜냐하면 거기서 오도된 충성, 출세주의, '예스맨 양산' 등의 문제점이 생길 수 있기 때문이다.

그렇다면 명령에 대한 정당한 불복종이 허용될 수 있는 가능성, 다시 말해 명령에 대한 복종의 한계는 어디까지일까? 대표적으로 헌팅턴과 같은 학자는 명령에 대한 복종(군대복종)과 전문직업적 능력의 충돌에 관한 경우와, 다른 하나는 군대복종과 비군사적 가치의 대립에 관한 경우를 다룬다.[28] 반면 니코 케이저는 그의 저서 『군대명령과 복종』[29]에서 명령에 대한 복종의무의 한계를 법규범의 위반, 법익들간의 충돌, 복종의무의 주관적 한계 등으로 좀더 상세히 구분하여 설명하고 있다.

두 사람의 견해에서 공통적으로 인정되는, 상관의 명령에 대한 부하의 불복종이 정당화될 수 있는 경우는 궁극적으로 명령 자체의 '명백한 위법성'과, 불복종으로 인한 '군사적 혹은 직무상 효율성'의 기대가 확실할 때 뿐이다. 그러나 실제에는 군사적 효율성의 제고라는 기준은 물론이요, 불법 명령이라 할지라도 군인에게 불복종의 가능성은 사실상 그리 크다고 말할 수 없다. 상급자가 어떠한 명령을 내리건 간에 우선 복종하고자 하고, 또 그렇게 하는 것이 군인으로서 도리라고 대다수 군인들은 믿고 있기 때문이다. 무엇보다도, 앞서도 언급하였듯이, 명령을 수행해야 하는 하급지들에게는 명령 자체에 대한 합법성 여부를 명백히 판단할 수 있는 상황정보가 미약하고, 명령에 대한 불복종으로 현저한 군사적 효율성을 기대할 수 있다는 데 대한 확신도 그리 높지 않을 것이기 때문이다. 많은 사례들이 보여주듯이 명령의 수행이 가져올 직무상의 현저한 불이익을 짐작하면서도 대다수 군인들은 상급자의 명령에 따라 묵묵히 실천하고 만다. 그들은 그것이 군인으로서 의무라고 믿기 때문이다.

따라서 장교는 먼저 발령자 입장에서 수명하는 부하들의 고충을 깊이 이해하고 명령을 어떻게 내리는 것이 바람직한가 숙고해야 할 것이며, 동

---

28) 이에 관한 더 자세한 내용은 다음을 참조할 것. Samuel P. Huntington, "The Military Mind: Conservative Realism of the Professional Military Ethic," *WMMP*, pp. 40-44 참조.

29) 니코 케이저, 앞의 책.

시에 수명자 입장에서 복종의 한계를 깊이 이해하고 부여받은 명령을 무조건 맹목적으로 수행하는 태도에서 벗어날 필요가 있다. 특히 우리 군에서는 아직도 "×라면 ×지, 무슨 말이 많냐?", "지휘관의 말이 곧 법이다" 식의 명령의 무조건적 권위와 맹목적 복종만을 강요하는 의식이 잔존하고 있다. 이는 장교들이 발령자의 자리에서 더 합리적이고 책임감있는 정당한 명령을 내리고자 하는 의식의 전환이 필요함을 보여준다.

또 「군인복무규율」에서도 밝히고 있듯이, "부하는 군에 유익하거나 정당한 의견이 있는 경우 지휘계통에 따라 단독으로 상관에게 건의"할 수 있는 권한이 있다.[30] 따라서 직무상 불이익이 기대되거나 불법명령이라는 판단이 들 때는 상관에게 명령의 유보나 취소를 건의할 수 있는 용기가 필요하다. 그와 같은 건의나 의견 조정이 불가능한 상황일 경우에는 정확한 사실 인식에 기초한 판단 아래 행동하되, 그것이 복종이건 불복종이건 간에 그에 따르는 결과에 대하여 책임질 각오가 되어 있어야 한다. 불복종이 옳다고 판단될 경우에는 더더욱 그와 같은 자세가 요구된다고 하겠다. 이와 같이 발령자 입장에서, 또 수명자 입장에서의 건전한 노력이 확산될 때 좀 더 바람직한 명령·복종의 위계질서가 구축될 것이다.

제2장 군대문화의 특징

1. 군대문화의 개념과 특징

1) 군대문화의 개념

문화란 용어는 매우 다양하고 광범위한 의미를 담고 있다. 아주 포괄적

30) 『군인복무규율』 제24조 〈의견의 건의〉.

으로 쓰일 경우 문화는 자연과 대비되는 인간 사회의 문명을 가리킨다. 이처럼 포괄적으로 쓰이는 경우가 아니라면, 넓은 의미에서 문화란 전통과 역사를 지닌 사회집단(민족이나 국가 등 대규모 공동체)이 공유하는 신념과 가치관, 의식과 태도 그리고 행동양식 등을 총칭한다. 즉 어떤 사회 집단이 갖는 사고방식과 행동양식을 문화라 지칭할 수 있다.

군대문화란 군대라는 특수한 사회집단 안에서 그 구성원들이 개발·생성·발전시킨 사고방식과 행동양식의 총체적 생활양식이다. 따라서 거기에는 국가방위라는 고유의 임무수행과 기능발휘를 위한 가치관, 신념, 의식과 태도, 관행, 상징체계, 조직구조, 병영생활양식 등이 포함된다. 요약하면 군대문화란 군대사회가 고유한 임무와 역할을 수행하기 위해 창출해 낸 총체적 생활양식이다.

최근 미군의 한 연구결과에서는 군대문화(military culture)를 다음과 같이 정의하고 있다.

> "군대문화란 본질적으로 조직원들이 조직 내에서 어떻게 행동하는가 하는 '행동양식'의 개념이다. 군대문화는 가치와 관습 및 전통 그리고 그 철학의 결합체로서, 이것들은 시간의 흐름에 따라 형성된 하나의 공통적인 집단정신이다. 군대문화는 군인을 위한 공동의 가치뿐만 아니라 행동, 규율, 협동, 충성, 헌신, 전통을 위한 기준을 형성한다. 군대문화와 밀접히 관련되어 있으면서도 군대문화보다 분석하기 용이한 것이 바로 '조직풍토'(organizational climate)이다. 조직풍토는 본질적으로 조직에 대한 조직원들의 '느낌'이다. 조직풍토에 영향을 미치는 요소들은 여러 가지가 있다. 그중에서 중요한 것은 상벌체계에 대한 인식, 지휘체계 상하간의 의사소통, 업무수행에 대한 기대, 행정제도의 공정성, 과업의 성격, 지도층의 솔선수범 등이다. 조직풍토는 궁극적으로 각 개인이 조직 전체에 느끼는 바를 결정한다. 조직풍토는 단기적으로는 조직문화보다 압력과 정책에 쉽게 영향을 받지만, 장기적으로는 실질적인 조직문화에 심대한 영향을 미칠 수 있다."[31)]

위 내용을 중심으로 볼 때, 군대문화가 지니는 특성은 먼저 구성원들이 공유하는 집단정신으로서 공동의 가치관과 신념을 형성한다는 점을 꼽을 수 있다. 즉 군대가 추구하는 가치와 목표, 신조, 구성원들이 가치있게 혹은 중요하게 여기는 것이 무엇인지를 형성해준다. 다음으로 구성원들에게 행동의 기준, 지침을 형성하게 해준다. 군인들이 추구해야 할 목표와 행동 선택의 방향, 행위의 시비선악의 판단 기준을 제공하며, 특정 행위를 권장하거나 금지하는 공식적 또는 비공식적 행동규범을 형성하게 된다.[32] 샤인(Edgar H. Schein)과 같은 학자의 말을 빌리면, "그들 안에서 무의식적으로 작동하고 조직 자체와 그 환경에 대한 견해를 당연시하도록 정의해주는"[33] 집단정신과 기준으로 형성되어 작동하게 되는 것이다.

특히 군대문화를 더 분석하기 용이한 것으로 '조직풍토'를 제시하고 있는데, 이는 조직구성원들이 공유하는 조직에 대한 '느낌'이다. 구성원 각각이 조직 전체에 대해 긍정적 느낌을 갖는가, 부정적 느낌을 갖는가, 좀 더 개방적 혹은 수평적 느낌을 갖는가, 폐쇄적 혹은 권위적 느낌을 갖는가를 결정하는 것이 조직풍토라 할 수 있다. 이러한 조직풍토는 단기적으로는 조직에 가해지는 압력과 정책 등에 쉽게 영향을 받지만, 장기적으로는 전체 조직문화에 심대한 영향을 미치게 된다고 보고 있다. 이것이 시사하

---

31) CSIS(Center for Strategic & International Studies), *American Military Culture in the 21st Century*, CSIS-International Security meeting, 2000.

32) 미 CSIS의 군대문화 정의는 '조직풍토'와 '행동양식'이라는 인간 사고와 행위에 초점을 맞춘 특징이 있다. 그러나 이러한 정의 외에 외적 조직과 양식 등을 포괄해서 본다면, 본문에서 제시한 두 가지 특성 외에 몇 가지를 더 꼽을 수 있다. 우선, 군대문화는 제복과 장식에서부터 각종 마크와 계급장, 경례와 의전 그리고 군가와 각종 의식행사에 이르기까지 많은 상징체계를 지닌다. 다음으로 독특한 조직구조와 지휘통솔 유형을 지닌다. 통상 상명하복의 위계적 권위질서를 지니며, 일반 사회와는 다른 '군대 리더십'이 요구된다. 또 군대문화는 병영을 중심으로 한 군인들의 독특한 생활양식을 반영한다.

33) Edgar H. Schein, *Organizational Culture and Leadership*(Jossey-Bass Publishers, 1985), p. 6.

는 바는 군대문화를 '조직풍토'로 요약되는 '행동양식'의 측면에서 분석해 볼 때, 군대문화가 구성원 전체의 사고와 행동을 결정하며, 군 조직 자체의 근본적 변화의 동인(動因)이 된다는 점이다. 따라서 바람직한 군대문화에 관심을 가지고 노력을 기울여 조직원들의 사고와 행동을 변화시키는 것이 궁극적으로 군대조직의 건전성을 확보하고 군 고유의 임무달성과 기능발휘에 직결됨을 알 수 있다.[34)]

군대문화는 오랜 경험과 전통이 축적되어 형성된 것으로 변하지 않는 측면과 시대와 환경에 따라 변하는 측면이 있다. 군 고유의 임무와 목적 그리고 전통적 가치는 본질상 변하지 않는 것이라고 하겠다. 그러나 이러한 목적과 가치를 구현하는 방법은 시대의 변화 양상에 따른 전쟁 양상, 군 조직의 변화, 시민들과 군 구성원들의 의식구조 변화에 따라 변하기 마련이다. 따라서 시대와 환경의 부단한 변화에 발맞추어 우리 군의 문화현실을 돌아보고, 미래적 군대문화의 방향을 조망하여 그에 대해 준비해야 할 것이다.

2) 군대문화의 특징

(1) 군인들의 의식과 가치성향: 현실주의 · 보수주의[35)]

헌팅턴은 군인정신(혹은 군인의 가치의식)이란 표제로 군대문화를 소개하고 있는데, 그에 따르면 직업군인들의 기본적 가치와 관점은 '보수적 현실주의'를 그 특징으로 한다고 본다. 우선 군인은 무력분쟁을 자연계의 보편적 현상으로 간주하며, 무력행사를 인간의 영속적인 생물적 · 심리적 성

34) 육군에서 최근 '육군문화혁신'을 주창하며 이를 Soft Power의 증진 측면으로 이해하는 것도 이런 맥락에서 이해할 수 있을 것이다.

35) 이 단락의 자세한 내용은 다음 부분을 참조할 것. S. P 헌팅턴, 강창구 외 옮김, 『군인과 국가』, 병학사, 1980, pp. 62-84.

격에 기초를 둔 것이라고 본다. 즉 인간을 매우 이기적이고 비합리적·투쟁적 존재로 보는 비관적 인간관을 소유하고 있다. 또한 군인들은 인간을 사회적 동물로 규정하고 사회를 통해서만 자기를 보호하고 실현할 수 있다고 보기 때문에 개인보다 사회의 우위를 주장한다. 개인은 자기의 개인적 이익과 욕구 및 의사를 억제하고 집단의 의사에 종속시켜야 한다는 집단주의적 성향이 강하다.

한편 그들은 순환적 역사관을 가지고 있기 때문에 인간은 경험과 역사를 통해서 배워야 한다고 생각하며, 그런 측면에서 전사(戰史) 연구를 중요시한다. 군인들은 국가만이 군대를 유지할 수 있는 유일하면서도 궁극적인 사회정치집단이라고 여기며 군에 대한 국가의 우위성을 인정하는 국가주의적 사고 경향이 강하다. 여러 국가 사이에는 항상 전쟁 가능성이 존재한다는 것을 인정하기 때문에, 국제관계에서 힘의 중요성을 강조하고 항상 국가안보의 위기를 경고한다. 또 국가안보는 실질적으로 힘에 좌우된다고 보기 때문에 늘 철저한 전쟁준비, 군비의 증강을 강조한다. 그러나 군인들은 호전적이거나 모험적인 정책결정, 전쟁결정에 대해서는 매우 신중한 편이며 오히려 평화주의적 성향이 강하다.

요컨대 전문직업 군인들의 의식과 가치성향은 매우 현실주의적이면서 보수주의적이라고 요약할 수 있다.

(2) 일반적 내용과 특징

웸즈리(Gary L. Wamsley)는 군대문화의 내용을 위계질서와 복종의 수용, 복장, 태도, 몸치장 같은 외형적인 것에 대한 극도의 강조, 군대 나름의 특수한 언어사용, 명예 및 완전무결성과 직무 책임의 강조, 전우애의 강조, 공격적 열정으로 특징지어지는 전투정신, 역사와 전통의 존중 등으로 규정하고 있다.

아브라함슨(Bengt Abrahamsson)도 군인정신(military mind)이라는 이름으로 군대문화를 다섯 가지로 규정하고 있는데, 그것은 국가의식, 인간의 본질에 대한 비관적 믿음, 전쟁 가능성에 대한 지속적 경계의식, 정치적 보수주의, 효율성 · 협조 · 조정 · 복종 등을 포함한 권위주의이다.

이러한 여러 학자들의 주장과 관점을 비판적으로 종합해볼 때 우리는 군대문화의 내용과 특징을 다음 몇 가지로 정리할 수 있다.

첫째로, 공공조직주의의 특징이다. 군대문화는 효율적 이윤추구라는 기준으로 모든 것을 평가하는 사회의 직업주의와는 달리 국가안보의 실현이라는 국가가 부여한 규범과 가치에 따라 모든 것을 평가하고 정당화하는 특징이 있다. 따라서 희생 · 헌신 · 봉사 · 충성 · 공동선 등의 공공조직적 가치를 우선하고 존중하며, 이러한 활동과 가치추구에 명예를 부여한다.

둘째로, 보수주의적 특징이다. 군대의 임무 자체가 국가안보와 기존질서의 수호이기 때문에 변화에 대해 대체로 부정적이며 국가의식을 강조하고 역사와 전통을 강조하는 것이 공통적인 특징이다.

셋째로, 집합주의 또는 집단주의의 특징을 들 수 있다. 공공조직적 특징에서처럼 군대문화는 개인주의보다 전체 또는 집합적 의미의 나라와 국민과 군 조직을 우선하는 집합주의, 집단주의적 성격을 갖는다. 이 특징도 바로 국가가 부여한 군대의 역할과 임무의 특수성에서 기인하는 것으로 볼 수 있다. 국가방위 임무의 중대함과 전쟁수행 역할의 긴박성과 불가예측성 등의 문제는 개인의 힘과 능력보다 집단으로서의 군 조직과 국가조직을 우선시하고, 집단이 최고의 효율성을 발휘할 수 있기 위하여 개인의 자유와 이익 그리고 자아실현과 생명까지도 전체 집단에 귀속시킬 것을 요구하는 것이다.

넷째로, 위계주의적 특징을 들 수 있다. 제1장 군대사회의 특징 부분에서 상세히 논한 바 있듯이, 군 고유의 임무를 달성하기 위해서는 집단조직의 단합된 힘을 효과적으로 발휘하는 것이 필수적이기 때문에 위계구조의 체제와 규범을 강조하게 된다.

다섯째로 질서주의와 통일주의를 들 수 있다. 군대는 획일적이라는 비난을 들을 만큼 질서와 통일을 강조한다. 집합주의, 위계주의에서 보듯 군의 임무수행은 개인의 영웅적 노력도 중요하지만, 그보다는 집단이 마치 한 사람이 행동하듯이 일사불란하게 노력과 힘을 집중할 때 좀 더 효율적으로 달성할 수 있다. 지휘관을 중심으로 혼연일체되어 지휘와 명령계통이 바로 서고 임무수행을 위한 행동양식과 규범이 통일되어 있기 때문에 같은 임무, 같은 목표, 같은 방향으로 힘과 능력이 결집되고 집중될 수 있다. 그러기에 개인적 다양성과 독자성을 희생해서라도 질서와 통일을 앞세우게 된다. 그러나 이것을 지나치게 강조하면 개인의 창의성과 자발성을 위축시키고, 조직의 융통성과 효율성을 떨어뜨려 경직되고 수동적인 집단이 되게 하기 쉽다는 문제점이 있다.

여섯째로, 외관과 형식의 중시, 즉 외관주의 또는 형식주의를 들 수 있다. 화려한 계급장과 장식, 빛나는 훈장과 메달, 칼같이 다려진 유니폼, 잘 손질된 구두와 짧은 머리, 잘 정돈된 내무반, 오와 열이 반듯한 행진대형 등 군대는 외관과 형식을 매우 강조한다. 이는 시각적 환경교육의 측면이 오랜 경험을 통해 반영된 것으로 보인다. 즉 군의 젊은 구성원들의 꿈과 이상, 명예와 영광을 동기유발하고 적극 유도하기 위한 여러 방법 가운데 하나가 외관, 즉 형식적 측면에서의 충족이라 할 수 있다. 군인은 명예와 영광을 추구한다고 하는데, 그 외적 표현이 계급장, 유니폼, 구두, 훈장 등으로 나타나며, 엄숙하고도 화려한 예식과 주악은 군인들의 사명감과 전투의지를 북돋아주는 것이다. 그러나 이런 것이 지나칠 때 단지 '보여주기'식 전시행정의 폐습으로 이어질 수 있다는 점은 유의해야 할 것이다.

일곱째로, 완전무결주의를 들 수 있다. 평화 시나 전쟁 시를 막론하고 군대와 군인들은 늘 '항재전장(恒在戰場)'의 의식과 태도를 강조한다. 이는 국가안보의 중대함을 인식하고 철저하게 대처하려는 의식적 노력이라고 볼 수 있다. 군인들은 군대 안에서 이루어지는 제반활동과 임무수행에서 단 한 번의 실수도 용납하지 않으려는 경향이 있다. 왜냐하면 그것이 자신과 부대뿐 아니라 나아가 나라와 국민을 파국에 떨어지게 할 수 있는 것이라 보기 때문이다. 그래서 군대의 모든 행사에는 반복적인 예행연습이 따른다. 이는 모든 것을 전쟁이나 전투를 하듯이 준비하고 감독하는 투철한 책임의식을 강조하는 완전무결주의적 특성을 보여주는 것이다. 그러나 인간의 한계상 완전무결할 수 없다는 점은 자명하다. 따라서 '완전무결'을 맹목적으로 추구하게 될 때 도리어 불합리와 허위성, 부도덕성, 경직되고 융통성 없는 사고방식과 행동양식을 초래할 수 있다는 문제점이 있다. 특히 이것이 출세주의와 연결될 때, 베트남전에서 나타난 미군 장교단의 도덕적 타락과 같은 병폐를 낳을 수 있음을 타산지석(他山之石)으로 삼아야 할 것이다.

2. 군대의 전통과 관행

1) 군대의 전통적 가치

일반 시민문화에서는 개인의 자유와 권리를 존중한다. 그러나 군에서는 군 조직의 임무수행과 기능발휘를 위한 효율성 유지, 특히 전장에서 승리하기 위해 필수적으로 규율과 헌신을 강조한다. 이러한 군의 독특한 특성은 군대 고유의 전통적 가치로 자리 잡고 있다. 우리 군의 「군인복무규율」에는 국군의 이념, 국군의 사명, 군인정신과 더불어 군기, 사기, 단결, 교육훈련을 가장 기본이 되는 것이라는 의미에서 강령으로 규정하고 있다. 이들 군인정신, 군기, 사기, 단결, 훈련은 동서고금의 탁월한 군 지휘관이나 군사사상가들이 강조해 오고 있는 군대의 전통적 가치라 하겠다. 군대의 가장 핵심적인 기능이 '무력의 관리와 사용'이라고 볼 때, 군대를 지휘하고 관리하고 교육하고 훈련하고 통제하는 것이 주된 업무가 될 것이다. 군인정신, 군기, 사기, 단결, 훈련은 이러한 군의 주업무와 기능의 효율적 발휘를 보장하고 가시적 성과를 가늠하는 지표요 가치로서 의의가 있다.

(1) 군인정신

군인정신이란 무엇인가? 군인정신은 세 가지 관점으로 접근해 갈 수 있다. ① 군인의 능력 또는 자질, ② 군인의 속성 또는 특성, ③ 군인의 태도 또는 본질이 그것이다. 이 중 ②의 경우는 규율이 엄격하고 융통성이 없고 인내를 강조하고 직관적·감정적이라는 특성 등을 군인정신으로 꼽는 게 일반적이다. ③의 경우로 접근할 때는 군의 윤리적 가치와 지향이라는 특성으로 군인정신을 파악한다.[36] 우리 군의 「군인복무규율」에서는 군인정신을 다음과 같이 규정하고 있다.

> "군인정신은 전쟁의 승패를 좌우하는 필수적인 요소이다. 그러므로 군인은 명예를 존중하고 투철한 충성심, 진정한 용기, 필승의 신념, 임전무퇴의 기상과 죽음을 무릅쓰고 책임을 완수하는 숭고한 애국애족의 정신을 굳게 지녀야 한다."(「군인복무규율」 제2장 제4조 3)

위의 규정에서 꼽는 군인정신의 내용은 명예, 충성, 용기, 필승의 신념, 임전무퇴의 기상, 책임완수로서, 이러한 군인정신은 근본적으로 애국애족 정신을 지향하는 것임을 알 수 있다. 이러한 군인정신의 내용은 육군에서 2002년부터 육군목표를 달성하기 위한 정신적·내면적 지표로 내세우고 있는 육군 5대 가치관, 즉 충성, 용기, 책임, 존중, 창의와 세 가지나 같다. 즉 우리 군에서는 군인정신을 앞서 언급한 ③의 입장에서, 윤리적 가치와

---

36) 헌팅턴, 앞의 책, p. 62.

지향의 의미로 파악하고 있는 것이다.

군의 본연의 임무는 여러 유형의 전쟁에서 승리하는 것이다. 이는 국가와 민족을 지키기 위한 것이다. 그리고 이러한 군 본연의 모습을 구현하기 위한 정신적 가치와 태도가 군인정신이다. 일반적으로 군인정신으로는 투철한 충성심과 필승의 신념과 용기, 책임완수 태도를 먼저 떠올리기 쉬울 것이다. 그러나 「군인복무규율」에서 가장 먼저 '명예'를 앞세운 것에 유의할 필요가 있다. 뒤에 장교의 의무와 덕목을 논하는 부분에서 명예에 대해 자세히 논하겠지만, 군인은 외적 성공이나 보수, 개인적 이익을 위해 복무하는 사람이 아니다. 국가와 민족, 크게는 인류 보편의 가치(정의, 평화의 실현)를 지키기 위해 희생하고 봉사하는 사람이다. 군인은 그와 같은 가치를 위한 희생과 봉사를 명예로 여긴다. 군인으로서 이와 같은 명예를 깊이 존중하고 체득할 때, 진정한 충성과 필승의 신념, 책임완수 등의 군인정신을 자발적으로 발휘할 수 있을 것이다.

(2) 군기

「군인복무규율」에는 군기의 의미와 의의 그리고 군기확립의 길을 다음과 같이 규정하고 있다.

> "군기는 군대의 기율이며 생명과 같다. 군기를 세우는 목적은 지휘체계를 확립하고 질서를 유지하며 일정한 방침에 일률적으로 따르게 하여 전투력을 보존·발휘하는 데 있다. 그러므로 군대는 항상 엄정한 군기를 세워야 한다. 군기를 세우는 으뜸은 법규와 명령에 대한 자발적 준수와 복종이다. 따라서 군인은 정성을 다하여 상관에게 복종하고 법규와 명령을 지키는 습성을 길러야 한다."(「군인복무규율」 제4조 4)

군기는 군대의 기율로서, 군대의 내·외적 질서를 의미한다. 군기가 살아 있는 군대는 지휘체계가 확립되어 명령과 법규에 일사불란하게 복종하며 반응한다. 이는 생사를 다투는 전쟁 상황에서 임무를 수행하는 군대의 전투력 발휘의 필수적 요소로 생명과 같다. 『무신수지』[37)]에서도 "군대의 생명은 병기와 식량의 준비에 있지 않고 기강확립에 있다."라고 하였다. 프랑스의 군사연구가 드 피크(1831~1870)는 "로마 군대는 선천적으로 굳센 군대가 아니라 군기가 강한 군대였다."라고 말했다. 이 밖에도 "군기가 없는 군대는 경멸의 대상인 무장폭도에 지나지 않으며 적보다 더 위험하다."(드 삭스 원수), "누구든지 죽기를 좋아하고 살기를 싫어하는 사람은 없다. 그럼에도 군사들이 죽음을 무릅쓰고 적진으로 돌진하는 것은 군령이 엄격하고 법제가 빈틈없이 확립되어 있기 때문이다."(『위료자』) 등의 금언들은 군기의 중요성을 확인해준다. 군대를 군대답게 만드는 것이 바로 군기다. 군기는 군대를 강하게 만들고, 승리를 가져온다.

군기는 법규와 명령에 대한 준수와 복종으로 세워진다. 손자가 궁녀들을 엄격한 군령으로 훈련시킨 일화는 이에 대한 좋은 예가 될 것이다. 오왕(吳王) 합려(闔閭)는 손자를 시험하기 위해 자신의 궁녀들을 훈련해 보라고 한다. 이때 손자는 명을 어기는 궁녀를 참수함으로써 군령을 확립하고, 궁녀들로 훈련된 부대 모습을 갖출 수 있음을 보여준다. 이 일화는 법규와 명령에 대한 준수와 복종을 확립하는 것이 군기의 핵심이며, 싸울 수 있는 부대를 만드는 첫걸음이 됨을 보여준다.

손자의 일화에서도 볼 수 있듯이, 군기를 확립하는 데는 공(功)이 있는 사람에게는 반드시 상을 주고, 죄가 있는 사람에게는 반드시 벌을 주는 신상필벌(信賞必罰)을 확립하는 것이 중요하다. 로마 군대에서는 보초를 서다가 잠든 병사를 군법회의에 회부하여 처형할 정도로 군기를 위반한 자

37) 『무신수지(武臣須知)』는 정조~순조 때의 무신인 이정집(1741-1782)과 그의 아들 이적(?~1809)이 당시 오랜 태평으로 무사안일에 빠진 무신들의 정신상태를 개탄하고, 무신들에게 무신으로서 본분을 촉구하기 위한 의도에서 편찬했다.

에게 가혹하게 벌을 내렸지만 전투에서 용감히 싸운 병사에게는 반드시 상을 내렸다.

그러나 '자발적' 준수와 복종의 태도를 이끌어내기 위해서는 엄정한 신상필벌의 운용과 더불어 군 리더의 인격과 실력으로 부하들에게 감화와 긍정적 영향력을 미치는 리더십이 중요함을 새삼 거론할 필요가 없을 것이다.

(3) 사기

「군인복무규율」에는 사기의 정의와 의의 그리고 사기 앙양의 길을 다음과 같이 명시하고 있다.

> "군대의 강약은 사기에 좌우된다. 사기는 군복무에 대한 군인의 정신적 자세이며, 사기왕성한 군인은 자진하여 어려움에 임하고 즐거이 그 직책을 수행할 수 있다. 그러므로 군인은 자기 직책에 대한 이해와 자신을 가져야 하며 굳센 정신력과 튼튼한 체력을 길러 죽음에 임하여서도 맡은 바 임무를 완수하겠나는 왕성한 사기를 간직하여야 한다."(「군인복무규율」 제4조 5)

군기 못지않게 중요한 것이 사기다. 사기는 맡은 바 임무를 적극적으로 완수하겠다는 정신적 자세로 승리의 중요한 요건이 된다. 나폴레옹은 "실전에서는 사기와 의지가 승리의 절반 이상을 차지한다."라고 했으며, 마셜 장군도 "승리를 가져오는 것은 사기다. 사기만 있으면 모든 것이 가능하나 이것이 없으면 아무것도 할 수 없다."라고 하였다.

군대가 갖추고 있는 무기와 장비도 중요하고, 이를 효율적으로 운용하고 관리하는 지휘와 통솔도 중요하다. 그렇지만 전투 현장에서 움직이는 각개 군인의 정신자세가 이미 패배적이라면 다른 노력은 별무소득일 것이다. 그러기에 몽고메리 원수는 "군대의 지휘와 통솔이 승리에 큰 몫을 하는 요인이긴 하지만, 승리를 보장하는 단 하나의 가장 큰 요인은 군인의 사기다. 그리고 전시에 사기를 드높이는 최선의 길은 전투에서 이기는 것이다."라고 말하였고, 『오자』에서도 "상벌을 엄정하게 시행하는 것만으로는 승리가 보장되는 것이 아니다. 창검이 맞부딪치는 전쟁터에서 병사들이 기꺼운 마음으로 목숨 바쳐 싸우는 것이 바로 승리의 요건이다."라고 말하였던 것이다.

많은 지휘관들은 전시에 사기를 앙양하는 최선의 방법은 전투에서 이기는 것이라고 했다. 또 공포와 피로에 빠지고 의욕을 잃은 병사들의 사기를 북돋는 것은 지휘관의 솔선수범적 태도이다. 즉 지휘관의 승리를 향한 노력과 지휘력, 부하들이 기꺼이 위험을 감수할 수 있게 하는 지휘관에 대한 신뢰와 존경을 이끌어내는 솔선수범의 리더십이 중요하다.

(4) 단결

「군인복무규율」은 단결의 의미와 중요성 그리고 단결의 요체에 관하여 다음과 같이 명시적으로 규정하고 있다.

> "전쟁의 승리는 오직 단결된 힘에 의하여 얻을 수 있다. 단결의 요체는 전원이 한마음, 한뜻으로 뭉쳐 준법정신, 희생정신, 공사의 명확한 구분과 상호 이해를 바탕으로 공동의 목표를 달성하기 위하여 모든 역량을 통합·집중하는 데 있다. 그러므로 모든 부대는 군기(軍旗)가 상징하는 부대의 전통과 명예를 위하여 지휘관을 중심으로 굳게 단결하여야 한다."(「군인복무규율」 제4조 6)

부대의 전투력은 단결에서 나오고, 단결은 승리를 낳는다. 단결된 힘은 산술적 숫자 이상의 집중된 힘을 발휘케 함으로써 부대의 전투력을 상승시킨다. 『오자』에서는 말하기를 "나라에 불화(不和)가 있으면 전쟁을 할 수 없고, 군대에 불화가 있으면 적과 대진할 수 없고, 진내에 불화가 있으면 나가 싸울 수 없고, 적과 싸울 적에 불화가 있으면 결코 승리를 거둘 수 없다."라고 하였다.

부대 단결의 핵심은 지휘관(장교)에게 있다고 해도 과언이 아니다. 리지웨이 장군은 "장교는 그 부대의 심장이요 정신이다. 따라서 부대의 사기와 인화의 온상이며 군사전문지식의 근원이어야 한다."라고 하였다. 부대 단결을 이루는 방법은 지휘관이 독단적인 태도를 버리고, 부하들과 고락을 함께하는 데서부터 출발한다. 『삼략』에서는 이와 관련하여 "장수는 우물이 마련되지 못했으면 목마르다는 말을 하지 않아야 하며, 막사가 완비되지 못했으면 피로하다는 말을 하지 않아야 하며, 식사준비가 끝나지 못했으면 배고프다는 말을 하지 않아야 한다."라고 하였으며, 『병장설』[38]에서는 "지혜가 있다 하여 사람을 거만하게 대하고, 똑똑하다 하여 남을 업신여기는 것, 남과 상대하기도 전에 제 뜻이 이미 남을 경멸하며 독단적으로 일을 처리해서 위와 아래가 서로 화합하지 못한다면 인화단결을 이룰 수 없다."라고 하였다.

(5) 훈련

교육훈련의 중요성을 고려하여 「군인복무규율」은 교육훈련의 의의와 방향에 대해 다음과 같이 규정하고 있다.

> "교육훈련은 전투력 배양의 필수요소로서 그 목적은 적과 싸워 이길 수 있는 개인 및 부대를 육성하는 데 있다. 그러므로 군인은 투철한 국가관과 확고한 사상 무장을 바탕으로 군인정신을 기르고, 직무수행에 필요한 지식과 기술을 익히며, 필승의 전기전술을 연마하고, 강인한 체력을 단련하며,

38) 세조 8년(1462)에 편찬된 『어제 병장설 주해』를 지칭한다. 현존하는 우리나라 병서 가운데 가장 오래되었다.

부대훈련에 힘써야 한다."(「군인복무규율」 제4조 7)

제2차 세계대전 당시 혁혁한 전공을 세운 패튼 장군의 기갑부대는 창설 초기 네바다 사막에서 부대 기동훈련을 실시할 때 병사들로 하여금 전차 밑에서 잠자는 방법을 알려주고 수통 한 통으로 하루를 지탱할 수 있도록 인내력을 길러주고, 구보와 행군 능력을 강조하는 등 혹독한 훈련을 실시하였다. 그 결과 전장(戰場)에서 승리하는 부대가 될 수 있었다. 23전 23승의 불패 신화를 쌓으며 임진왜란 때 조국을 구한 이순신 장군의 수군(水軍)도 이순신 장군의 강한 훈련을 통해 역사상 최강의 부대가 될 수 있었다. 이 모두 강한 훈련의 중요성을 일깨워주는 좋은 예라 할 수 있다.

군인은 가장 위험하고 불확실한 전장 상황에서 임무를 수행한다. 따라서 평시 실전적이고 험난한 훈련을 통해서 자신감과 전투력을 쌓고 사기를 높여야 한다. 이와 관련한 금언들을 보면 다음과 같다.

"고난에 대한 훈련이 없으면 전투 중에 연속적인 승리가 계속되더라도 병사들은 그 승리에 대한 고난을 저주하게 되며 전쟁 자체를 거부하게 된다."(대 몰트케)

"고난과 결핍은 훌륭한 병사의 최상의 학교이다. 사치와 안일은 병사의 적이다."(나폴레옹)

"병기를 예리하게 하여 군사를 훈련하고, 훈련 속에 군기를 세워 싸움을 시키면 매나 독수리가 작은 새를 채는 기세로 천 길, 만 길 계곡에 뛰어들어 공격하게 되는 것이다."(『위료자』)

"군기가 서 있고 훈련이 잘된 군대는 무능한 지휘관이 지휘하여 적과 싸운다 해도 결코 패하지 않는다. 군기가 서 있지 않고 훈련이 안 된 군대는 유능한 지휘관이 지휘한다 해도 승리할 수 없다."(제갈량)

2) 군대의 관행과 전통

(1) 군대 경례

군대에는 일반 사회와는 다른 특이한 예절이 있다. 그래서 이를 '군대예절'이라고 부른다. 군대예절 가운데 가장 특징적인 것은 경례라 할 수 있다. 경례도 거수경례, 집총경례, 예포경례, 부대경례 등 방법이 다양하다. 이 가운데 거수경례는 군인 상호간에 교환하는 대표적인 인사방법으로 군대문화의 독특한 일면을 보여준다.

거수경례는 오늘날 세계 거의 모든 군대에 보급되어 있으나 그 기원을 정확히 알 수는 없다. 가장 그럴듯하게 들리는 추리로는 서양의 기사와 관련된다. 기사들은 말을 타고 머리와 얼굴을 포함하여 온몸을 갑옷으로 덮었다. 그래서 동료 기사를 만날 경우 투구의 앞가리개(visor)를 벗어 올려 상대방에게 자신의 얼굴을 보이는 것이 관행이었다. 이때 투구의 앞가리개를 들어 올리는 동작은 오른손으로 했다. 왼손으로는 말고삐를 잡아야 했기 때문이다. 이 동작은 자신의 얼굴을 보이고 무기를 쓰는 오른손을 무기로부터 멀리함으로써 상대방에게 우의와 신뢰를 나타내는 몸짓이었던 것이다.[39]

경례는 또한 상관에 대한 충성의 표시로 행하기도 한다. '받들어 총' 경례가 그 대표적인 사례라 하겠다. '받들어 총' 경례를 할 때는 총을 수직으로 잡은 상태에서 방아쇠와 멜빵이 있는 부분을 경례를 받는 자에게 돌

39) 또 다른 그럴듯한 추리로는, 군대에서 오래된 관습 가운데 하나로 하급자가 상급자 앞에서 모자를 벗는 관습이 있었다고 한다. 그런데 근위병이나 의장병과 같이 장식이 달리고 푹 눌러써 벗기가 어려운 모자를 쓰고 있을 때 모자를 벗는 대신 차양의 끝 부분만 손으로 가볍게 잡는 동작만으로 인사를 나누었다는 것이다. 이렇게 차양을 잡던 동작이 마침내 오늘날 모자의 차양 끝에 손끝을 대는 인사법으로 자리를 잡았다는 것이다. 양희완 편저, 『군대문화의 뿌리』, 을지서적, 1988 참조.

려 그 총의 처분권을 사실상 경례를 받는 자에게 맡기겠다는 동작을 보임으로써 충성심의 징표를 나타내 보인다. 이것의 기원은 1660년 영국의 찰스 II세가 왕정복고를 할 때까지 거슬러 올라간다.[40] 일반적으로 '받들어 총' 경례는 국가원수나 상관에게 충성을 바치겠다는 표시로 행하는 경례라 할 수 있다.

국가원수를 포함한 고위공직자나 군 장성들은 예포로 예우를 받는다. 이러한 관습은 상당한 고위직 인사가 부대를 방문할 때 부대가 가지고 있는 "모든 탄약을 발사하여 재고가 없으니 안심하고 부대에 들어오십시오."라는 환영의 뜻에서 포를 발사했던 데서 연유한다고 한다. 지상의 요새나 포대에서는 물론 선박에서도 이러한 관습은 마찬가지여서 적의가 없는 무방비 상태임을 상대방에게 알리는 신호로 포를 발사했다는 것이다. 예포 경례는 특히 미군에서 발전했는데, 미군은 독립운동 초기부터 군대에서 행하는 각종 행사에 민간인이 참석하고, 이들을 우대하는 관습에 따라 민간인 방문객들에게 예우를 표시하기 위한 수단으로 예포를 발사했다.

오늘날 선진국 군대의 경우 거수경례는 군인 상호간의 인사요 예절로 보며, 군인 상호간에 소속감과 유대감을 형성하는 적절한 수단으로 본다. 단정한 경례는 자부심의 표현이요, 무성의한 경례는 결례로 간주한다. 그리고 경례를 의무적으로 하는 경우를 가급적 줄이고 있다. 예를 들면, 사복 착용 시 경례 의무가 없으며, 장교 또는 직속상관에 대한 경례는 의무

40) 당시 충성을 서약한 근위보병연대로부터 충성 서약을 접수하기 위해 찰스 II세가 직접 부대가 집결해 있던 연병장에 나타났다. 이때 연대장 몽크(Monk) 대령이 부대원에게 "대왕 폐하 밑에서 근무할 것을 서약하며 무기를 바치라."라는 명령을 내렸다. 병사들은 명령에 따라 소총과 창을 오늘날의 '앞에 총'이나 '들어 총' 자세로 높이 쳐들어 예를 표했다. 다시 "무기를 땅에 놓으라!"라는 명령에 따라 무기를 내려놓았다. 잠시 후 다시 "국왕 폐하를 위하여 무기를 다시 잡으라!"라는 명령에 따라 땅에 내려놓았던 무기를 집어 들었다. 이 장면을 지켜본 국왕은 "상관에 대한 예의를 표시할 때는 '받들어 총'(present arms)으로 통일해서 구령하도록 지시했다.

적으로 행하여야 하나 병 상호 간 또는 병의 부사관에 대한 경례 의무는 없다. 이스라엘 군인들은 공식적인 의식을 제외하고는 상호 경례를 하지 않아도 된다.

그런데 한국군의 경례문화는 좀 색다른 데가 있다. 「국군병영생활규정」에 따르면, "경례는 엄정한 군기를 상징하는 군대예절의 기본이므로 항상 엄숙 단정하게 행하여야 한다."[41]라고 규정하고 있다. 이는 경례를 군기 차원에서 접근하고 있음을 의미한다. 경례를 군기 차원에서 접근하는 문화는 동양의 전통적 군대예절 문화와 비교해도 지나치게 경직된 것이라 할 수 있다. 옛날에는 무장을 갖춘 병사가 상관에게 경례하지 않게 했다고 한다. 병사를 번거롭게 하지 않으려는 의도에서였다. 부하들을 번거롭게 하면서 그에게 죽음을 무릅쓰고 전심전력으로 싸워주기를 요구하여 성과를 보기는 어렵다고 보기 때문이다. 이로 볼 때 우리 군의 경직된 경례문화는 우리의 전통이 아니며, 구 일본군대의 권위주의적 군대문화의 영향을 받은 것으로 판단된다.[42]

(2) 제식훈련과 의식

고대 그리스의 방진(phalanx)이나 로마 레기온(Legion) 등과 같은 전술대형에서 보조(步調)를 맞추거나 전투동작을 통일하는 형태의 모습이 있었으리라 추측되며, 이것이 지금의 제식동작의 기원이 되었으리라 여겨진다. 하지만 오늘날에 근접한 본격적인 제식동작은 근세의 오렌지공국의 모리스(Maurice) 왕, 스웨덴의 아돌푸스(Gustavus Adolphus) 왕 그리고 영국의

41) 「국군병영생활규정」(국방부 훈령 제660호, 1998. 8. 6) 제7조.

42) 일본은 1873년(메이지 6년) 육군경례식(陸軍敬禮式)을 제정·발표했는데 "경례는 군인정신의 한 덕목인 예의를 표현하는 것이며, 군기의 대본(大本)인 복종을 구현하는 것"으로 규정하고 있다. 河辺正三, 박노순 옮김, 『日本陸軍精神教育史考』, 국군정신전력학교, 1983, pp. 50-51 참조.

크롬웰(Oliver Cromwell) 등과 같은 군 개혁자들이 개발하였다. 이들은 중세의 밀집전술 대신에 고대 로마 군단의 모델에 따라 선형전술을 채택함으로써 개개 군인들 사이의 높은 의존성을 필요로 했다. 따라서 체계적으로 훈련된 무기 조작 및 전술적 기동의 수행에서의 즉각적인 복종이 중요시되게 되었으며, 이를 위해서 제식훈련이 도입되었다.

그 후 화약무기 개발과 함께 무기의 살상반경이 넓어지고, 이로 인한 전술의 변화는 전투에서 더는 질서정연한 대형을 요구하지 않게 되었다. 따라서 제식훈련의 전술적 효용가치는 소멸했다고 볼 수 있다. 그럼에도 오늘날 세계 모든 군대는 여전히 제식훈련을 하고 있다. 그 이유는 명령에 대한 복종심을 기르기 위한 것이다. 즉 지휘자의 명령에 따라 질서 있고 정확한 행동을 취하게 함으로써 명령에 즉각적인 복종을 훈련시키는 것이 제식훈련의 핵심적 의의라고 하겠다. 그래서 특히 민간인이 군인이 되는 신병훈련 과정에서 제식훈련은 중요한 의미를 갖는다. 제식훈련이야말로 명령에 복종하는 군인으로 만드는 데 가장 적절한 수단이기 때문이다.

제식훈련을 받는 동안은 마음대로 움직일 수 없다. 지휘자의 구령에 따라 움직이는 것만 허용된다. 부대 제식훈련의 경우 옆 사람과 보조도 맞추어야 하고, 동작도 통일하여야 한다. 그래서 조금이라도 어긋나게 되면 당장 눈에 띈다. 자기 혼자만 잘해도 안 되지만 한 사람의 잘못으로 부대 전체의 제식훈련이 망치게 되기도 한다. 그래서 제식훈련은 단체심과 협동심을 고취하는 데도 유용하다고 할 수 있다.

부대 제식훈련은 군대의 각종 의식, 그 가운데서도 특히 사열식(reviews)과 분열식(parades)에서 전형적으로 활용되고 있는데, 분열식과 사열식의 내용은 사실상 비슷하지만 그 목적에 차이가 있다.[43] 사열식은 원래 중세의 왕이나 고위 관료들이 자신들의 권력을 과시하기 위한 방법으로 거행

43) 군대행사와 예식에 관한 자세한 내용은 양희완 편저, 앞의 책, pp. 141-152 참조.

함으로써 방문객에게 부대의 위용을 과시하거나, 지휘관이나 통치자가 친히 자기 휘하 부대를 살피기 위한 목적으로 거행되었다. 오늘날 사열식은 부대를 방문하는 외부 귀빈이나 상급 지휘관 또는 그 부대 지휘관에게 경의를 표하며 부대의 단결, 훈련의 정도와 위용을 과시하는 행사로 거행되고 있는데, 외국의 국가원수 영접 시 거행되는 의장대 행사도 바로 이런 전통에 따른 것이라 할 수 있다.

사열식과는 달리 분열식은 원래 부대 지휘관들이 예하 지휘관들에게 특별 명령이나 지시를 하달하기 위한 지휘 예식의 하나였다. 그래서 분열식에서는 지휘관이 부대를 검열하고 표창하기도 하며, 정보나 지시사항을 전달해주는 것들이 주요 내용을 이루고 있다.

(3) 군복과 외모[44)]

군복은 군인의 신분을 나타낼 뿐만 아니라 군 내에서의 지위와 직책 그리고 공적과 근속연한을 표시해준다. 그래서 군인이 입고 있는 군복만 보아도 그의 계급과 병과를 알 수 있으며, 그가 지휘관인지 아닌지, 그가 어떤 전쟁에 참가했으며 어떤 무공을 세웠는지 그리고 그가 얼마나 군에 복무했는지 금방 알 수 있다.

군인들이 군복을 입기 시작한 역사는 그리 길지 않다고 한다. 지금부터 대략 300~400년 전까지만 해도 군인은 당시 민간인들이 입고 있는 것과 거의 같은 복장을 착용했다. 실제로 로마제국의 군대에는 군복이란 것은 없었다고 한다. 그럼에도 로마 군인들이 군복을 착용하고 있었던 것으로 생각되는 것은 그들이 투구, 갑옷, 방패, 같은 모양의 무기를 지니고 있었기 때문이다.

44) 군복과 각종 장식물에 관한 자세한 내용은 위의 책, pp. 73-120 참조.

현대적 의미의 군복을 착용한 것은 17세기 루이 14세의 근위대라는 점에 대해 군사전문가들은 대체적으로 의견의 일치를 보이고 있다. 그 후 적어도 1700년경에 이르러서야 유럽의 군인은 거의 모두 군복을 착용한 것으로 보이며, 오늘날처럼 맵시 있고 실용적 기능도 갖춘 군복이 정착하게 된 것은 18세기 이후부터라고 할 수 있다.

군복을 착용하게 된 이유는 첫째, 적군과 아군을 쉽게 구별하기 위해서이다. 둘째, 경제적인 이유 때문이었다. 적어도 군복제도가 시작되던 초기에는 연대를 창설한 연대장이 자기 부대원들의 군복을 보급해야 할 책임이 있었으므로 싼값에 복장을 다량 구입하는 방법을 생각하지 않을 수 없었다. 셋째, 군복은 군인, 특히 특정한 부대원의 사기를 높여주고 자부심을 가지게 하는 데 중요한 기능을 하기 때문이다.

군인이 입고 있는 군복만 보아도 그가 어느 나라 군대인지 알 수 있다. 역사와 전통이 깊은 군대일수록 국적이 명백히 드러난다. 군복은 나라마다 색상과 디자인 그리고 장식물이 다르다. 달리 표현하면 군복은 국가를 상징한다고 하겠다. 하지만 우리 군의 경우 근대기의 굴곡진 역사를 거치면서 조선의 전통은 수렴하지 못하고, 일제강점기의 일본군과 해방 이후 미군의 직접적인 영향을 받으면서 독자적인 복제문화를 확립하지 못하였다.

우리 군의 독자적인 복제문화는 1960년대 중반 이후에 착수되었다. 하지만 우리 군의 복제문화는 복제개정에 관한 일관된 원칙이나 철학 없이 이루어졌다는 점, 한국군의 고유한 멋을 살리지 못하고 있다는 점, 계급 간의 격차가 지나치게 강조되고 있다는 점 그리고 부착물과 장식물이 점점 복잡해졌다는 점 등을 그 문제점으로 지적할 수 있다. 예를 들면 복제개정이 즉흥적 발상으로 이루어짐으로써 전체적인 일관성을 상실하고 있으며, 정복은 우리 군의 고유성을 찾아볼 수 없다는 평을 받고 있다. 지휘관은 지휘 휘장과 녹색 견장 그리고 지휘봉을 중복 사용하고 있으며, 계급별 복제를 지나치게 차별화해 복제에도 권위주의적 요소가 많이 배어 있다고 할 수 있다.

(4) 군악과 군가

군악은 전쟁의 역사와 함께 시작되었을 것이다. 그러나 공식적인 기록으로는 기원전 6세기경 그리스 군대가 싸움터에서 적진을 향해 돌격을 감행할 때 용기를 북돋는 음악을 연주하여 전사(戰士)들의 사기를 고양한 데서 비롯된 것으로 되어 있다. 로마 군대가 승리를 구가할 수 있었던 것도 바로 북소리에 맞춘 속보 행군 때문이었다고 한다. 그래서 전사들의 보조를 맞추기 위해 사용한 북에서 군악이 시작되었다고 할 수 있다.

14세기 스위스 국민이 고적대(鼓笛隊) 가락에 맞추어 행군하던 관습이 15세기부터 17세기 사이에 독일 보병에 전달되고, 유럽 여러 나라에 널리 전파되었다. 오늘날 군악대가 연주 서두에 북을 연속으로 두드리는 관습도 독일 보병 군악의 북소리에서 비롯된다.

동양에서는 원래 오랑캐족들이 전투할 때 중국군의 군마(軍馬)를 놀라게 하기 위해 나팔을 사용했다고 한다. 한국전쟁에서 국군과 유엔군은 중공군이 밤이면 울려댄 피리(날라리)와 나팔 그리고 꽹과리 소리 때문에 공포심을 느껴 사기가 저하되었다는 일화는 유명하다.

우리나라도 삼국시대부터 이미 각종 신호용으로 또는 전투를 독려(督勵)하는 수단으로 나팔이나 북 또는 징과 같은 악기가 사용된 것으로 보이며, 이것이 고려시대를 거쳐 조선시대에까지 이어졌다. 조선시대 병서에 보면 전쟁 시 북은 대열을 갖추고 전진하라는 신호로, 징은 전진을 멈추고 복귀하라는 신호로 사용하였으며, 나팔은 지휘관이 명령을 내릴 때 사용하였다.

우리 역사상 최초로 '군악대'라는 명칭이 등장한 것은 1895년 6월 종래의 '내취'(內吹)를 '군악대'로 개칭한 데서 비롯된다. 내취란 조선 후기 선전관청에 소속되어 국왕이 행차할 때 호위한 행렬의 일원으로 원래 선전관청에 속하는 취고수(吹鼓手)만을 뜻하였으나, 나중에는 군문에 대령하고 있던 취고수도 내취라 하였다. 대원군 집정 시에는 왕궁 호위를 담당하는 용호영에 내취가 소속되었던 것으로 보아 이후 내취는 주로 근위부대에 소속되어 있어 군악대로서 성격이 강했다고 할 수 있다. 이후 근대 서양식 군악대를 최초로 도입한 것은 별기군으로, 신호나팔과 북으로 편성된 '곡호대'를 설치하였다.

해방 후 국군 최초의 군악대로는 1946년 3월 당시 태릉의 경비대 제1연대에 창설된 군악대라고 할 수 있다. 이후 육군의 경우 사단급 이상 부대에 미군의 군악대를 본딴 군악대를 설치하였다. 그러다가 1968년 9월 전통문화 계승과 문화재적 차원에서, 나아가 세계에 국위를 선양하기 위하여 당시 육군참모총장이며 경비대 제1연대 창설 군악대장을 지낸 김계원 대장의 지시로 국악 군악대(국악대 또는 취타대로 호칭)를 창설하여 오늘에 이르고 있다.

다음으로 군가에 관하여 고찰해보자. 군대에서 군인들의 사기를 돋우기 위해서 제작된 노래를 군가라 하는데, 군가는 국민의 애국심을 고취한다는 점에서도 의의가 크다.

국민이 애창하는 가곡이 군가로 불리는 경우도 있다. 프랑스의 군가로 널리 알려진 '마르부르크'는 전쟁과 관계 있는 행진곡풍의 민요가 그대로 군가로 불리게 된 것이다. 이와는 반대로 군가가 국민 애창곡으로 불리는 경우도 많다. 프랑스의 국가(國歌)인 '라 마르세예즈'나 벨기에의 국가 '라 브라방송' 등은 군가로 작곡되었으나 뒤에 국가로 불리게 되었다.

우리나라의 경우 최초의 군가는 1896년 고종이 러시아공관에서 환궁한 이후 시위대 병정들이 취침 전에 부른 것인데, 이것이 비로소 근대적인 우리나라 군가의 효시가 된다고 하겠다. 1907년 일제가 군대를 강제 해산하자 이에 격분하여 의병이 일어나 부른 '의병창의가', '의병격중가'가 불리었고, 이후 독립군과 광복군에서 많은 군가가 제작되어 불린 것으로 전해지고 있다. 광복 직후 만주군에서 복무하던 군인들이 귀국을 기다리며 만들어 불렀다는 '용진가'는 한국전쟁 전후 군가로 또는 국민가요로 가장 애창된 대표적 군가이다. 그리고 초창기 교가가 없던 육군사관학교의 교가 대용으로 불리기도 하였다.[45)]

이후 한국전쟁 때 불린 '전우가', '전선의 밤' 등이 휴전 이후까지 애창되었으며, 1960년대 중반 베트남전 파병을 계기로 '맹호들은 간다', '달려라 백마' 등 군가와 '월남의 달밤', '월남에서 돌아온 김상사' 등 대중가요가 널리 보급되었다. 이후 '진짜 사나이', '빨간 마후라' 등이 군 내외에서 애창되었다.

(5) 종교문화와 군종활동

"참호 속에선 무신론자가 없다."라는 말이 있듯이, 절박한 전투상황에서 종교와 신앙은 큰 힘이 되고 의지처가 된다. 그래서인지 서양에서는 전통적으로 군대와 종교는 밀접한 관계에 있었으며, 이에 따라 군대에 성직자가 있게 되었다. 그러나 기록에 따르면 1189부터 1199년까지 10년 동안 영국 왕으로 재임하면서 제3차 십자군 원정 때 사령관을 지낸 리처드 1세가 군종 개념을 최초로 만들어냈다고 한다.[46)] 군종제도는 크롬웰이 창

---

45) 용진가의 가사는 다음과 같다.

용진가

양양한 앞길을 바라볼 때에
넓고 넓은 사나이 마음
들어라 우리들의 힘찬 맥박을
용진 용진 어서 나가자
돌격 돌격 독립전선에
보아라 휘날리는 대극깃발을

혈관에 파동 치는 애국의 깃발
생사도 다 버리고 공명도 없다
가슴에 울리는 독립의 소리
한 손에 총을 들고 한 손에 칼을
천하무적 우리 군대 누가 당하랴
천지를 진동하는 승리의 환호성

설한 신식군대에서 새롭게 부활되었다. 그는 성직자들에게 전장에서 전상자들을 간호하는 임무를 맡겼다. 이러한 전통은 그 후 군 성직자는 병원, 막사, 전장, 훈련장, 휴양지 등에서 종교적인 문제뿐만 아니라 정신적인 문제도 상담해주는 제도로 이어지고 있다.

그런데 군대와 종교는 각각 저마다 독특한 전통과 조직목표를 갖고 있다.[47] 종교는 인간의 구원이나 해탈 등 '성스러운' 목표를 지니나 군대는 싸워 이겨야 한다는 '세속적' 목표를 지니고 있다. 이처럼 종교와 군대는 자칫 화합하기 어려운 이질적 요소를 안고 있는데도 군대에서 종교 활동을 허용하고 또한 장려하는 이유는 무엇인가? 그것은 최고의 전투력을 창출하고 유지하기 위한 것이다. 이는 곧 군대가 '군대식 종교'를 허용하고 장려하는 것이 된다. 이처럼 군대는 종교의 세속화를 철저히 지향하고 있다.

「군인복무규율」에는, "종교생활은 군인이 참된 신앙을 통하여 인생관을 확립하고 인격을 도야하며 도덕적인 생활을 하게 하는 데" 그 목적을 두고 있으며, "지휘관은 부대의 임무수행에 지장이 없는 범위 안에서 개인의 종교생활을 보장해주어야 한다."라고 규정하고 있다. 여기서 주목할 점은 지휘관은 부하의 종교생활을 무조건 보장해주어야 하는 것이 아니라 부대의 임무수행에 지장이 없는 범위에서 보장해주어야 한다는 것이다. 다시 말하면 군인에게는 부대 임무가 종교생활에 우선한다는 것이다. 임무가 우선하기 때문에 "군인은 자기가 믿는 종교의 교리 또는 종교생활을 이유로 임무수행에 위배되거나 군의 단결을 저해하는 일체의 행위를 하여서는 아니 된다."라고 「군인복무규율」은 규정하고 있다.[48] 한 병사가 종교상의 교리를 이유로 집총훈련을 받으라는 상관의 정당한 명령을 거부한

---

46) 양희완, 앞의 책, pp. 51-53 참조.

47) 군대와 종교, 군종장교의 기능 문제 등에 관해서는 김성경 외, 「한·미 육군의 군종제도」, 화랑대연구소, 1990 참조.

48) 「군인복무규율」 제2절 제30-32조.

행위가 위법이라는 판결은 임무우선의 원칙을 확인시킨 것이라 하겠다.[49)]

우리나라의 경우 한국전쟁 중 전투에 임하는 장병들에게 신앙을 통해 사생관을 정립시켜 싸움에 이기는 정병육성(精兵育成)에 기여하기 위해 군종병과가 창설되었으며, 그간 장병들의 사기 진작과 복지 증진 및 정신전력 함양에 기여한 바가 적지 않다고 하겠다.

그러나 폐단 또한 없지 않았다. 그것은 종교적 다원주의라는 한국의 현실에서 사회의 종교단체들이 군대를 교세확장에 유리한 포교의 황금어장으로 보고 장병들의 내면적인 신앙생활보다는 신도 확보에만 급급하지 않았나 하는 점과 군내 종교 활동의 과열화로 종교가 서로 다른 군인들 사이에 위화감을 조성했던 점, 그리고 지휘관이 자신이 신봉하는 종파나 교파에 편향되어 자신이 신봉하는 종교를 강요하는 한편 자신이 신봉하지 않는 타 종교 상징물을 훼손하거나 타 종교의 종교 활동을 방해하는 등의 바람직하지 못한 사건도 있었다.

한때 군에서는 '1인 1종교' 운동과 '전군 신자화' 운동이 일어났으며, 종교행사 참석을 의무화한 경우도 있었는데 이는 모두 헌법상 보장된 신앙의 자유(신앙의 자유에는 무신앙의 자유도 포함되어 있다)를 취해할 소지가 있는 것들이다.[50)]

---

49) 헌법상 종교의 자유가 같은 헌법에 있는 병역의 의무를 거부할 수 있는 자유를 포함한 것은 아니라고 할 수 있다. 이와 관련하여 대법원에서는 종교상 이유로 지휘관의 정당한 집총훈련 명령을 거부할 수 없다고 판결한 바 있다(1965. 12. 21. 판례).

50) 1960년대 말 미 육사생도 2명과 해사생도 9명은 생도들이 주말마다 의무적으로 개신교·가톨릭교·유대교 중 한 가지 종교의 예배에 참석해야 한다는 사관학교 규정이 위헌이라는 소송을 제기해 승소했다. 재판 과정에서 해군사관학교의 한 장군은 법정에서 "순수한 명예심, 임무에 대한 헌신 그리고 철저한 인격수양은 장교에게 필수적인 요소들입니다. 이는 오로지 종교적 원칙과 전통에서만 갖춰질 수 있는 것들이므로, 해군사관학교는 모든 생도가 서양 문명의 기초를 이루는 3대 신앙인 가톨릭교, 개신교, 유대교 중 한 가지 종교행사에 반드시 참석하도록 규정한 것입니다."라고 증언했다. 대법원이 내린 판시는 다음과 같다. "국방이라는 개념은 그 자체로는 궁극의 목표가 될 수 없으며, 그러한 목표를 옹호하려는 권한이라고 해도 반드시 정당화되는 것은 아니다. 만약 우리 국가를 방위할 가치와 의의를 부여해주는 개개 시민의 '자유'를 국방이라는 이름 아래 전복하는 것을 용인한다면 이는 참으로 아이러니

3. 미래적 군대문화의 재조형

1) 미래 전쟁양상의 변화

21세기 인류는 산업혁명을 기화로 대규모 생산요소(토지 · 노동 · 자본)의 집중을 통해 이루었던 산업문명시대와는 전혀 다른 문명, 즉 정보혁명에 기인한 정보 · 지식 문명시대를 맞이하고 있다. 토플러(Alvin Toffler)는 이를 '제3의 물결'로 규정한 바 있다. 정보 · 지식 문명의 발달은 국제관계, 국가 시스템, 부의 산출방식, 생활방식뿐 아니라 안보개념, 전쟁, 군사력 양상에도 근본적인 변화를 일으키고 있다.

먼저 미래전은 국제정치적 측면에서 국지 · 제한전이 될 것으로 예상된다. 미래 국제사회는 탈이념화, 경제중심화, 분권화의 경향 속에서 국가 간 상호의존 및 상호작용의 관계가 증대될 것으로 보인다. 따라서 복잡하게 상호의존적으로 연계된 국제질서에 위협을 주는 전면전은 극히 제한되는 가운데, 전쟁 이외의 방법으로 위협과 갈등은 증가할 것으로 보인다. 또 정밀유도무기의 발달은 불필요한 무차별적 대량파괴를 줄이면서 효과적인 타격으로 전쟁 목적을 달성가능하게 해주고 있다. 이런 환경 변화는 전쟁을 국지 · 제한전의 성격으로 이끌면서도, 탈대량화된 정밀타격으로 소기의 목적을 달성할 수 있게 해줄 것으로 예견된다.

또 미래전은 사회변화에 발맞추어 지식 · 정보 기반의 전쟁이 될 것이다. 미래 전쟁 양상을 전망하는 논의 속에서 새롭고 다양한 전쟁 개념들이 대두되고 있지만, 미래전은 비약적인 정보능력과 각 전투요소들을 하나로 연결 · 결합하는 네트워크를 기반으로 전장정보와 작전개념을 공유하는 가운데 수행되리라는 것이 공통적인 견해이다. 미래 정보사회에서 지식의

컬한 것이라 아니 할 수 없다."

우열이 생산성을 좌우하듯이, 미래전은 정보 우위 없이는 승리가 불가능한 지식·정보 전쟁의 시대가 도래하리라는 것이다.

지식·정보 기반의 전쟁은 전장 성격과 전력 체계, 군 조직 및 인력구조의 근본적 변화를 요구하고 있다. 먼저 전장성격에서 전장공간을 기존의 지·공·해 이외에 사이버공간과 우주공간을 포함하는 5차원의 영역으로 확장하는 전장의 다원화와 광역화가 이뤄지고 있다. 전장구조 면에서는 영역과 수준, 전후방 구분이 없는 비선형 공간으로 인식되는 전역(全域)의 동시전장화가 예상된다. 따라서 전장관리 면에서 다양한 수준과 영역의 전쟁요소들의 능력과 효과를 극대화할 수 있도록 각 체계를 네트워크 시스템으로 통합운용하는 체계통합이 중요시된다.

전력체계 면에서는 물리적 양의 대소와 집중에 치중하는 자산집약형에서 정보체계의 능력을 강조하는 정보집약형의 체계로 변화될 것이며, 화력의 최대량보다 타격의 정밀도와 정확도가 더욱 중요시될 것이다.

조직 및 인력 구조에서는 체계통합의 측면에서 합동성과 통합성을 강조하는 구조로 발전될 것이다. 정밀타격 능력 향상은 작전제대의 소규모 분산을 요구할 것이며, 동시에 네트워크로 통합된 각 수준과 영역별 효율적 통제와 운영이 필요할 것이다. 따라서 경량화되고 유연한 분권화된 조직구조가 요구되며, 과거의 양적 대군주의보다 고지식·고기능의 질적 정예주의의 인력구조가 요구될 것이다.

2) 미래를 대비한 군대문화의 혁신

우리 군은 그동안 군 편제 및 편성, 인력구조, 무기체계 등에서 눈부신 발전을 이루며, 세계 각국에 PKO(PeaceKeeping Operations) 파병을 하는 등 국제적으로도 그 위상을 드높이고 있다. 하지만 하드웨어적 조건에서는 많은 부분 선진화를 이루어왔지만, 군대문화와 같은 소프트웨어적 분야에서는 아직까지도 미흡한 부분이 적지 않은 것이 사실이다.

일례로 〈국방개혁 2020〉을 추진하는 과정에서 조사한 우리 국민이 보는 우리 군의 개혁에서 중요도에 대한 인식은 중요한 시사점을 준다. 설문결과에 따르면 우리나라 국민은 투명하고 공정한 군수물자 관리체계 확립과 선진화된 병영문화 창출을 우리 군의 개혁에서 1, 2순위로 그 중요도를 꼽고 있다.[51] 이는 우리 군의 공정하고 투명한 군 운영과 신뢰할 수 있는 도덕성 등 선진화된 군대문화를 요구하고 있다고 보아도 무방할 것이다.

또 하나의 예로 2006년 한국개발연구원(KDI)에서 실시한 '사회적 자본 실태 종합조사 결과'라는 연구보고서에서 드러난 국민의 정부 등 공공기관에 대한 신뢰도 조사 결과를 참고할 필요가 있다. 이 보고서에서는 불신을 0점, 신뢰를 10점으로 환산하여 점수를 내었는데, 그 결과 우리 군은 국회나 정부, 검찰이나 경찰보다는 높은 4.9점을 받은 것으로 나타났다. 우리 군은 여타 공공기관보다 상대적으로 나은 신뢰 수준을 유지하고 있다고 할 수 있지만, 중간 값인 5점을 넘지 못했다는 점에서는 국민의 기대에 반도 미치지 못했다고 할 수 있을 것이다.[52]

위와 같은 외부적 평가를 기대지 않고도, 아직까지 우리 군 내부에 구시대적이고 비민주적인 관행들이 잔존하고 있음을 부인할 수는 없을 것이다. 리더십보다는 강압에 의존하는 풍토, 권위주의와 그에 따른 피동적 복종과 보신(保身)주의, 단기 업적주의와 '보여주기'식 전시행정(展示行政)주의, 합리적 환류 없는 즉흥적 업무처리와 반복되는 시행착오, 형식과 외면의 강조, '하면 된다!'는 구호 아래 자행된 수단과 방법을 무시한 밀어붙이기식 업무추진, 경직된 병영생활 분위기, 광범위한 통제와 규제, 잘못된

51) 국방부, 『국방개혁 2020 이렇게 추진합니다』, 국방부, 2005, p. 7.
52) 최광숙, "한국사회 '불신의 늪'에 빠졌다.－公기관 신뢰도 40%대", 「경향신문」 인터넷판, 2006. 12. 26자에서 발췌.

계급질서 의식, 고참병 횡포, 각종 구타와 가혹행위, 인권의식 부족과 인명경시 풍조 등이 대표적이다. 이러한 구시대적 관행들은 미래 안보환경과 전쟁양상, 군의 혁신 요구 등을 고려할 때 반드시 고치고 재조형해야 할 것이다. 이를 위해서는 장병들의 가치관과 의식구조를 선진화된 가치와 신념으로 전환하는 것이 선행되어야 한다.

우리 군도 군 내에 여전히 "권위주의적 리더십, 경직된 군대조직 문화가 잔존하여 각종 사고의 원인이 될 뿐만 아니라, 군에 대한 신뢰가 저하되고 병역기피 심리마저 유발"되고 있다고 진단하고 있다. 따라서 대군 신뢰 저하의 원인이 되는 전근대적 병영문화를 선진 시민사회의 다양한 개선 요구에 적극 부응하는 선진화된 병영문화로 개혁하기를 미래적 국방개혁의 중요한 과제로 인식하고 있다.[53)]

〈국방개혁 2020〉에서는 병영문화의 핵심가치를 "개인의 존엄과 가치가 보장되어 자율 속에서 부여된 임무를 자발적으로 실천하며 상하 원활한 의사소통과 즐거움이 넘치는 병영문화"라는 "인간중심의 병영문화"에 두었다. 그리고 "가고 싶은 군대", "가정 같은 환경 속에서 임무에 전념할 수 있는 군대", "인간존중의 신바람 나는 군대"라는 재조형의 청사진을 구체화하였다.[54)]

한편 육군에서도 가치, 태도, 의식, 신념, 기질, 행동양식 등의 정신적 요소와 구성원 능력, 리더십, 운용술, 제도 등의 운용 역량을 포함하는 육군문화로부터 육군의 Soft Power가 발휘됨을 인식하고, 육군문화의 미래지향적 혁신으로 육군의 Soft Power 증진을 모색해야 한다고 보았다. 이에 따라 육군문화혁신의 기본정신으로 "사람제일 · 자율과 책임 · 효율과 창의"를 제시하고, 구체적으로 육군을 "막강한 전투력을 보유하면서 보람 있게 일할 수 있는 조직", "경쟁력 있는 인재를 갖춘 조직", "인권이 존중

53) 국방부, 『국방개혁 2020 이렇게 추진합니다』, 국방부, 2005, p. 5.
54) 위의 책, pp. 30-35.

되는 조직"으로 혁신해야 함을 강조하였다.[55)]

이상과 같은 우리 군의 군대문화의 선진화 혹은 재조형 노력은 다가오는 새로운 국제환경의 변화양상과 미래전 양상에 대비한 군대조직과 조직문화의 혁신이라는 시대적 요청에 부응하는 매우 바람직한 시도라고 할 수 있다. 따라서 바람직한 군대문화의 재정립은 다가올 미래를 준비하는 군의 필수적인 과제임을 인식하고, 이에 대한 관심과 노력을 소홀히 해서는 안 될 것이다.

특히 이와 관련하여 군을 대표하는 장교단의 역할이 더욱 중요하다 할 수 있다. 미래의 장교단은 그 인격과 능력 측면에서 리더십과 전문성을 발휘할 수 있는 '문무겸비', '인격과 실력'을 갖춘 군 리더 집단이 되어야 할 것이다. 미래의 정보·지식 기반의 전쟁양상으로의 변화는 이전의 권위적·일방적 리더십의 폐기를 종용하고 있으며, 정보화 사회의 경제적·정치적 발전은 군 내에서도 삶의 질 향상의 요구를 높이고, 사회의 민주화 촉진이 군대 내 민주화 요구로 이어질 가능성이 커질 것으로 보인다. 이에 따라 수평적·쌍방향적 원활한 의사소통을 유도할 수 있는 합리적·참여적·개방적 리더십의 중요성이 한층 강조될 것이다. 이는 군 리더에게 실력뿐 아니라 인격이 더욱 큰 비중을 차지하게 하는 요인이 될 것이다. 또 미래의 군은 질적 정예주의가 될 것이라 예상한 바 있다. 따라서 군 리더로서 장교는 전문지식과 기술에서 그 어느 때보다 정예 엘리트로서 준비되어야 할 것이다. 이는 군대 리더로서 장교의 전문성 함양이 더욱 중요하게 되는 이유가 될 것이다.

시대적 패러다임이 변환하는 시기에 군도 혁신적 변화를 요구받고 있다고 할 수 있다. 군 혁신의 주역은 군의 리더인 장교이다. 따라서 전문직업 장교들은 시대적 패러다임의 변화에 부응할 수 있는 가치관과 덕목, 의식

---

55) 육군본부, 『육군문화혁신 지침서』, 육군본부, 2007, pp. 10-17.

구조와 사고방식, 전술전기와 교육훈련, 부대관리와 리더십 방식 등을 습득한, '인격과 실력을 갖춘 장교'가 되어 미래 군대문화 재조형의 주역이 되어야 할 것이다.

제3장 군 전문직업주의와 민군관계

1. 군 전문직업주의 윤리

1) 장교직의 위상과 책무

(1) 장교의 위상

근대 국민국가의 출현과 함께 국민군이 등장하고, 신분이나 특권 위주가 아니라 일정한 자격과 능력의 구비 여부에 따라 장교단이 구성되면서 장교직은 전문직업주의를 바탕으로 하게 되었다. 현대적인 군대에서 장교는 과거에 비해 더욱 군 지업의 핵심을 이루고 있다. 「국군병영생활규정」의 〈장교의 책무〉[56]도 "장교는 군대의 기간(基幹)이다……"로 시작함으로써, 군에서 장교직의 중요성을 천명하고 있다. 한 나라 장교단의 수준은 그 나라 군대의 강약을 결정한다고 할 수 있다. 근대 이후 유능한 장교단을 확보하기 위해 사관학교를 설치한 것도 바로 이 때문이라 할 수 있다.

군 직업 내에서 장교가 차지하는 위상과 책무를 요약적으로 설명하는

56) 「국군병영생활규정」 제3장 제2조 〈장교의 책무〉: "장교는 군대의 기간이다. 그러므로 장교는 그 책임의 중대함을 자각하여 직무 수행에 필요한 전문지식과 기술을 습득하고, 건전한 인격의 도야와 심신의 수련에 힘쓸 것이며, 처사를 공명정대히 하고, 법규를 준수하며, 솔선수범함으로써 부하로부터 존경과 신뢰를 받아 역경에 처하여서도 올바른 판단과 조치를 할 수 있는 통찰력과 권위를 갖추어야 한다."

말이 "장교는 군 직업을 대표한다."는 말이다. 장교는 군 직업 전반에 요구되는 기능과 책임에 대표성을 갖는다. 그 이유는 장교가 '군대의 기간(基幹)'으로서 핵심적 지위에 있기 때문이다. 그중에서도 중요한 것들로는 국가에 대한 군사적 책임, 군 전문직업적 능력, 군 내 지휘통솔과 리더십, 군 전문직업적 전통과 문화 그리고 전문직업적 발전에 대한 대표성 등을 들 수 있다.

군은 국가를 대신하여 무력을 관리하고 사용함으로써 국가의 사활이 걸린 이익을 지키는 임무를 담당한다. 장교는 이와 같은 막중한 군사적 책임 때문에 국가에 대한 헌신적인 태도와 복무 자세를 요구받는다. 안중근 의사의 '위국헌신 군인본분'(爲國獻身 軍人本分)이라는 휘호에 담긴 뜻도 여기에 있다고 해야 할 것이다. 그러므로 장교는 이와 같은 "그 책임의 중대함을 자각"하여야 한다. 그리고 이러한 중대한 책임에 대한 자각 위에서 그 위상에 맞는 인격과 직무수행에 필요한 능력을 길러야 한다.

(2) 전문직업적 능력의 배양

군대의 기간으로서 중대한 책임을 진 장교는 자신의 책임과 임무를 수행하는 데 필요한 "전문지식과 기술을 습득"해야 한다. 군 전문직업적 능력[57]을 갖추는 것이 장교의 기본 책무이다.

군의 주요 기능은 무력의 관리와 행사이며, 장교단의 전문직업적 능력은 무력의 관리와 행사를 통해 발휘된다. 한 나라 군대의 강약은 궁극적으로 장교들의 전문직업적 능력에 의존된다고 해도 과언이 아니다. 손자(孫子)가 『손자병법』 전쟁계획 단계에서 전략적 판단의 기준으로 '도·천·지·장·법'(道·天·地·將·法)의 오사(五事)를 제시한 데서도 알 수 있

57) '전문직업'으로서 장교직에 대해서는 다음 절에서 상세히 다룰 것이다. 여기서는 장교직이 '전문직업'으로서 고유한 전문지식과 기술을 가진다는 점만을 밝힌다.

듯이,[58] 국방력 판단의 중요한 요소 중 하나는 장교단의 구성과 수준이다. 군대조직은 장교단의 전문직업적 능력에 따라 천하제일의 강군이 되기도 하고 지리멸렬한 오합지졸이 되기도 한다. 그래서 예로부터 "강한 장수 밑에는 약한 병사가 없다."라고 한 것이다.

무력의 관리와 사용에 관해 장교가 습득해야 할 전문지식과 기술은 매우 폭넓다. 부대를 조직하고 장비하고 훈련하는 것, 부대 관리와 운영, 부대 작전의 지휘 등이 장교가 수행하는 주요 업무이며, 장교는 이와 같은 업무수행을 위한 전술교리 및 군사 지식, 부대지휘 및 관리기법, 교육훈련 방법, 각종 장비운용법 등에 관한 지식과 기술을 습득해야 한다.

한편 장교단의 전문직업적 능력과 관련하여 심각히 고려해야 할 것은 장교단의 조직풍토이다. 예를 들어 장교단의 전반적 풍토가 대인관계를 비롯한 인맥이나 연고를 중시하는 데에 쏠려 있는 군대라면, 전문직업적 능력을 발전시키는 일을 등한시하지 않을 수 없다. 교범을 읽고, 연구를 하며, 실험적인 교리와 교육훈련을 군 직업에 도입하기보다는 영향력 있는 상사를 추종하거나 '예스맨'이 되어 충성병을 앓게 될 것이기 때문이다. 장교 본연의 전문직업적 능력보다 개인적 충성의 정도를 더 우선시하는 장교단을 둔 군대는 결과적으로 전문직업적 능력에서 뒤지게 될 것이며, 이는 강한 군대를 이룰 수 없게 하는 결과를 초래할 것이다. 그러므로 장교는 "직무수행에 필요한 전문지식과 기술을 습득"[59]하는 데 매진함을 중요한 책무로 삼고, 그러한 책무에 힘쓰는 장교를 높이 평가하는 조직풍토를 진작하여야 한다.

---

58) 孫子, 『孫子兵法』「始計篇」.

59) 「국군병영생활규정」 제2장 제3조 〈장교의 책무〉 중에서.

(3) 군대 리더로서의 인격함양

장교는 "건전한 인격의 도야와 심신의 수련"에 힘써야 한다. 장교로서 아무리 전문지식과 기술이 탁월하더라도 인격적으로 결함이 있어 처사를 공명정대히 하지 못하고, 법규를 준수하지 못하며, 솔선수범하지 못한다면, 부하의 존경과 신뢰를 받지 못할 뿐 아니라 권위를 가질 수 없다. 그리고 종국에는 그의 전문직업적 능력조차 군 조직의 임무수행능력을 배가하는 데 전혀 도움이 되지 않게 될 것이다. 장교의 건전한 인격은 자신이 지닌 전문직업적 능력과 합쳐져 "역경에 처하여서도 올바른 판단과 조치를 할 수 있는 통찰력과 권위"를 제공하게 된다.

최근 육군에서 지휘통솔 개념에서 리더십 개념으로 전환을 꾀하고 있는 것은, 이와 같은 장교의 인격적 부분을 좀 더 강조하는 의미가 있다고 볼 수 있다. 기존의 지휘통솔은 상관-부하의 수직적 관계에 주안을 두고 있지만, 리더십은 임무수행과 관련되는 리더와 상관, 동료, 부하를 모두 포함하는 구성원 상호간의 전방향적 영향력의 상호작용 과정으로 보고 그 개념을 확대 정립한 것이다.[60] 이러한 리더십은 장교 각자의 개인적 특질, 즉 그의 인격과 능력, 행동력에 크게 좌우된다.[61]

이 중에서 가장 중요한 것은 '인격'이라고 할 수 있다. 제2차 세계대전 당시 미군의 영웅이었던 마셜, 맥아더, 아이젠하워, 패튼 장군의 리더십을 심도있게 연구했던 퍼이어(Edgar F. Puryear, Jr.) 교수는 위의 네 장군뿐 아니라 수많은 장군들의 인터뷰를 소개하면서 "리더십의 요건들 중에서

---

60) 야교 지-0, 『육군리더십(초안)』, pp. 1-6~1-7.

61) 야교 지-0, 『육군리더십(초안)』, pp. 2-13~2-14.
육군에서는 이러한 리더십을 발휘하는 리더의 역량을 '위국헌신의 강한 리더'로 요약하고, 그에 따라 '올바른 리더', '유능한 리더', '실천하는 리더'로 세분하고 있다. 이 중 '올바른 리더'는 우리 군에서 군의 임무와 목표를 달성하기 위한 리더 역량에 있어 개인적 인격의 중요성을 강조하는 것이라 하겠다. 이어서 '유능한 리더', '실천하는 리더'는 군 전문직업 능력과 관련한 내용이라 볼 수 있다.

가장 중요한 것은 인격이다."라고 단언한다. 그중 아이젠하워 장군은 "인격이야말로 여러 가지 면에서 리더십의 전부라고 할 수 있습니다."라고까지 말하였다고 한다.[62)]

흔히 군은 엄격한 상명하복 조직으로서 그 어떤 것도 명령할 수 있다고 한다. 심지어 명령 하나로 시간과 장소, 복장, 작은 행동까지도 통제할 수 있다. 그러나 그러한 명령으로 강제할 수 없는 것이 바로 부하의 자발적인 복종심과 상관에 대한 존경과 신뢰이다. 부하에게 복종을 요구하는 명령을 할 수는 있지만 진정한 복종심을 유발할 수는 없다. 여기에 바로 리더의 '인격'에 기초한 리더십의 중요성이 있다. 군이 아무리 뛰어난 무기체계와 장비, 제도를 갖추고 있다고 하더라도 결국 그것들을 운용하는 주체는 '사람'이다. 따라서 그와 같은 '사람'들의 생각과 행동에 영향을 끼치는 리더십의 중요성은 재론의 여지가 없다 할 것이다.

장교는 기본적으로 상명하복의 위계적 조직원리에 입각해 직접적인 지휘 및 통제를 담당하게 된다. 그러나 군의 효율적 임무수행을 위해서는 계급적 힘에만 의존하는 데서 벗어나 부하로부터의 존경과 신뢰에 바탕한 자발적 복종과 충성을 이끌어내는 리더십 발휘가 필요하다. 따라서 군대 리더로서 장교는 리더십 발휘가 전문직업적 능력의 탁월성만으로는 불가능하며 리더의 건전한 인격이 밑받침되지 않으면 안 된다는 것을 명심해야 한다. 따라서 "건전한 인격의 도야와 심신의 수련"이 장교의 가장 중요한 책무라 해도 과언이 아닐 것이다.

62) Edgar F. Puyear, Jr., 이민수 · 최정민 옮김, 『영혼을 지휘하는 리더십』, 책세상, 2005, pp. 413-414.

2) 장교직의 전문직업적 성격

(1) 전문직업과 그 요건

군 직업을 하나의 '전문직업'(Profession)으로 체계화하여 고찰한 고전적인 이론은 미국의 정치학자 헌팅턴에게서 비롯되었다.[63] 그는 문민통제의 원리를 공고히 하기 위한 이론적 배경으로, 한편으로는 군의 정치개입을 차단하며 다른 한편으로는 군이 정치권력에 의해 그 자율성을 침해당하지 않도록 군의 전문직업적 성격을 부각하고자 하였다.

'전문직업'이란 전통적으로 성직자, 의사, 법률가, 교수, 외교관 등 대체로 고도의 학식을 바탕으로 하는 직업을 말한다. 미술가나 요리사, 속기사 등은 나름대로 독특한 재능과 숙련된 기술이 필요하지만 이들을 전문직업인으로 분류하지 않는다. 왜냐하면 전문직업은 해당 분야에서 역사성을 갖는 인간과 세계에 대한 보편적인 지혜와 경험을 필수적으로 요구하기 때문이다. 그리고 인간의 생사에 관한 중대한 요구에 봉사하여 고객에 대한 이타적 서비스를 윤리적 의무로 삼는 특징이 있기 때문이다. 즉 전문지식과 기술(expertise), 책임성(responsibility), 단체성(corporateness)이 전문직업의 요건으로 꼽힌다.

먼저 전문직업의 특징으로서 '전문지식과 기술'이란 무엇인가? 전문직업인의 전문지식과 기술은 장기간의 교육과 경험으로만 습득될 수 있다. 그 지식과 기술은 해당 전문직업의 업무를 수행할 때 대체로 시간과 장소에 구애되지 않는 보편적으로 적용 가능한 것이며 역사가 있다. 그런 점에서 기술(skill)이나 손재주(craft) 등과는 구별된다.

---

63) 이하 논의의 주된 줄거리는 헌팅턴의 저서 『군인과 국가』(*The Soldier and the State: The Theory and Politics of Civil-Military Relations*, The Belknap Press of Harvard University Press, 1957)의 제1부 1장의 내용을 중심으로 한 것이며, 일부 내용은 우리의 상황에 맞게 그것을 부연한 것이다.

다음으로 전문직업의 사회적 책임성이란 무엇을 말하는가? 전문직 종사자는 사회가 기능할 때 빼놓을 수 없는 보건, 교육, 사회정의의 구현 등과 같은 필수적인 업무를 담당하는 실무적인 전문가이다. 모든 직업의 고객은 개인이건 사회이건 결국은 사회 그 자체이다. 그러나 일례로 화학자의 연구 활동은 그것이 결과적으로 사회에 혜택을 가져준다 해도 그 활동이 사회의 존속과 기능에 필수적인 중요성을 갖지 않는 탓에 전문직업인이라고 말할 수 없다. 전문직업에 속한 일은 그 사회에서 차지하는 필수적이고도 일반적인 성격을 가지며, 그 일은 해당 전문가 집단이 독점적으로 수행하는 까닭에 전문직업 종사자는 사회가 요구할 때 그것을 수행할 책임을 요구받는다.

이 사회적 책임성이야말로 전분직업인을 단순히 지적 기술만을 소유한 다른 전문특기자와 구별하게 해준다. 전문직업인이 사회적 책임을 수용하지 않으면 그는 전문직업의 활동을 못하게 된다. 반사회적인 목적으로 의술을 사용하는 사람은 이미 전문직업인 의사가 아니다. 봉사의 책임 및 자기 기술에 대한 헌신이야말로 전문직업인의 직업적 동기를 이루는 것이다. 금전적 보수를 바라는 것은 전문직업의 우선적인 목표가 될 수 없다.

전문직업은 그 나름의 단체적 성격을 지니고 있다. 같은 전문직업에 종사하는 사람들은 하나의 유기체적 단체와 집단으로서 공동의식을 갖는다. 그래서 자기들이 문외한과 구별되는 별도의 집단을 이루고 있다는 자기의식을 갖는다. 이러한 집단의식은 전문지식을 습득하는 데 소요되는 장기간의 훈련과 숙달과정, 업무수행에서의 유대, 자기들에게 고유한 사회적 책임 등에서 몸에 밴다. 전문직업인의 단체는 그 전문직업의 자격을 규정하고, 사회적 책임의 내용을 명백히 하며, 그 책임이 준수되도록 강요하기도 한다. 전문직업인의 단체성은 전문직업인 단체를 통해 가장 잘 나타난다. 전문직업 단체의 일원이 될 자격요건은 전문직업인과 비전문인을 공적으로 구별해주며, 그것은 전문기술의 소유나 특별한 책임의 수용과 더불어 전문직업의 기본 요건이 된다.

(2) 장교직의 전문직업적 성격

헌팅턴은 전문지식과 기술, 책임성, 단체성의 전문직업적 요건에 비추어볼 때 현대적 군대의 장교직은 전문직업성을 충분히 구비하고 있다고 주장한다. 군 직업은 전문직업적 특성을 갖추고 있으며, 전문직업으로 발전해 가는 것이 민군관계의 정립에서나 군 자체의 발전에서도 바람직하다는 것이 그의 주장의 요체이다.

가. 전문지식과 기술

하나의 전문직업으로서 장교직에 요구되는 전문지식과 기술은 무엇일까? 대부분의 장교들에게 공통적이며 따라서 민간인 기술자와 장교를 구분해주는 군 고유의 독특한 전문지식과 기술은 '무력의 관리'(management of violence)로 요약할 수 있다. 군대의 기능이란 한마디로 성공적인 전투를 수행하는 것이며, 장교의 임무는 부대를 조직하고 장비하고 훈련하는 것, 부대의 활동을 기획하는 것, 부대의 작전과 운용을 지휘하는 것 등이 주류를 이룬다. 다시 말해 군 고유의 전문지식과 기술이란 무력의 행사를 주된 업무로 하는 군대를 지휘하고 관리하고 교육하고 훈련하며 통제하는 것이다. 이것은 육·해·공군 장교 모두 공통되는 활동이다. 이러한 점이 군인으로서 장교와 민간 전문기술자뿐 아니라 군대에 존재하는 다른 전문기술자들을 구분하는 주요 요소이다.[64)]

---

64) 군부대에 근무하는 일반 기술자의 기술도 군대의 목표를 달성하는 데 필요하다. 하지만 기술직은 군대에서 보조적인 직무라고 해야 할 것이다. 이는 간호사, 약제사, 영양사 등이 의사의 의술에 보조적인 것과 마찬가지다. 마치 의사 보조역들이 병을 진단하고 치료할 수 없는 것처럼, 군 전문직업 안에 포함되거나 이를 위해 일하는 전문기술자들은 '무력의 관리'에 본질적 능력은 없고 다만 보조기능을 수행하는 것이다.

군사적 기능은 고도의 전문지식과 기술을 요하는 것으로, 장기간의 훈련과 경험 없이는 아무리 천부적 재능과 리더십을 타고났다 하더라도 효과적으로 수행할 수 없다. 군 장교에게 요구되는 전문지식과 기술은 실로 매우 복잡한 지적 기술이며, 포괄적이고도 심도 있는 학습과 훈련을 요한다.[65] 우리나라 육군장교들의 경우만 보더라도 복무기간에서 OBC, OAC, 육군대학, 대대장반, 연대장반 등 줄기차게 직무교육을 받게 된다. 군 복무 중 교육기간이 차지하는 비율을 비교해본다면, 군 전문직업이 여타 전문직업보다도 월등히 높을 것이다. 군 직업이 이렇듯 교육에 큰 비중을 두는 것은 군대의 전문지식과 기술이 그만큼 더 복잡해졌다는 사실을 입증해주고 있다. 이런 전문지식과 기술은 군 직업상 고유의 기능과 역할 수행에 필요한 전문성의 기반이며, 군 직업 자체의 자율성의 근거가 된다.

군 특유의 전문기술은 시간과 장소의 영향을 받지 않는다는 점에서 보편적이다. 의사 자격이 서울이나 뉴욕에서 대동소이한 것처럼, 전문직업 군인의 자격 기준은 러시아에서건 미국에서건 또는 20세기건 21세기건 대동소이하게 적용될 수 있다. 그러한 보편성 때문에 군장교의 직업은 그 자체의 역사를 지니고 있다. 그래서 '무력의 관리'는 단순히 현존하는 기술에 숙달됨으로써 얻어질 수 있는 기술이 아니다. 더구나 군 전문기술은 끊임없이 발전과정을 겪고 있어서, 무릇 장교는 군사기술의 역사적 발전과정을 이해하고 발전의 주된 추세와 미래의 방향에도 정통해야 한다. 장교는 군대를 조직하고 지휘하는 기술의 역사적 발전과정을 충분히 이해하고 있을 때 비로소 자기 직업의 정점에 도달할 수 있다. 그러므로 전쟁과 군사에 관한 역사의 중요성이 군사적인 문헌이나 군대교육에서 지속적으

65) 예를 들어 군에서 소총의 사격 근본적으로 소총이라는 기계를 다루는 하나의 단순한 기술에 불과하다. 반면에 소총중대의 작전을 지휘하는 것은 전혀 다른 능력이 요구된다. 이런 점에서 군 장교에게 요구되는 전문지식과 기술이란 후자에 속한 부류의 것들이다. 이런 일들에 필요한 능력 중 일부는 책에서 배워야 하고, 일부는 실제 경험을 통해 습득해야 하는 복합적인 성질의 것이다.

로 강조된다.

군 전문기술에 정통하려면 군사 전문기술의 범위를 넘어서 문화 전반에 걸친 폭넓은 배경의 이해도 중요하다. 역사의 한 단계에서 무력을 조직하고 사용하는 방식이란 그 일이 벌어지는 사회의 문화적 유형 전체와 긴밀히 연관되어 있기 때문이다. 단순히 직업적 훈련에만 숙달된 사람은 분석, 통찰, 상상 및 판단 등의 능력을 개발할 기회가 없다. 전문직업 분야 내에서 요구되는 정신적 능력과 습성은 주로 전문직업 밖의 폭넓은 학습과정을 통해서 얻을 수 있는 것들이 많다. 법률가나 의사가 단지 그들의 전문기술뿐만 아니라 일반 교양과정을 이수해야 하는 것처럼, 항상 인간을 다루는 전문직업군인도 전문지식과 기술을 배우기에 앞서 일반 교양과정을 이수해야 한다.

나. 사회적 책임성

장교의 전문지식과 기술은 각별한 사회적 책임성을 요구한다. 사람들의 생명과 긴밀히 연관된 의술의 시행이 사회적 책임을 전제로 하는 것과 마찬가지로, 무력관리에는 더 막중한 책임이 요구된다. 만일 장교가 전문지식과 기술을 개인의 이익을 위해 분별없이 사용한다면 사회는 파멸의 위험에 처하게 될 수도 있다. 군 장교가 담당하는 무력관리는 반드시 사회적으로 승인된 목적을 위해서만 사용해야 한다. 국가와 사회는 스스로의 군사적 안전을 보장받기 위해 군사전문 기술의 사용에 늘 광범위한 관심을 가지지 않을 수 없다. 그래서 보통의 경우 여타 전문직업에 대해서는 국가나 사회가 적절히 통제함으로써 그 전문직업의 사회적 책임을 간접적으로 묻는다. 이에 비하여 군이라는 직업에 대해서는 국가가 직접적으로 통제하여 아예 독점하고 있다.

군 직업의 사회적 책임성에 비추어볼 때 장교는 어떤 직업적 동기를 갖고 있어야 하는가? 우선, 장교직을 금전적 보수를 일차적인 목적으로 추구하는 직업으로 보면 곤란하다. 장교직은 애초부터 개인의 금전적 영리를 충족하기 위해 설정된 것이 아니기 때문이다. 그것은 예나 지금이나 마찬가지이며, 앞으로도 큰 변화가 없을 것이다. 장교의 직무상 행위가 경제적 이해관계에 좌우되는 것도 아니며, 그렇게 되어서도 안 된다. 전문직업군 장교는 보수가 좋은 곳을 옮겨 다니는 용병이 아니다. 또 순간적인 애국심이나 의무감에서 단기간에 걸쳐 복무하면서 무력관리 업무를 익히는 잠정적 군인이라 할 시민군과도 다르다. 장교의 복무 동기는 그의 직업적 전문기술에 대한 애착과 자기 기술을 사회복지를 위해 사용하고자 하는 사회적 책임감에 바탕을 두어야 한다. 이 두 가지가 장교의 직업적 동기를 형성한다고 볼 수 있다.

하지만 장교들 개개인이 지닌 직업적 동기만으로 우수한 장교단을 확보하기란 쉬운 일이 아닐 것이다. 전문직업의 책임성에 대한 투철한 인식도 중요하지만, 장교단을 이루는 개개인의 인적 구성요소도 무시할 수 없기 때문이다. 그래서 장교단 전반의 사기를 높이고 그들이 각자 지니고 있는 직업적 동기를 군 전문직업 전반의 효율성 제고에 활용하려면, 어느 사회나 장교단의 사회적 지위를 상당 수준 유지해주어야 할 필요가 있다. 현역일 때나 예편 후에나 지속적이고 충분한 보상을 제공할 수 있어야 비로소 사회와 국가는 그와 같은 전문직업적 동기를 확보하고 결과적으로 직업군의 책임을 다하게 할 수 있다. 요컨대 전문직업적 동기와 책임에 투철한 장교단과 그러한 장교단을 확보·유지할 수 있는 응분의 사회적 보상 체계가 적절하게 조화를 이루어야 한다.

의사는 환자에 대하여, 변호사는 소송의뢰인에 대하여 책임을 진다. 이에 비해 장교의 궁극적 책임 대상은 국가이다. 국가에 대한 장교의 책임은 일종의 전문기술 자문가의 책임과 같다. 의사나 변호사와 마찬가지로 장교는 자기 고객의 생활영역 중 자신의 전문지식과 기술에 관련된 한 분야를 담당하고 있다. 따라서 자기 분야 이외의 문제에 관해서는 자기의 판단을 고객에게 강요할 수 없다. 장교가 할 수 있는 것은 자기 전문 분야 내에서 고객이 필요한 것이 무엇인가를 설명해주는 일, 그러한 필요사항을 충족하기 위해서는 어떻게 할 것인가를 조언해주는 일, 고객인 국가가 어떤 결정을 내렸을 때 국가가 원하는 바가 이루어지도록 군사적인 업무를 수행하는 일이다. 그래서 장교의 국가에 대한 행위는 법률에 명시적으로 조문화되거나 의사나 법률가의 전문직업윤리 실천요강과 같은 도덕률에 의해 규제되기도 한다. 하지만 많은 경우 장교의 행동규범은 대체로 군 전문직업의 관습과 전통 및 장교단 내에 전승되어오는 정신에 포함되거나 구현되어 있다.

다. 단체성

군대는 국가에 독점되기 때문에 장교직은 대체로 국가 관료조직의 일부로 편성되어 있다. 장교직은 하나의 공직이며, 그 직업을 수행할 법적 권한은 엄격히 규정된 성원에 한정되어 있다. 장교 집단은 전적으로 국가의 법적 장치에 의해 조직된다.

장교단이라고 할 수 있는 이 사회적 단체에 가입하는 것은 소정의 교육과 훈련을 받은 자에게만 허용된다. 또 일반적으로는 오직 군 직업적 권위의 최하위 계급으로만 가입이 허용되는 특징을 지니고 있다. 엄밀하게 말해 장교단의 구조는 외형상으로는 공식적인 관료체계로 이루어져 있다. 하지만 하나의 사회적 단체로서 장교단은 그것 이외에 다른 사회적 측면도 아울러 포함하고 있다. 장교단에는 사교단체, 협회, 학교, 신문, 잡지, 관습, 전통 등과 연관된 측면도 아울러 포함되어 있다. 장교는 이러한 장교단의 일원으로 전문직업에 종사하면서 사실상 생활의 거의 대부분을 직업활동에 바친다. 직업적 접촉이든 사교적 접촉이든 장교는 다른 전문직 종사자보다도 직업과 무관하게 사람들과 접촉하는 일이 매우 드문 직업환경에서 생활하고 있다. 이런 점들을 잘 보여주는 단적인 예는 제복과 계급장이다. 그래서 장교는 외견상으로도 확연히 구별된다.

장교단은 하나의 관료조직체를 이루고 있다. 군 전문직업 내에서의 직무수행 능력의 우열은 계급이라는 위계질서로 나뉘며, 관료조직 내에서의 제반 임무는 직책이라는 위계체계로 구분되어 나타난다. 계급은 개인에 속한 것으로 경험의 정도, 교육수준 및 개인의 능력 등으로 측정된 그의 전문직업적 업적을 반영해주는 것이다. 진급은 국가가 설정한 일반적인 원칙 즉, 군인사법(軍人事法)에 의거해 장교단 자체에서 실시하는 것이 통례이다.

장교직의 독특한 단체적 성격은 내·외적으로 표출되어 나름대로 고유한 문화를 형성하게 된다. 독특한 제복과 머리 스타일, 경례 방식, 명령을 주고받는 방식, 각종 의식과 행사와 의전, 진급이나 선출과 선임 그리고 특별한 근무 명령을 수령할 때의 신고, 공적·사적 회식에서의 예절 등은 모두 군대문화의 일부로 설명될 수 있는 것들이지만 그 뿌리를 형성하는 직업적 토대는 바로 장교직의 단체적 성격임을 간과해서는 안 될 것이다.

3) 군 전문직업주의에 대한 도전과 극복

오늘날 선진 군대에서 군 전문직업주의는 보편화되어 있다. 군 전문직업주의는 군대가 전문성에 바탕을 두고 자율적으로 그 책임을 명예롭게 수행할 때 확립될 수 있다. 반면에 외부적으로 군대의 그러한 임무와 기능을 수행하지 못하게 하거나, 군 내부적으로 자율성을 상실하여 군 고유의 기능을 발휘하지 못하거나, 그 영역을 벗어나는 데에까지 월권적(越權的) 영향력을 행사하려 할 때 직업주의는 심각한 도전에 직면한 것이라 할 수 있다.

군 전문직업주의에 대한 도전 중 가장 중요한 문제는 군이 정치에 연루되는 것이다. 이는 두 가지 경우로 대별된다. 하나는 군이 정치에 개입하는 경우이고, 다른 하나는 정치가 군사 전문성을 무시하고 군의 자율성을 침해하여 간섭하는 경우이다.

군의 정치 개입은 뒤의 민군관계에서도 다루겠지만, 기본적으로 민과 군의 바람직한 관계를 위협한다는 심각한 문제점이 도사리고 있다. 이뿐만 아니라 군 자체의 전문직업성을 상실케 한다. 군이 정치에 깊이 개입하게 되면 반대 세력들을 탄압하기 위해 무력을 사용하면서 특정 정치세력의 도구로 전락하게 된다. 군 고유의 전문적 영역을 일탈하여 정치적 영역으로 관심이 옮겨지고 정치적 입신출세를 추구하는 정치군인을 양산하게 됨으로써 군 고유의 전문성을 약화시키고 국민과 국가에게 봉사해야 할 전문직업 윤리(사회적 책임성)를 훼손하게 된다. 그리고 정치 개입이 장기화되면 고유의 군사적 이유나 근거는 부차적이 되고 정치적인 것들이 우선시됨으로써 군 전문직업주의 자체가 설 땅을 잃게 된다. 또 정치권력을 상실한 이후에는 군이 상당 기간 보복과 견제의 대상이 될 개연성이 높기 때문에, 역으로 정치권력의 군 자율성 침해라는 군 전문직업주의의 위기 상황을 맞게 될 우려가 있다. 우리나라에도 군이 정치에 개입함으로써 국가와 국민 그리고 군대가 입게 된 폐해가 얼마나 지대했는지를 생생한 역사의 교훈으로 기억하고 있다.

군의 정치 개입과 반대로 정치권력이 직접적으로 군의 자율성을 침해하거나 간섭하는 것도 바람직하지 못하다. 정치권력이 군 고유의 작전권이나 인사권을 침해하게 될 때, 군은 군사 전문성을 발휘하지 못하고 정치적 이유나 근거에 의해 중요한 결정을 내리게 되며, 군인들은 정치권의 눈치를 보면서 군 고유의 영역조차 자율적으로 담당하지 못하게 된다. 군 전문직업주의가 성립되는 큰 축의 하나는 군의 전문지식과 기술이다. 정치권력이 군사적인 측면에까지 영향력을 행사한다는 것은 결국 비전문가가 전문가 행세를 하는 셈이다. 정치권력이 아무리 막강하더라도 정치가가 의사를 대신해 환자를 치료할 수 없듯이, 정치가가 군 직업의 고유한 군사적 영역까지 대신 수행할 수 없는 것은 당연한 이치이다.

군 직업주의에 대한 외부 도전의 또 다른 경우는 군에 대한 대민 신뢰도와 관련이 있다. 베트남전이 한창일 때 미국에서는 국민이 반전(反戰) 데모를 벌이고 젊은이들은 징집을 거부하고 캐나다로 도피하는 것이 다반사였다. 이처럼 군에 대한 지지가 약화되고 심지어 대군 혐오감이 팽배한 상황에서 군대의 사기가 높을 수 없다. 그렇게 되면 자연히 군대의 기강과 윤리도 흔들리게 된다. 국민적 지지를 잃은 군대는 본연의 임무인 전승(戰勝)을 기대하기도 어렵다. 근본적으로 군은 그 구성원들에게 많은 보수를 통해 직업적 소명감이나 동기유발을 해줄 수 없다. 전문직업군은 명예를 먹고 자라며, 군인들은 자기 이익에 상충되는 임무도 빈번히 그리고 기꺼이 수행할 것이 요구된다. 전문직업 군인의 그와 같은 헌신과 봉사의 복무에 대한 가장 큰 보상은 다름 아닌 국민과 시민사회의 지지와 성원이다. 따라서 군에 대한 국민의 지지와 신뢰의 상실은 직업주의에 중대한 도전이 아닐 수 없다.

한편 가브리엘(Richard A. Gabriel)은 민간의 경향과 특성이 군 조직 내로 유입되면서 군 전문직업주의를 위협하고 있다고 주장한다. 그는 군 전문직업주의를 약화시킬 수 있는 내부적 도전으로 직장주의(Occupationalism), 경영주의(Managerialism), 관료주의와의 혼동, 전문특기화의 남용, 윤리적 이기주의 등을 제시한다.66)

먼저 직장주의는 군대를 하나의 직장으로 여기며, 개인의 편의와 이익이 우선되는, 현실적으로 경제적인 이유가 군 복무 이유가 된다고 보는 견해이다. 이는 소명으로서 군 직업을 경제적 이익 추구 수단으로 인식하도록 함으로써 군 직업윤리를 훼손하게 된다.

둘째, 경영주의는 군의 지휘를 마치 기업을 경영하듯 해야 한다고 보는

66) Richard A. Gabriel, *To Serve With Honor: A Treatise on Military Ethics and the Way of the Soldier*, Greenwood Press, 1982, pp. 94-116.

견해이다. 그러나 민간 경영의 관리자와 군에서 요구하는 리더의 역할은 분명히 다르다. 경영주의가 도입된 군대에서는 비용 대 효과의 분석이 필수요건이 되면서 리더십보다 자원 관리가 중시되게 되며, 군 고유의 투사형 장교보다 경력 중심의 관리형 장교가 우대받게 됨으로써 군의 전통적 가치가 훼손될 것이다.

셋째, 관료주의와의 혼동은 군 지휘관의 역할을 관료들의 공무집행과 동일한 것으로 혼동하는 것이다. 그러나 관료는 주도권과 자유재량권이 제한되는 반면, 군 지휘관은 주도권을 행사하여 스스로 판단하고 결심하고 책임을 감수한다. 그러기에 용기, 결단력, 위험의 감수, 책임, 창의 등이 장교의 중요한 덕목으로 인식되는 것이다.

넷째, 군 구조가 복잡해지면서 군대에서도 전문특기화가 불가피해지게 되었다. 그런데 전문특기화가 문제되는 이유는 군 직업 자체에 대한 폭넓은 헌신보다는 개인의 전문 특기기술 분야에 대한 관심과 투자가 더욱 우선시될 수 있기 때문이다. 그뿐만 아니라 군대와 민간 영역이 동일한 기술을 공유하게 됨에 따라 군의 전문인력들이 민간기업으로 이동하는 문제도 유발된다.

다섯째, 개인에게 공동체에 대한 봉사와 헌신을 요구해서는 안 된다는 윤리적 이기주의를 들 수 있다. 이는 전문직업의 사회적 책임성을 부정하는 것으로 군 전문직업의 윤리적 규범을 약화시킨다.

우리 군은 선진국으로 진입하는 국격(國格)에 걸맞은 선진 군대로 꾸준한 성장을 도모하고 있다. 문민통제원칙이 확고해지고 군의 전문직업주의도 안정되게 정착되고 있다고 할 수 있다. 다만 과거 군의 정치 개입의 과오에 대한 반대급부인 정치권력의 정치적 편의나 경제논리에 입각한 군 개입문제, 군의 정치권력에 대한 저자세 등은 경계할 필요가 있다.

헌팅턴의 경우 군 전문직업주의를 민군관계에서 양자 분리라는 측면에서 주목한 바 있지만, 새롭게 변화하는 국가안보환경과 그에 따른 군 임무의 확대, 민간 제 영역과의 긴밀한 통합 요구 등을 고려할 때 민과 군의 영역을 이분법적으로 분리하는 것은 곤란하다고 할 수 있다. 건전한 군 전문직업주의를 확립하기 위해서는 군대를 외부 민간사회로부터 지나치게 고립시키는 것이나, 반대로 군대의 가치를 민간사회의 그것과 동일시하는 것 모두 바람직하다고 볼 수 없다. 민군관계에 대한 논의에서 다루겠지만, 민과 군의 복합적 관계를 고려한 상호 조화와 통합의 관점에 기초한 군 전문직업주의를 확립할 필요가 있다.[67]

오늘날 세계는 이른바 정보화시대로 급격히 변화하고 있다. 미래 전쟁 양상도 그에 상응한 변화가 예상되며, 군 전문직업주의의 여러 측면도 군사기술혁신 등을 비롯한 새로운 적응을 요구받게 될 것이다. 이런 측면에서 보면 지나친 분리주의는 시대에 뒤떨어진 군대를 만들 개연성이 높다. 건전한 군 전문직업주의를 확립하기 위해서는 시대적 변화에 유연하게 대처하면서도 군 고유의 가치들에 대한 전통은 계속 발전시켜나가는 지혜가 필요하다. 시대적 요구에 상응할 수 있도록 권위주의적이고 형식주의적인 구태의연한 군 문화를 혁신해야 할 것이다. 또 국가의 이익이 매우 나변화되고 있는 시대에 군대의 임무와 역할이 확대되고 그 성격이 매우 복합적임을 새롭게 인식해야 한다. 이제는 전쟁은 물론이고 전쟁 이외의 임무, 가령 홍수나 가뭄 등의 자연재해 극복 활동이나 대규모 화재나 선박의 침몰 등에 따른 구난 활동, 대규모 환경 파괴에 대한 복구 활동, 심지어 노동조합의 대량 파업으로 인한 공공기관의 기능 마비를 방지하기 위한 대민지원 활동 등 다양한 형태의 국가적 재난과 위기를 이겨내기

---

67) 스테판(Alfred Stepan)은 헌팅턴의 견해를 구직업주의라 비판하고, 민과 군의 상호 관계를 강조하는 신직업주의를 주장한 바 있다. 피치(Fitch)는 신직업주의에서 군이 국가안보를 위해 초국가적 역할을 자처하면서 정치적 중립성을 잃는 문제를 야기할 수 있다는 점을 지적하며 민주적 전문직업주의를 주장하기도 하였다. 이는 구직업주의의 전문직업윤리를 받아들이고 민주주의적 가치를 기준으로 군의 안보문제 간여 범위를 제한함으로써 신직업주의의 문제를 해결하고자 한 것이다. 자세한 내용은 온만금, 『군대사회학』, 황금알, 2006, pp. 230-239 참조.

위한 업무나 국제 평화유지 활동 등에도 군대가 적극적으로 나서서 국가 이익을 위해 활동할 것을 요구받는 시대이다. 이러한 일들은 전통적인 군사 업무 이외에 새롭게 부각된 추가적인 군사 업무임이 분명하다. 이처럼 변화하는 상황에 유연하게 잘 대처할 수 있도록 군대의 규범과 업무 범위 등을 조정해나갈 수 있기 위해서는 군 전문직업성의 핵심을 훼손하지 않으면서도 모체사회의 변화와 요구에 잘 대응해나가는 노력이 지속되어야 할 것이다.

2. 바람직한 민군관계의 정립

1) 민군관계의 개념

'민군관계'(the civil-military relation)는 군과 그 밖의 민간사회 영역관계를 문제 삼는 개념이다. 좁은 의미로 볼 때 민과 군의 양자 관계에서 주요 문제는 양자의 권력관계라고 할 수 있다.

군대를 조직하는 목적은 내 · 외적 적들로부터 국가의 사활적 이익을 방위하기 위한 것이다. 군대는 이를 위해 무력의 관리와 사용에 대한 합법적 권한을 위임받는다. 그런데 문제는 이러한 무력이 특정 집단을 위한 수단으로 전용될 수 있다는 점이다. 특히 군이 무력을 바탕으로 사회의 이익이나 가치에 반하는 방향으로 국가 전체를 좌우할 수 있다는 불안이 도사린다. 국가사회를 보호하기 위해 제도화한 군이 도리어 국가사회의 위협요소가 될 수 있다는 것이 본질적 딜레마인 것이다. 외부의 위협으로부터 자신을 지키기 위해 군대를 만들었는데, 그 군대는 누가 지킬 것인가가 문제인 셈이다.[68]

68) 온만금, 앞의 책, pp. 210-211.

〈표 1〉 민과 군의 복합적 관계[69)]

상호작용의 대상	상호작용의 내용
군과 국가의 관계	정부조직상 군사제도가 차지하는 구조상의 공식적 지위
군과 국민의 관계	정치, 경제, 사회, 문화의 제 부문에서 이루어지는 군대집단과 민간집단의 상호작용 양태 및 내용
군 장교단과 민간 엘리트의 관계	국가 사회구조 내에서 민군 엘리트 간 이루어지는 역할분담 및 상호 경쟁과 갈등의 양상
군부와 민간 이익집단의 관계	군부와 이익집단 간의 협조 및 경쟁 양상

고대에서 현대까지 이와 같은 딜레마는 여전히 지속되고 있다. 현대에도 대체로 아시아, 아프리카, 남미 지역의 후진국 또는 개발도상국이라 불리는 나라들에서 군의 정치 간섭은 빈번히 발생하고 있다. 이처럼 민군관계는 민이 군을 어떻게 통제할 것인가 하는, 군 지도자와 민간 정치 지도자 사이에서 이루어지는 권력관계에 초점을 맞추는 개념으로 보는 것이 일반적이다.[70)]

그러나 좀 더 넓은 의미로 볼 때 민군관계의 개념은 민과 군의 권력관계뿐 아니라 두 영역의 포괄적이면서도 복합적인 관계를 가리키는 개념으로 이해할 수 있다.[71)] 일례로 반 드론(Jacquse Van Doorn) 같은 학자는 〈표 1〉처럼 군과 국가, 군과 국민, 군 장교단과 민간 엘리트, 군과 민간

69) 온만금, 앞의 책, p. 210에서 재인용.

70) 스미스(Louis Smith)와 같은 학자는 민군관계의 핵심은 문민우위를 확보하기 위해서 강구하는 제 수단의 문제라 하였고, 스테인(Harold Stein)도 국가 정책결정과정에서 군사 지도자와 민간 정치지도자 사이에서 이루어지는 제반관계라 하였다. 헌팅턴도 객관적 문민통제를 역설하면서, 기본적으로 군사 지도자와 민간 지도자의 권력관계에 초점을 맞추어 민군관계를 이해하고 있다.

71) 최근에는 민군관계를 정치와 군대 사이의 양자 모델로 분석하기보다는 정치, 군대, 시민사회 3자를 민군관계 행위 주체로 설정해야 한다는 주장도 제기되고 있다(김병조, 「선진국에 적합한 민군관계 발전방향 모색: 정치, 군대, 시민사회 3자 관계를 중심으로」, 『전략연구』 제44호, 2008, p. 26).

이익집단의 네 가지 관계로 민군관계 개념을 확대하여 설명하고 있다. 넓은 의미의 민군관계는 군 지도자와 민간 정치지도자의 정치적 권력관계뿐만 아니라, 사회・경제・문화・과학기술・환경문제 등 제반영역과 군사(軍事)의 복합적 관계라 할 수 있다.

민군관계에서 군사기능은 민간기능과 독립적인 기능으로 분리되어 대내외적으로 군사력을 관리・사용하는 고유 역할을 담당한다. 그러나 역사적으로 볼 때 양자의 균형관계는 각 국가가 처한 경제・사회・문화적 상황에 따라 크게 달라졌다. 서구사회에서는 전문직업군 제도가 발달하면서 군 고유의 독립성을 인정하는 가운데 군사력이 문민권력에 종속되는 문민통제의 전통이 수립되었다. 반면 군사기능이 민간 권위에 완전히 종속되지 않은 후진국이나 개발도상국가들의 경우에는 군이 여전히 국내적 역할에서 막강한 힘을 발휘하게 되었다. 이처럼 각국이 처한 군대의 전문직업주의 발달 여부, 군대가 국가사회에서 차지하는 권력의 규모, 민과 군의 가치와 체계의 일치 여부에 따라 다양한 형태의 민군관계가 나타나게 된다.[72)]

현대의 선진민주국가들은 대체로 군대가 군 직업주의와 문민통제의 원칙 아래 대외적 국가안보라는 명백하고 한정된 임무만을 맡고 자기 기능을 수행해나가는 형태를 띤다. 이와 같은 민군관계는 서구 선진국가의 역사적 발전과정에서 정착된 유형인데, 이는 군 장교단의 발전과정과 밀접히 관련되어 있다. 근대기에 접어들면서 장교가 되기 위한 사회적 장벽이 허물어지고 전문적・직업적으로 교육을 받은 장교단이 출현하게 되었다. 즉 군 전문직업주의가 등장하게 된 것이다.

군 전문직업주의 전통 아래서 군 지도자들은 군의 독자적 전문영역을

72) 대표적인 유형으로 군부통치 유형(Praetorianism Model), 병영국가 유형(Garrison-State Model), 민방위국가 유형, 선진민주국가 유형 등으로 분류할 수 있다. 이에 관한 자세한 내용은 온만금, 앞의 책, pp. 216-226 참조.

보장받고 거기에 전념함으로써 민간 정치 개입과 간섭을 중단하고 정치적 중립화를 이루게 된다. 군 지도자들은 문민통제 원칙 아래 정치적 중립을 지키며, 대외적 국가안보에 관한 기능과 역할을 군 고유의 것으로 인식하고 그에 대해 책임을 다하는 것을 본분으로 여긴다. 이로써 민간정치의 권위와 군의 힘이 적절한 균형을 유지하는 민군양립형의 민군관계를 유지하게 된 것이다.

한편 군 전문직업주의가 정착된 사회의 민군관계에 대해서는 헌팅턴과 자노비츠의 견해가 가장 대표적이다. 헌팅턴의 경우 군의 자율적 전문성을 인정하고 군 전문직업주의를 극대화하면서 군대를 정치적으로 중립화하여 민간정치의 체제 및 가치와 공존하게 하는 객관적 문민통제를 강조하였다. 이는 민과 군의 독자적 영역을 적극적으로 분리함으로써 균형을 맞출 때 군을 가장 효과적으로 통제할 뿐 아니라 전투력을 최대화할 수 있다고 보는 분리주의적 관점이다.

반면 자노비츠와 같은 경우는 군이 민간집단과 분리·고립되어 있다고 느낄 때 더욱 군사 개입 가능성이 높아지고 전투력 발휘도 극대화될 수 없다고 본다. 또 현대에 들어 군대 규모가 커지고 핵 상황 아래서 군대의 정치적 책임이 증대됨에 따라 전문직업군인들이 더 많은 정치적 역할을 담당하게 되었다고 본다. 그는 군대를 다른 사회체제나 외부 상황에 지속적으로 상호작용하는 사회체계로 보고 양자 관계를 통합주의적 관점에서 정립하고자 한다. 따라서 군과 민의 상호보완적 역할과 관계를 더욱 발전시키고, 군이 시민사회의 가치와 원칙을 공유하도록 함으로써 군을 사회에 통합시켜야 한다고 본다.

돌이켜보면, 우리나라도 국가 발전 과정에서 군의 권력이 민간의 권위를 초월하여 정치에 간섭한 경험이 있다. 그러나 민주주의의 발전·정착과 더불어 군도 전문직업집단으로 본연의 임무에 충실함으로써 선진민주국가 유형의 문민통제원칙이 정착되기에 이르렀다. 특히 우리나라는 이제 경제협력개발기구(OECD) 회원국가로서 명실상부한 선진국의 일원으로 발돋움하고 있다. 이에 발맞추어 군도 좀 더 발전된 선진 군대, 선진 민군 관계를 지향해야 할 것이다.

2) 제복 입은 민주시민: 민군의 상호 조화의 관점

민간 지도자와 군 지도자 사이의 권력관계에 주안을 두는 민군관계의 관점에서는 군의 정치적 역할과 영향력, 문민통제 등이 핵심 주제가 된다. 이런 관점에서는 군과 민의 가치와 체제는 상호 융화될 수 없는 상극적인 성격을 지닌 것으로 간주된다. 즉 민과 군을 이분법적으로 나누어 대립과 갈등의 관계로 보는 경향이 짙다.

분명 군 사회는 민간사회와는 본질적으로 다른 특성이 있다. 계급질서에 기초한 위계조직구조, 개인보다 전체를 더 중요시하는 풍토, 군인정신 · 사기 · 군기 · 단결 · 훈련의 전통 등 그와 관련된 폭넓은 논의는 이미 군대사회와 군대문화를 논하는 자리에서 설명한 바 있다. 이처럼 군대의 본질적 임무와 기능, 그것을 수행하기 위해 요구되는 조직구조와 문화적 특성, 전문직업적 특성 등은 군에게 특유의 가치와 체제를 갖도록 요구하며, 결과적으로 군은 민과 기본적으로 다른 성향을 나타내게 된다.

1978년 미 육군의 한 연구보고서(RETO 보고서: Report of Education and Training for Officers)에서는 시민사회의 민간적 가치와 군대의 군사적 가치에 대해 다양한 영역과 수준에서 그 차이를 대별하여 정리하고 있다.

그러나 이에 대한 결론적 논평에서 “원숙한 장교가 생각하고 결심할 일은 시민사회와 군대사회의 모순적 가치를 합리적으로 조화시키는 것이다.”라고 주장함으로써 두 문화를 대립적인 관계로만 파악하지 말도록 주의를 주고 있다.

〈표 2〉 민간적 가치와 군사적 가치의 비교[73)]

민간적 가치		군사적 가치
권위주의에 회의		권위에 복종
자유		질서
다양성과 독자성 (기존 가치체계에 회의)		통일성, 획일성 (기존 가치 수용)
주체성 (자기완성을 위한 개인주의)		종속성 (공동선을 위한 개인주의 희생)
의문과 의심	⟺	자신과 확실성
겸손		자부심(pride)
다양성, 복합성		단순성, 통일성
건전한 정신		건전한 육체
내적 신념 추구		외적 자세 강조
상상력 함양		습관석 실행 우선
경험: 대리적		경험: 실제적
판단력(judgement)		충성(loyalty)

군은 전체로서의 국가사회를 구성하는 하나의 사회집단이다. 비록 군 조직이 여타 민간조직과 본질적으로 다른 특성을 갖는 것이 사실이지만, 군은 모체사회로서 국가사회를 구성하는 하나의 하위체계로 상위의 국가사회와는 물론이고 수평적으로 동일 레벨의 여타 사회집단들과도 복합적인 관계를 맺지 않을 수 없다고 보아야 할 것이다. 군대는 국가와 국민이 주인이며, 그 나라의 역사와 문화, 경제와 정치, 과학기술의 변화 등이 반영되는 국가조직이다. 존 하키트(Sir John Hackett)는 그의 저서 『전문직업군』(1982)에서 "한 사회가 그 사회의 군대로부터 얻은 것은 더도 덜도 아니게 정확히 말해서 그 사회가 요구하고 있는 것이다. 그 사회가 요구하는 것에는 그 사회의 있는 모습 그대로가 반영되어 있다. 한 국가가 그 나라의 군대를 들여다볼 때, 그것은 거울을 들여다보는 것과 같으며,

73) U. S. Army Chief of Staff, *A Review of Education and Training for Officers*(June 30, 1978).

그 거울은 진짜 거울이며, 그 거울에 나타나는 얼굴 모습은 그 나라 자신의 얼굴 모습이다."[74]라고 하였다. 또한 헌팅턴도 군사제도와 국가의 역사적 발전과정을 검토하면서 군사제도는 국가 사회의 안전보장의 요구와 사회 내부에 존재하는 사회적 세력, 즉 그 사회의 지배적 이념 및 제도로부터 생기는 사회적 요구라는 두 가지 축을 중심으로 형성된다고 주장하였다.[75]

군은 고유의 전통에 뿌리를 두고 군사적 효율성을 바탕으로 하면서도 국가와 정부 및 기술변화, 사회적 영향력에 의해, 즉 민간사회로부터 크게 영향을 받게 된다는 사실을 간과할 수 없다. 군 고유의 특수성을 무시하고 일반적인 민간사회의 가치와 체제를 그대로 군대에 전적으로 연결하기도 곤란하지만, 그렇다고 군대가 민간사회의 영향에서 벗어날 수 있는 것도 아니다. 따라서 이러한 두 측면을 고려하여, 군 고유의 특수성을 인정하면서도 민간사회의 근본정신과 어떻게 조화시킬 것인가 하는 것이 중요한 과제가 된다.

군과 민의 가치와 체제의 공존과 조화를 추구한 대표적인 모델로서 19세기 초 프러시아와 제2차 세계대전 후 독일 연방군의 군사개혁을 들 수 있다. 나폴레옹이 이끄는 프랑스군에 패배한 프러시아는 패전을 거울삼아 19세기 민간사회의 가치들을 군에 도입하여 개혁을 단행했다. 프러시아의 군 개혁자인 샤른호르스트는 나폴레옹의 국민군대에 감명을 받고, 당시 국민들에게서 고립되어 있던 프러시아 군대를 '국민의 군대'로 육성하고자 병역의무제를 채택함과 동시에 민간사회의 합리적 가치를 군에 도입했다. 그래서 병사들의 병영생활에서는 신체적 가혹행위를 비롯한 불합리와 부조리를 추방하고자 했다. 또 귀족계급에만 허용되었던 장교의 자격요건

74) 존 하키트, 이재호 · 서석봉 옮김, 『전문직업군(The Profession of Arms)』, 도서출판 한원, 1983, p. 167.

75) 사무엘 헌팅턴, 강창구 외 옮김, 『군인과 국가』, 병학사, 1980, pp. 1-3.

을 철폐하고 군이 요구하는 능력과 자질을 갖춘 국민이면 누구나 장교가 될 수 있도록 문호를 개방했다. 군대를 '국민의 학교'가 되도록 군대교육과 민간교육 체계의 연계성을 도모하고 상호 원활히 협조하도록 했다. 즉 '군인은 제복을 입은 민주시민'이라는 새로운 가치가 군 개혁의 기초를 이루게 된 것이다.

제2차 세계대전 후 독일 연방군의 군사개혁도 민과 군의 공존과 조화에 초점을 두었다. 전후 독일은 전쟁과 군국주의에 대한 염증으로 국민은 군대에 혐오감마저 갖게 되었다. 독일 연방군은 이와 같은 역사적 상처를 치유함과 동시에 과거와는 달리 자유진영의 민주주의 수호라는 이념을 군에 이식(移植)해야 했다. 이러한 노력의 결실이 바로 독일군 특유의 '내면적 통솔'(Innere Führung)로 맺어지게 되었다. 독일 육군의 교육사령관 비더(Werner Widder)는 내면적 통솔에 대해 다음과 같이 말한다.

> "독일 육군이 표방하는 보편적인 인간상은 모든 장병이 자유인이라는 것이다. 병사들은 그들의 기본권과 자유권뿐만 아니라 개인적인 존엄성도 존중받는다. 이러한 권리들은 모든 시민들에게 보장되는 것이기에 당연히 병사들에게도 보장되는 것이다. 오직 책임감 있는 시민만이 자신의 자유의지와 공동체를 향한 책임감에 의해서 행동할 것이다. 심지어 자신의 인생 위기 앞에서도 공동체의 가치들은 존중되어야 한다는 점을 자각하게 된 것이다. 독일 연방군에서 이러한 인간상은 '리더십 및 시민교육'을 뜻하는 이른바 내면적 통솔이라는 개념적 표현으로 설명된다. 내면적 통솔은 도덕, 윤리적 기준에 대한 독일 장병들의 서약이다. 내면적 통솔은 독일군의 조직문화이며 이는 연방군을 독일 사회 안으로 통합시키게 된다."[76)]

내면적 통솔은 민주 기본질서를 바탕으로 하고 그의 수호를 군대의 역

---

76) Werner Wtdder, *Auftragstaktik and Innere Führung: Trademarks of German Leadership*, Military Review September~October, 2002.

할로 파악한다. 모든 장병은 독일 헌법에서 천명하는 개인의 기본권과 자유권, 존엄성을 보장받는 자유인이며, 군의 지휘통솔은 이와 같은 '인간의 통솔'임을 강조하는 것이 내면적 통솔의 특징이다. 내면적 통솔은 "(군인은) 자유로운 인격체로서 책임감 있는 국가시민으로 행동하고 군 본연의 임무에 투입되기 위해 스스로 준비하는 제복(制服)을 입은 국가시민이라는 표상에서 완성된다."(독일군, 『합동근무규정』 중에서)

바꾸어 말하면, 군인은 군인이기 앞서 모범적인 국민이고 민주시민이어야 하며, 동시에 제복을 입은 군인으로서 신성한 의무를 수용하려는 자세를 갖추어야 함을 강조하는 것이다. 이는 훌륭한 시민이 훌륭한 군인이 될 수 있다는 인식 위에 있다. 따라서 개인의 존엄성을 존중하며 내면에서 우러나는 자발적 충성과 복종을 유발하는 리더십을 강조한다. 내면적 통솔로 대표되는 독일군의 가치와 체제는 "(독일) 연방군을 독일의 민간사회 안으로 통합시키는" 데에 그 지향점이 있다.

한편 미군의 경우에는 민간사회의 기본 가치를 군대가 존중하고 준수한다는 전제 아래 군대사회의 특수성을 유지한다는 민과 군의 공존을 추구한다. 군인은 군인으로서 행동규범을 지키면서도 모사회인 국가의 기본적 가치를 존중해야 하는 것이다. 그래서 미군은 장병들에게 준법정신, 인간의 존엄성, 개인의 제반 권리 등을 존중하는 민주적인 기본가치를 존중하도록 강조하고 있다.

군과 민 양자가 갈등 없이 공존하는 방식은 그 국가와 군대의 역사와 문화전통 그리고 정치사회체제에 따라 많이 달라질 수 있다. 그러나 선진 군대에서는 군대가 정치를 비롯한 민간의 통제에 따른다는 문민통제의 원칙 아래 양자의 조화와 공존을 추구함으로써 군대의 기능을 극대화하고자 함을 알 수 있다. 이런 경향은 특히 정보화시대를 맞아 미래 안보환경이 급변함에 따라 군의 역할도 다중적·복합적으로 확대되고, 그에 따른 민군 양자 관계가 더욱더 복합적으로 상호 긴밀하게 통합되어야 할 것으로 예상됨으로써 더욱 강화되고 있다. 따라서 우리 군도 선진적인 민군관계로서 군과 민의 조화와 공존, 통합 관계를 지향해야 한다. 즉 민과 군을 힘의 갈등과 대립의 이분법적 관계로 보지 않고, 적절한 분리와 조화로 양자의 갈등과 마찰은 줄이고 상호 차이에 대한 이해와 협조, 상호보완적 역할과 기능의 통합 노력은 확대해야 할 것이다. 이른바 '제복 입은 민주시민'은 이와 같은 우리 군이 지향하는 선진적 민군관계의 모습을 요약적으로 함축하고 있는 말이라 하겠다.

제3부

장교의 의무와 덕목

| 제3부 |

장교의 의무와 덕목

제1장 서 론

우리는 앞에서 '장교의 기능과 책무'를 통해 장교와 장교단의 핵심적 기능과 책무는 국가의 사활(死活)이 걸린 이익을 보호하는 것임을 알게 되었다. 따라서 국가는 그 책임의 중대성에 비례하여 장교단에게 남다른 의무와 그 의무를 수행할 수 있는 자질과 능력으로서 덕(德)을 요구한다.[1)]

이제 동・서양의 고전에서 또는 현대 군대가 그 기능과 책무를 성공적으로 수행하기 위하여 장교에게 요구하는 의무와 덕에 대하여 고찰하고자 한다.

1) 아리스토텔레스(Aristotle, 384~322 B.C.)는 덕(德, virtue)이란 모종의 행동으로의 경향성 또는 습성으로, 양극단을 지양(止揚)하는 중용(中庸, mesotes)을 이성(理性)의 실천의 덕이라고 하며, 이것은 실천을 통해, 즉 습관에 의하여 생긴다고 하였다(아리스토텔레스, 『니코마코스윤리학』(최명관 옮김, 서광사, 1984), 권2 참조).

1. 외국군대의 의무와 덕

1) 서양 장교의 의무와 덕

중세(5~17세기)의 기사(佛; chevalier, 英; knight)란 '말 탄 전사'(戰士) 또는 '무장한 시종'(侍從)이라는 말에서 유래하였다. 기사단은 귀족출신으로 구성되었으며, 이들이 지키고자 하였던 기사도(騎士道)는 당시 사회의 귀족 상류계층의 생활양식을 반영한 것으로, 직업군인 제도가 형성되기 전까지는 귀족출신 장교단의 행동기준이 되었다.

기사도의 내용은 시대에 따라 다소 차이는 있으나 핵심적 가치 또는 의무는 귀족 또는 기사로서의 명예(code of honor)와 단체정신(esprit de corps), 국왕과 영주와 신(神)에 대한 충성(loyalty), 전투에서 죽음을 두려워하지 않는 용맹(bravery) 등이며, 12세기 교회에서 기사 직위를 부여하게 된 이후 기독교적 가치가 존중되어 약자에 대한 배려와 사랑, 공정한 경쟁의 태도 등을 소중히 여겼다.

18세기 말에서 19세기 초 프러시아에서 과학기술의 발전과 사회의 변화로 전문직업 군대가 출현하고, 샤른호르스트(Gerhard Johann von Scharnhorst, 1755~1813)가 주도하는 군 개혁작업이 이루어지면서 장교단의 구성과 장교들에게 요구되는 가치에 변화가 일어났다. 『전쟁론』의 저자 클라우제비츠(Karl von Clausewitz, 1780~1831)는 바람직한 장교란 군사적 활동과 관련해서 고도로 탁월하고 비범한 여러 가지 실행능력을 조화롭게 갖춘 위대한 정신적 소유자로서 '군사적 천재'라고 칭하였다.[2)]

그는 전쟁 분위기를 형성하는 네 가지 요소, 즉 위험, 육체적 고통, 불확실성, 우연 등을 성공적으로 극복할 수 있는 군사적 천재는 용기(勇氣)와 지혜(智慧)를 핵심으로 하는 다음과 같은 능력에서 탁월한 자라고 한다.

---

2) 클라우제비츠, 『전쟁론』(류제승 옮김, 책세상, 1998. 6), pp. 72-95 참조.

① 용기란 생명의 위험, 육체적 긴장과 고통이 뒤따르는 전쟁 환경을 극복하고 임무를 성공적으로 수행할 수 있는 능력이다. 용기에는 자신의 양심에 따라 자신에게 주어진 책임과 임무를 최선을 다해 수행하고자 하는 용기와 자신의 행위 결과로 야기되는 불이익이나 법적 책임을 떳떳하게 지고자 하는 용기가 있으며, 이것은 책임에 대한 용기이며 도덕적 또는 정신적 용기이다. 용기에는 위험에 대하여 태연 또는 냉담할 수 있는 용기가 있으며, 개인적 명예심, 조국애 그리고 모든 종류의 가치 있는 것을 실현하고자 하는 용기 등 여러 가지 동기에 기인하는 용기도 있다. 이것들은 개인적 위험에 대한 용기이며, 물리적 용기이다.

② 끊임없이 예기치 않은 불확실성과 우연적인 상황에 직면하여 신속하고도 적절하게 성공적으로 대응하기 위해서는 진리를 신속히 통찰하고 판단하는 능력으로서 이성(理性)이 필수적이다. 암흑과 같은 불확실성 속에서 진리로 이끄는 내면의 빛을 이성이라고 하며, 이러한 이성의 능력을 혜안(慧眼)이라고 한다. 그것은 평범한 사람들에게는 전혀 보이지 않거나 오랜 사색 끝에 비로소 볼 수 있는 진리를 신속하게 파악하는 능력이다.

③ 불확실한 전쟁 상황을 극복하기 위한 또 하나의 필수적인 자질은 이성의 불빛을 좇는 용기이며, 결단력이다. 결단력은 이성에서 발원(發源)하기 때문에 정신적 용기이며, 이성의 행동이 아니라 감성의 행동이다. 따라서 결단력은 지적 이성에 근거를 둔 감성의 실천으로, 통찰력과 용기의 결합이라고 할 수 있다.

④ 예상하지 못한 문제가 발생할 때 적확(的確)한 답을 발견하고, 갑작스러운 위험에 직면할 때 지원책을 신속히 강구하는 것은 침착성(沈着性)에서 연유한다. 침착성은 이성에 의해 강구된 지원책의 근접성과 신속성이라고 표현할 수 있다.

⑤ 전쟁의 위험, 육체적 노력, 불확실성, 우연 등을 성공적으로 극복하려면 이성과 감성의 위대한 힘이 요구된다. 강한 의지력, 견고함, 지구력,

균형을 유지하는 감성과 확고한 신념 등은 다양하게 변형된 이성과 감성의 힘이다.

미 육군은 군 지휘통솔자로서 요구되는 인격적 속성과 능력 가운데 소중히 여기고 실천해야 할 일곱 가지 가치를 제시하였다.[3)]

① 충성(loyalty)으로, 이것은 헌법의 규정을 준수하고 국가의 가치와 이념을 구현하며, 군대의 사명과 이념, 제도와 규범을 존중하고 성취하는 것이며, 부대의 발전과 전투력을 향상하기 위해 부하들과 함께 헌신하며, 자기 자신은 물론 부하들에게 부대에 대한 긍지와 충성심을 지니게 하는 것이다. 또 상관과 동료 및 부하들을 가족이나 공동운명체로 여겨서 배려하고 위하는 것이다.

② 의무(duty)란 법규와 명령이 요구하는 책임과 의무, 직업적 책임과 의무, 도덕적 책임과 의무를 자신의 능력 한도 내에서 최선을 다하는 것이다. 또 자신 및 부하의 행위로 인한 결과에 책임을 지는 것이다.

③ 존중(respect)이란 모든 사람의 타고난 존엄성과 가치를 인정하고 존중하는 것이며, 개인의 특성과 재능을 인정하고 존중하는 것이다.

④ 헌신적인 봉사(selfless service)란 자기이익에 대한 유혹을 극복하고 국가와 군 그리고 부하의 이익과 복지를 먼저 배려하는 것이며, 사심 없는 태도와 행동으로 부하들의 단결과 팀워크를 극대화하고 자발적 헌신을 유도하는 것이다.

⑤ 명예(honor)란 도덕적 의무와 군대의 이상적 가치를 실천하거나 탁월한 군사적 업적을 이룸으로써 스스로 긍지와 자부심을 느끼며, 또한 타인들로부터 인정과 존중을 받는 것이다.

⑥ 성실성(integrity)이란 인간다운 인간의 모습을 지칭한다. 법적으로,

3) *FM 6-22 Army Leadership*(Headquarters, Department of the Army, Washington, D.C., October 2006), *FM 22-100 Army Leadership*(Headquarters, Department of the Army, Washington, D.C., June 1999) 참조.

	의무와 덕	비 고
기사도	명예 · 단체정신 · 충성 · 용맹 · 약자 배려 · 공정	중세의 기사
군사적 천재	용기 · 혜안 · 결단력 · 침착성 · 의지	클라우제비츠 『전쟁론』
군 지휘통솔자	충성 · 의무 · 존중 · 봉사 · 명예 · 성실성(integrity) · 용기	미 육군 *FM 6-22 Army Leadership*

도덕적으로 항상 옳은 일을 하는 것이 성실성의 시작과 끝이다. 도덕적 성실성을 갖춘 자는 높은 도덕적 수준을 유지하며, 말과 행동이 정직하다. 정직하다는 것은 어떠한 압력에도 항상 진실하고 올바른 것을 의미한다. 성실성은 모든 군대가치의 기초가 된다. 이것이 없는 다른 덕목들은 가식(假飾)에 지나지 않는다. 또 성실성은 인격적 특성의 종합이다. 도덕적 용기, 정직, 성실, 책임감, 공정성, 개방성, 자존, 겸손 등 인간적 가치가 그 안에 담겨 있다. 성실성을 지닌 자는 군대의 모든 가치를 솔선수범하고 생활화한다. 또 부하에게서 진심에서 우러나오는 충성을 받는다.

⑦ 용기(personal courage)에는 육체적 위험이나 위협, 두려움, 곤경 등을 극복하고 임무를 수행하는 육체적 용기와 부정과 부패, 불의와 부도덕한 유혹이나 위협 등에 굴하지 않고 대의(大義)와 참다운 가치를 지키고 실현하고자 하는 도덕적 용기가 있다. 용기 있는 자는 결과를 고려하기보다 자신이 옳다고 믿는 것을 지키며, 자신의 결단과 행위에 책임을 지며, 자신의 실수나 과오를 과감하게 인정하고 개혁을 두려워하지 않는다. 도덕적 용기는 가끔 솔직성(candor)으로 표현된다. 솔직성은 부하로부터 신뢰를 받기 위한 필수조건이다.

2) 동양 장수의 의무와 덕

중국 주(周)나라 강태공(姜太公)이 지었다는 『육도(六韜)』에서는 장수가 소중한 가치로 삼고 실천해야 할 것으로 용(勇)・지(智)・인(仁)・신(信)・충(忠)을 제시하였다.[4)]

중국의 춘추(春秋, 8~5세기 BC) 말기에 활동했던 손무(孫武)는 장수란 군주를 보좌하여 정치목적에 합당하게 군사력을 건설하고 관리하고 운용하여 전쟁을 억지하고 궁극적으로 승리를 거둘 책임을 지닌다고 보았다. 그는 또한 국가간 군사력의 강약을 비교하는 기준의 하나가 장수의 능력이라고 하였다. 그는 장수가 갖추어야 할 자질과 덕으로 지(智)・신(信)・인(仁)・용(勇)・엄(嚴)을 제시하였다.[5)]

① 지식과 지혜[智]란 천문(天文)・지리(地理)・인사(人事)・국방정책・군사전략 및 전술・지휘통솔・정보 등에 관한 광범위한 지식, 피아의 이해(利害)와 허실(虛實)을 헤아리고 비교하여 전쟁을 기획하고 미래를 예측하여 대비할 수 있는 능력, 예측불허의 급변하는 상황에서 그때그때 적절하게 대응할 수 있는 창의적 대응능력, 화(禍)를 복(福)으로 바꿀 수 있는 변통(變通) 능력 등이다.

② 신의[信]란 성실하고 진실하며 속이지 않는 것, 약속을 지키는 것, 말과 행동・겉과 속이 일치하는 것, 부대원들의 기대와 믿음을 저버리지 않는 것, 상벌의 시행이 공명정대(公明正大)한 것, 명령의 일관성 등을 지칭하는 것이다.

③ 어짊[仁]이란 자신의 욕구를 절제하고 솔선수범(率先垂範)하는 것, 부대원과 동고동락(同苦同樂)하는 것, 부하의 처지를 이해하고 배려하며, 부하를 사랑하고 인정을 베푸는 것 등이다.

---

4) 『六韜』, 龍韜, 論將.
5) 『孫子』, 始計 참조.

	의무와 덕	비 고
장수의 오재(五材)	용기〔勇〕· 지혜〔智〕· 어짊〔仁〕· 신의〔信〕· 충성〔忠〕	『六韜』 龍韜 論將
장수의 자질	지혜〔智〕· 신의〔信〕· 어짊〔仁〕· 용기〔勇〕· 위엄〔嚴〕	『孫子』 始計
군자(君子)	지(知) · 인(仁) · 용(勇) 인(仁) · 지(知) · 용(勇)	『論語』 子罕 『論語』 憲問

④ 용기[勇]란 과감한 결단력과 불굴의 의지력을 발휘하는 것, 죽음과 위험을 무릅쓰고 앞장서는 것, 대의(大義)를 지키고자 하는 불굴의 인내력을 지칭한다.

⑤ 위엄[嚴]이란 군정(軍政)을 바로잡고, 공명정대하게 업무를 처리하는 것, 어질고 유능한 인재를 추천하고, 인재를 공평하게 선발하며, 명령을 분명하고 신중히 하달하며, 명령계통을 확립하며 명령을 엄정히 시행하는 것, 상벌을 공평무사(公平無私)하고 시의적절(時宜適切)하게 시행하는 것이다.[6]

2. 한국 군대의 의무와 덕

1) 신라의 화랑도

신라 24대 진흥왕(眞興王, 540~576 재위)은 나라를 흥성하게 하고자 하는 취지로 훌륭한 인재를 교육하고 선발하기 위해 화랑제도를 설립하였다. 청소년 집단으로서 화랑도(花郎徒)는 한민족(韓民族) 전통의 문화를 계승하여, 이를 수련하고 실천하는 모범적 집단이었다. 결과적으로 화랑도는 현명한 재상과 충성스러운 신하를 배출하고, 상하가 공경하고 순종하는 아름다운 풍속을 이루는 데 기여하였다.

6) 朱墉輯, 『武經七書彙解』(中州古籍出版社, 1989) 참조.

신라 화랑도가 추구했던 가치는 원광법사(圓光法師)가 귀산(貴山)과 추항(箒項)에게 준 세속오계(世俗五戒)를 통해 알 수 있다.[7]

① 사군이충(事君以忠)이란 진실한 마음과 정성을 다해 나라와 임금을 섬기며, 임금이 바른 정치를 하도록 보좌하고, 나라가 위태로울 때는 자신의 목숨까지 바치는 것이다.

② 사친이효(事親以孝)란 어버이를 봉양하고, 부모의 말씀에 순종하며, 나아가 부모를 바르게 모시고, 그 뜻을 실현하는 것이다.

③ 교우이신(交友以信)이란 벗이나 동료, 상하간 약속을 지키고, 상호 존중하고 신뢰하는 것, 책임과 의무를 다함으로써 상관의 기대와 동료의 믿음을 저버리지 않는 것이다.

④ 임전무퇴(臨戰無退)란 전쟁에 임하여 물러서거나 항복하지 않으며, 앞장서서 적진에 나아가 싸우는 용기이다.

⑤ 살생유택(殺生有擇)이란 근본적으로 생명을 존중하며, 불가피한 경우라도 살생을 최소화해야 한다는 것으로, 때와 대상을 가림으로써 살생을 가능한 한 억제하는 것이다.

2) 『병장설』과 『무신수지』

『병장설(兵將說)』은 세조 8년(1462)에 편찬된 『어제병장설 주해(御製兵將說 註解)』를 지칭하며, 이전에 신라의 『무오병법(武烏兵法)』, 『화령도(花鈴圖)』와 고려의 『김해병서(金海兵書)』 등이 있었다고 하지만, 현존하는 병서로는 가장 오래된 것이다.

『병장설』은 최고의 장수의 덕(德)과 도량(度量)이란 평정심을 유지하고, 겸손과 포용력을 지니고, 온화함으로 일을 이루는 것이라고 한다. 최고의

---

7) 『三國史記』, 卷45, 列傳第5, 貴山 참조.

장수는 반드시 문무(文武)를 겸전(兼全)한 자이며, 이익[利]을 보면 의리[義]를 생각하는 자이다. 또 최고 지휘관으로서 대장은 군막 속에서 전략을 세워 천리 밖의 적을 제압하는 지략이 있어야 하며, 임기응변하여 피아의 승패를 결정짓기 위해서는 재능이 있어야 하고, 지혜와 재능을 숨기고 기량을 부리지 않는 자를 활용하려면 덕과 도량을 지녀야 한다는 것이다.

『무신수지(武臣須知)』는 조선조 정조 때 무신 이정집(李廷熼, 1741~1782)과 그의 아들 이적(李迪, ?~1809)이 펴낸 병서로 "무비(武備)가 갖추어지지 않으면 태평이 유지되지 못한다."라는 신념으로 『무경칠서(武經七書)』의 요결(要訣)을 뽑아 당시 실정에 맞게 재편집하고 그에 대한 해설을 가한 것이다.

장재(將才)란 장수의 재질을 말하는데, 군을 통솔하고 위세를 잡는 것을 장(將)이라 하고, 적의 형세를 헤아려 승기를 잡는 것을 재(才)라 한다. 장수가 재질이 있다 할지라도 한쪽으로 치우쳐서는 안 되며 두루 겸비하여 문덕으로 군을 지휘통솔하고 무덕으로 위엄을 세울 것을 주장한다. 또 장수가 시행해야 할 일로, ① 신의[信]란 진실하고 속이지 않으며 약속을 변치 않고 끝까지 지키는 것이다. ② 용맹[勇]이란 과감하게 선두에 서서 적진을 쳐부수는 것이다. ③ 위엄[嚴]이란 군정(軍政)을 바로잡고 명령을 바르게 시행하는 것이다. ④ 지혜[智]란 알지 못하는 것이 없고 적의 허실

	의무와 덕	비고
화랑도 世俗五戒	事君以忠・事親以孝・交友以信・ 臨戰無退・殺生有擇	『三國史記』, 列傳, 貴山 『三國遺事』, 卷4, 義解
최선의 장수	덕과 도량(평정・겸손・포용력・ 온화)・의리[義]・지(知; 폭넓은 지식, 통찰력, 지략, 임기응변)	『兵將說』(1462)
장수의 재질	신의[信]・용기[勇]・위엄[嚴]・ 지혜[知]・어짊[仁]	『武臣須知』(1809) 『孫子』와 동일함

(虛實)을 잘 판단하는 것이다. ⑤ 인자함[仁]이란 병졸들을 아끼고 사랑하여 잔혹한 행위를 하지 않는 것이다.

3) 현대 한국군의 도덕적 가치와 의무

『군인복무규율』 강령에서 제시한 '군인정신'은 애국애족의 정신을 바탕으로 명예·충성·용기·필승의 신념·책임감 등이다. 『군인복무규율』 복무태도에는 충성·준법·복종·책임·청렴·존중 등이 제시되고 있다.

『국군병영생활규정』 책무에서 도덕적 가치에 해당하는 것으로 엄정·공명정대·법규준수·솔선수범·통찰력·용기·복종·책임 등을 제시하고 있다.

『작전요무령』(야교 100-5)에서 지휘통솔자의 자질로 ① 도덕성 ② 필승의 신념 ③ 전문적 능력을 제시한다.

『지휘통솔』(야교 22-1)에서 지휘통솔자의 직업윤리를 다음과 같이 제시하였다. ① 충성이란 위국헌신(爲國獻身)하는 것이며, 임무의 성공적 수행과 상관에 대한 올바른 보좌, 부하의 권익과 복지 배려, 직업적 규범의 성

	의무와 덕	비 고
군인정신	명예·충성·용기·필승의 신념·임전무퇴·책임감·애국애족	『군인복무규율』, 강령, 군인정신
복무태도	충성·준법·복종·책임(창의력·진취성)·정직·명예·청렴	『군인복무규율』, 복무태도
책무	책임감·전문지식과 기술·인격 심신수련·공명정대한 처사·준법·솔선수범·통찰력·용기	『국군병영생활규정』, 책무, 장교
육군 가치	충성·용기·책임·존중·창의	육군본부
리더의 직업윤리	충성·명예·책임·희생·복종·공정	『지휘통솔』 (야교 22-1)

실한 수행 등을 의미한다. ② 명예란 스스로 보람을 느끼고 사회로부터 인정(認定)과 칭찬을 받는 것이다. ③ 책임이란 맡은 바 임무와 직책을 적극적이고 능동적으로 완수하는 것이다. ④ 희생이란 자신의 생명과 재산, 이익을 돌보지 않고 타인이나 가치를 위해 헌신하는 것이다. ⑤ 복종이란 권한이 부여되어 있는 상관으로부터 정당한 명령을 받았을 때 즉각적이고 충실하게 그 명령에 복종하는 것이다. ⑥ 공정(公正)이란 공평무사(公平無私)하고 불편부당(不偏不黨)하며 공명정대(公明正大)한 처사, 엄정(嚴正)한 지휘권 행사와 공평무사한 신상필벌(信賞必罰), 시종일관(始終一貫)하게 지휘권을 행사하는 것이다.

『지휘통솔』에서는 지휘통솔자가 갖추어야 할 자질에 대하여 다음과 같이 제시하였다. ① 지혜란 지식과 지성을 이용하여 사리(事理)를 밝히고, 올바르게 판단하고, 적시에 필요한 계책(計策)과 계략(計略)을 짜내는 능력이다. ② 신념이란 행동의 정당성에 대한 확신, 국가목표와 이념 그리고 부대의 임무에 대한 철저하고도 긍정적인 확신이다. ③ 통찰력이란 사물의 외면과 내면까지 꿰뚫어보는 능력이다. ④ 결단력이란 신속하고도 정확하게 상황을 판단하여 여러 가지 대안 중에서 최신의 대안을 과감하게 선택해 두려움과 주저함 없이 실행에 옮길 수 있는 능력이다. 적시적절(適時適切)한 결단을 내리기 위해선 통찰력과 판단력 그리고 용기를 갖추어야 한다. ⑤ 용기란 정신적 · 신체적 위험을 무릅쓰고 자신이 결심한 바를 두려움 없이 실행할 수 있는 정신이다. ⑥ 진취성이란 적극적으로 나아가 일을 처리하고 발전시킬 수 있는 요소나 성질로 진취적인 사고와 행동을 지칭하며, 과거나 현재에 집착하기보다는 앞날을 내다보는 미래지향적인 사고와 능동적인 행동을 말한다. ⑦ 인내력이란 고통과 피로, 긴장과 압박 등의 어려움이나 괴로움을 참고 견디는 능력이다. ⑧ 치밀성이란 체계적이고 분석적이며, 착실하면서도 빈틈없는 꼼꼼한 기질을 말한다.

육군은 2002년을 기해 5대 가치를 선포하였는데, 충성 · 용기 · 책임을 강조하면서, 과학·정보화시대에 요구되는 '창의성'과 민주주의 사회의 핵심가치로서 인간의 존엄성과 개성의 존중을 강조하는 '존중'을 들고 있다.

이상의 자료를 검토한 결과 서양에서 군인 및 군 지도자에게 요구하는 가장 핵심적인 의무는 용기이며, 다음으로 명예와 충성이라는 것을 알 수 있다.

중국의 전통에 따르면 장수가 갖추어야 할 가장 핵심적인 자질 또는 덕목이란 지인용(智·仁·勇)이었고, 다음으로 신의(信義)였다. 신의란 정직·언행일치·약속이행·성실·공정·도덕률 및 법의 준수 등을 의미한다.

한국군의 전통은 신의와 생명존중[仁], 다음으로 지혜[知]와 용기[勇]를 소중한 가치로 삼았다. 지혜란 폭넓은 지식, 통찰력, 지략, 임기응변(臨機應變) 등을 의미하는 것으로 보인다.

한편 현대 한국군은 책임을 가장 중요한 의무로 삼고, 다음으로 충성과 명예 그리고 마지막으로 용기, 복종, 정의(正義) 등을 소중한 의무와 덕으로 삼고 있다. 정의란 공정성과 준법을 의미한다.

이상의 결과를 종합해보면 군인, 특히 군 지도자에게 요구되는 의무와 덕목 가운데 가장 중요하고 핵심이 되는 것은 용기(勇氣), 신의(信義) 또는 성실성, 존중과 사랑[仁], 충성[忠], 명예(名譽), 책임 등임을 알 수 있다. 따라서 이 장에서는 군 지도자에게 요구되는 의무와 덕목 각각을 논의해 그 의미를 분명하게 밝히고, 실천방법을 모색하고자 한다.

제2장 성실성

동양인들이 개인의 덕과 사회규범을 일관하여 기초 및 핵심으로 삼아왔던 것은 성(誠)이며,[8] 서양에서는 일체의 도덕적 행위가 거기서 유래하는 도덕의 보고(寶庫)요, 원천(源泉)을 integrity라고 한다. 이 개념들은 순수한 마음으로 최선을 다하는 정성(精誠)과 정직하게 진리를 추구하는 진실(眞實)의 의미를 함축하는 성실(誠實) 또는 성실성(誠實性)으로 번역할 수 있을 것이다.

성실성(誠, integrity)은 다른 도덕적 가치들이 이에 기반을 두어야 하는 근본적이고도 핵심적인 도덕원리로 이해되어왔다. 성실성은 충성, 복종, 책임, 용기, 헌신, 명예 등과 같은 군대가치들로 하여금 진정한 가치를 지니게 하는 토대라고 할 수 있다. 따라서 성실성은 군 직업윤리라는 의복의 원단이며, 인격을 갖춘 리더의 참모습이다. 성실성을 결여할 경우 이러한 가치들은 해악(害惡)이 될 수 있다.

내면의 성실성은 인간관계에서 다른 사람에게는 믿음직하고 진실하며[信實], 신의(信義)가 있는 행동으로 표현되며, 그 결과 다른 사람에게 신뢰(信賴)를 얻게 된다. 역으로 약속이나 사회적 규범 및 도덕원리를 지키며 솔직하고 정직한 행동을 반복적으로 행할 때 성실이 습관화되고, 성실성이 인격의 특성을 이루게 된다고 하겠다.

상관으로서 성실성이 없다면 부하에게 신뢰를 얻지 못하여, 군 업무의 효율적 수행과 전쟁의 승리를 위해 요구되는 부하의 자발적인 충성, 복종, 헌신 등을 기대할 수 없을 것이다.

---

8) 유교의 경전인 『대학』에서는 성의(誠意), 즉 의지 또는 의도를 속이지 않는 것을 말하며, 『중용』에서는 행동에서 조금도 가식이나 나태함이 없는 성(誠)을 말한다. 송대(宋代)의 주렴계(周濂溪)는 "성(誠)이란 성인(聖人)의 근본이다."(『通書』 誠上)라고 하며, "성(聖)이란 성(誠)일 뿐이다."(『通書』 誠下)라고 한다. 성(誠)이란 지극히 실하고[至實] 거짓이 없음[無妄]을 일컫는 것이며, 하늘에서 부여하고 물이 얻은 올바른 이치[正理]라고 한다. 성인(聖人)이 성인다움은 이러한 실리(實理)를 온전하게 하는 것[全]에 지나지 않는다고 한다. 또 "성(誠)이란 오상(五常)의 근본이요, 백행(百行)의 근원[源]이다."(『通書』 誠下)라고 하여, 실리인 성(誠)을 온전히 지니면 오상[仁·義·禮·智·信]에 부족함이 없고, 온갖 행실이 다 갖추어지게 된다는 것이다.

1. 성실성의 의미

우리의 행위를 규제하거나 권장하는 것은 각자의 내적인 양심과 외적인 사회적 규범이다. 통상 양심이란 그것이 선천적으로 주어진 것이든 경험을 통해 형성된 것이든, 가치의 선악과 행위의 시비를 분별하고, 좋은 가치와 올바른 행위를 선택할 수 있는 선량한 마음을 지칭한다. 양심은 자신이 스스로 행위를 절제하고 통제하는 장치이며, 이러한 양심에 충실할 때 자긍심(自矜心), 자존심(自尊心) 그리고 자신감(自信感)이 형성되는 것이다.

한편 사회적 규범에는 법규와 명령, 도덕, 관습 등이 있으며, 이것들은 그 사회구성원들이 명시적(明示的)이든 묵시적(黙示的)이든 지키기로 합의한 일종의 약속체계이다. 이러한 사회적 규범이 존중되고 지켜질 때 그 사회는 상호 신뢰가 구축되고, 질서와 화합이 이루어진다.

성실성이란 내적으로는 자신의 양심을 속이지 않고, 양심에 만족하도록 정성을 다하는 것이며, 외적으로는 일종의 약속체계로서 사회적 규범을 가식 없이 진실하게 실천하는 행동성향을 가리킨다. 따라서 성실한 사람은 자신을 신뢰하며 타인에게 신의를 지키는 사람이다.

1) integrity(성실성)의 의미

영어의 'integrity'라는 단어의 의미를 이해하기가 쉽지 않다. 그 이유는 개념이 매우 종합적인 의미를 지니고 있기 때문이다. 이것은 도덕적 덕(德, virtue)으로서 한 개인의 일련의 가치들의 총체를 포함하는 사적(私的, private) 도덕규칙(moral code)이다. 이 가치들 중에 어느 하나라도 위반하면 개인의 성실성은 손상될 것이다. 'integer(완전한 것)'와 같은 의미의 라틴어 'integritas'에서 유래한 이 개념은 완전성(completeness), 전체성(wholeness) 그리고 독특성(uniqueness)의 관념을 가리킨다.[9] 혹자는 성실성(integrity)은 '부분이 통합되어 조화를 이룬 완전한 상태'를 의미하는 'integrate'에서 유래하였다고 한다. 그래서 사람의 사람다운 모습의 총체적 표현이라고 한다.

성실성은 행위, 가치, 방법, 척도(measures), 원칙(principles), 기대(expectations), 결과(outcome) 등의 일관성, 지속성(consistency)의 의미를 지닌다. 또 성실성은 행위의 동기와 연관하여 정직(honesty)과 진실성(truthfulness)의 의미를 지니는 성질로 이해될 수 있다. 성실성과 대조를 이루는 것이 'hypocrisy(위선)'이라는 개념이다.

따라서 성실하지 못한 것은 타인을 해치거나 손해를 입히기 위해 거짓이나 꾸미는 말을 하여 그를 속이거나 오도하는 것, 또한 옳지 못한 방법으로 자신의 이득을 취하며 양심을 속이는 것이다. 성실하지 못한 것은 행위나 원칙에 일관성이 없어서 공정성도 없고 경박하고, 이해타산에 따라 변덕을 부리고, 변절하고 배신·배반하는 것이다.

2) 성(誠)의 의미

한자문화권에서 사용하는 성(誠)은 다른 도덕적 원리들이 이에 기반을 두어야 하는 근본적이고도 핵심적인 도덕원리로 이해되어 왔다. 동양인들이 가장 소중한 가치로 여겨왔던 성(誠)이란 하늘의 도(道)이며, 부단히 노력해 달성해야 할 인간의 도리이기도 하다.[10]

성(誠)이란 사(邪)와 대립하는 개념으로, 다른 존재는 물론 자기 자신을 속이지 않고 진실함을 지칭한다. 그리하여 스스로 부끄러움이 없어 만족하게 여기는 상태이다.[11]

---

9) *Honor System and SOP*(United States Military Academy, 1 April 1999), p. 61 참조.

10) 『孟子』, 離婁 上: 誠者 天之道 思誠者 人之道. 『中庸』, 20장: 誠者 天之道 誠之者 人之道. 『中庸』의 핵심주제는 中과 誠이다. 周濂溪는 誠을 五常의 근본[本]이요, 百行의 근원[源]이라고 하였다(『通書』 誠 下).

성실함이란 최선의 정성을 다하되 중단 없이 지속함을 의미한다.[12] 마치 하늘이 중단 없이 지속적으로 운행하는 것과 같다.

성실함이란 순수하고 한결같음[純一]을 지칭한다.[13]

성실함이란 누구나 보편적으로 지닌 지인용(知·仁·勇)이라는 삼달덕(三達德)을 실제로 행하게 하는 것이라고 한다.[14] 말하자면 지인용의 성취를 가능하게 하는 기반이 곧 성(誠)이라는 것이다.

조선시대 양명학(陽明學)을 대표하는 하곡(霞谷) 정제두(鄭齊斗, 1649~1736)는 성(誠)에 대해 다음과 같이 설명하였다.

> 성(誠)이란 것은 둘이 아니요[不貳], 그치지 않는다[不已]. 가릴 수 없으며[不可掩], 감(感)하여 통(通)하는 도(道)이다. 이것은 이광(李廣)이 바위를 향해 화살을 쏘았던 때와 같은 것이다. 그의 마음이 지극히 전일(專一, 하나에 집중함)하여 그 성(誠)이 흔들려 둘이 되지 않았던 까닭에 그것을 꿰뚫었던 것이다. 만약 조금이라도 짐짓 시험 삼아 한가롭게 하여 능히 전일하지 못함이 있었다면, 의(意)가 의혹에 미쳐서 거의 신뢰를 기필(期必)할 수 없을 것이며, 생각에 곧 종래 꿰뚫을 수 있는 이치[理]가 없었을 것이다. 왕양명이 이르기를 "고양이가 쥐를 잡을 때처럼 하고, 수탉이 암탉을 굴복시킬 때처럼 한다면 거의 성(誠)에 가까울 것이다."라고 하였다.[15]

행위의 법칙으로서 성(誠)이란 뜻[意]이 산만(散漫)함이 없이 하나의 일에 전념하고 집중하는[專一] 것이며, 의심으로 인한 흔들림이 없는 것, 가식과 거짓이 없이 순수하고 진실한 것, 중단함이 없이 한결같은 성실함을

---

11) 『中庸章句』, 20장, 朱子 註: 誠者眞實無妄之謂 天理之本然. 『大學章句』, 6장: 所謂誠其意者 毋自欺也. 如惡惡臭 如好好色 此之謂自謙.

12) 『書經』, 商書, 太甲: 鬼神無常享 享于克誠. 『中庸章句』, 26장: 至誠無息.

13) 『中庸章句』, 26장: 天地之道可一言而盡也. 其爲物不貳則其生物不測.

14) 『中庸章句』, 20장 朱子 註.

15) 『霞谷集』, 卷9, 存言 中: 夫誠者不貳也不已也 其不可掩也 其感而通之道也者. 其李廣之射石歟 其心至專至一 其誠無所撓貳 故貫之 若一毫有姑試漫爲不能專之 意及疑 信泰半不可必之 念則終無可透之理. 陽明曰如猫捕鼠 如鷄伏雌庶幾矣.

의미한다.

2. 군대 및 리더의 성실성

미국 아이오아(Iowa) 주 출신 상원의원 휴즈(Hughes)는 장군 승진 추천자들의 상원청문회(Senate hearings)에서 이들의 승진을 반대하였다. 그 이유는 라벨(John D. Lavelle) 장군이 성문화된 협정법규를 위반한 폭격을 허위 보고하도록 명령했다는 비난을 받게 된 그 기간에 이들이 라벨 장군의 지휘계통의 한 부서에서 근무한 적이 있었기 때문이다. 휴즈 의원에 따르면 이들이 라벨 장군의 명령에 응당 의문을 제기했어야 하는데도 실제로는 그렇게 하지 않았다는 것이다.[16] 라벨 사건이 있은 후인, 1972년 11월 1일 공군참모총장 라이언(John D. Ryan) 대장은 성실성을 명령에 대한 복종의 상위에 두었으며, 무엇과도 타협할 수 없는 것으로 중시하였다.

> 성실성(integrity) — 이것은 온전하고 정확하게 드러내어 밝히는 것을 포함한다. — 은 군복무의 초석(礎石)이나. …… 어떠한 위기에도 국가 최고기관이 취하는 결정과 모험은 대부분 보고되어 알려진 군대의 능력과 성과에 의존하게 된다. 똑같은 방식으로 모든 사령관도 각각 그의 휘하 군에서 접수한 정확한 보고에 의존한다. …… 그러므로 우리는 우리의 성실성 — 우리의 진실성(truthfulness) — 을 양보할 수 없다. 그렇게 타협하는 것은 불법적일 뿐 아니라 품위를 떨어뜨리는 일이다. 허위보고는 성실성을 잃은 뚜렷한 사례이다.[17]

웨이킨(Wakin)은 전 미국 공군참모총장 라이언(John D. Ryan) 대장이

---

16) Malham M. Wakin, "The Ethics of Leadership," *War, Morality, and the Military Profession*(ed. by Malham M. Wakin, Westview Press, Inc., 1986), p. 190.

17) *A Policy Letter for Commanders*(General John D. Ryan, Air Force Chief of Staff, November 1, 1972).

예하 사령관에게 보낸 위의 서한에 대해 언급하면서, “라이언 대장이 제안한 이상(ideal)은 성실성(integrity)의 가치를 명령에 대한 무조건적 복종 위에 올려놓은 것이 분명하다. 참으로 그는 성실성을 군 지휘체계의 필수조건으로 삼았다.”라고 평가하였다. 그는 헌팅턴(Samuel P. Huntington)이 충성과 복종을 군대의 최고 덕목이라고 말한 것과 달리, “성실성은 충성과 복종을 가능하게 하는 바로 그러한 중요한 도덕적 성질의 하나로 보인다.”라고 하여, 성실성을 충성과 복종보다 상위 가치로 삼았다.[18)]

『미 공군의 핵심가치』에서는 ‘integrity’를 지닌 사람에 대하여 다음과 같이 말한다.[19)]

첫째, 성실성을 지닌 사람은 도덕적 용기를 지닌 사람이다. 자신의 약점이나 과오를 솔직하게 인정하는 도덕적 용기(courage)를 지닌 사람이다.

둘째, 성실한 사람은 정직한 사람이다. 그는 거짓말을 하거나 잘못을 둘러대지 않는 정직성(honesty)을 지닌 사람이다.

셋째, 성실한 사람은 책임감이 강한 사람이다. 그는 자신의 책무에 최선을 다하며, 법적 책임(responsibility)을 지는 사람이다.

넷째, 성실한 사람은 정의(justice)를 실천한다. 정의로운 사람은 법규를 준수하고 상벌을 공정하게 처리한다.

다섯째, 성실한 사람은 개방적인 사람이다. 그는 사실을 은폐하지 않고 개방하는 개방성(openness)을 지닌 사람이다.

여섯째, 성실한 사람은 자신의 인간적 됨됨이와 직업적 탁월성에 자부심을 갖는다. 그는 스스로 전문가인 동시에 인간으로서 떳떳하다는 자부심(self-respect)을 갖고 실천하는 자이다.

일곱째, 성실한 사람은 겸손한(humility) 사람이다. 그는 겸손하게 솔선

---

18) Malham M. Wakin, “The Ethics of Leadership,” *War, Morality, and the Military Profession*(ed. by Malham M. Wakin, Westview Press, Inc., 1986), p. 191.

19) *United States Air Force Core Values*(Department of the Air Force, 1997), pp. 3-5.

수범하는 자이다.

한편 미 육군의 『지휘통솔』 교범에서는 성실성을 법적, 도덕적으로 옳은 것을 행하는 것이라고 하면서, 성실성을 지닌 리더에 대하여 다음과 같이 설명한다.[20]

성실성을 지닌 사람은 원칙(principles)에 따라 지속적으로 일관되게 행동한다.

성실한 리더는 높은 도덕 수준을 지니며, 말과 행동이 정직하다. 정직하다는 것은 어떠한 압력에도 항상 진실하고(truthful) 올바른(upright) 것을 의미한다. 상급 지휘관의 요구수준이 90퍼센트인데 부대의 작전 준비율이 실제로 70퍼센트라고 한다면 성실한 지휘관은 부하들에게 그 수치를 맞추도록 지시하지 않을 것이다. 그 지휘관은 사실(the truth)을 보고하고 명예롭고 성실하게 기준을 맞출 수 있는 해결책을 발전시킬 것이다.

그 지휘관은 잘못을 발견하면 바로잡는다. 성실한 리더는 개인의 희생이 따를지라도 옳은 것을 행한다. 리더는 자신이 하고 있는 것을 숨길 수 없다. 솔선수범하여 군대 가치를 부하들에게 침투시킨다.

3. 성실성과 신뢰, 감통

유학(儒學)에서는 인간사회의 규범으로 오륜(五倫) 또는 오달도(五達道)나 오상(五常) 등을 제시한다.[21] 특히 오상 가운데 신(信)이란 방위(方位)에서는 중앙, 오행(五行)으로는 토(土), 즉 만물을 싣고, 육성하는 흙에 해당한다. 따라서 인간사회에서 가장 기본이 되며 핵심이 되는 도덕규범이 신

---

20) *FM 6-22, Army Leadership*(Headquarters, Department of the Army, Washington, D. C., June 1999). *FM 6-22, Army Leadership*(Headquarters, Department of the Army, Washington, D. C., October 2006).

21) 五倫 또는 五達道란 父子有親, 君臣有義, 夫婦有別, 長幼(昆弟)有序, 朋友有信을 지칭하며, 五常이란 仁·義·禮·智·信 등을 지칭한다.

(信), 즉 다른 사람에게 신의를 지키는 것임을 의미한다. 그런데 신의는 마음을 다하는 충(忠)과 분리될 수 없다. 자기가 할 수 있는 한 최선을 다하는 충성은 곧 신의를 지키는 것이며, 신의가 있다고 하는 것은 상대에게 최선을 다하는 것을 의미한다. 공자는 충신(忠·信)을 말하며, 정자(程子)는 충신(忠·信)을 성(誠)과 같은 의미로 이해하였다.[22)]

『중용(中庸)』의 핵심사상을 이루는 성이란 자타(自他)의 간격과 대립을 극복하고, 마치 암컷과 수컷이 사랑을 느끼고 자석이 바늘을 당기듯 상호 감응(感應)·감동(感動)하고 소통(疏通)하게 하며, 사물을 생육(生育)하고 변화시키며 완성하는 능동적 힘이라고 한다.[23)] 또 성실성이란 모든 사물의 처음과 끝이며, 이것이 없이는 사물은 존립할 수 없다고 한다.[24)]

윌러(Wheeler)는 성실성과 신뢰, 충성의 관계를 다음과 같이 설명한다.

> 충성(loyalty)은 주로 신뢰(trust)의 한 기능(function)이다. 신뢰의 대상에게서 성실성(integrity)이 지각되면 통상 그에게 신뢰가 주어진다. …… 이러한 충성의 개념은 신뢰에 의해 고취된 충성이며, 그 신뢰는 지휘관의 도덕적 성실성에 깃들어 있다. …… 이러한 신뢰(성실한 사람에 대한)는 군인들과 지휘관의 가치들 사이의 간격을 메우는 역할을 할 수 있다. 왜냐하면 신뢰는 공감적(sympathetic) 태도와 복종의 성향을 조성하기 때문이다. 당신이 어떤 사람을 신뢰하면 그에게서 의심스러웠던 부분마저도 선의(善意)로 받아들이게 되고, 그래서 그가 요구하는 바를 따르게 된다. 그러므로 민주국가의 군인은 자신의 행위에 대하여 궁극적 책임을 지는 도덕인이며, 동시에 그가 신뢰하는 사람의 명령에는 그것이 어떠한 것이건 법적·도덕적으로 옳다는 생각에서 복종할 수가 있는 것이다.[25)]

---

22) 『論語』, 學而: 曾子曰 吾日三省吾身 爲人謀而不忠乎 與朋友交而不信乎 傳不習乎. …… 主忠信. 朱子註: 人不忠信則是皆無實. 爲惡則易 爲善則難. 程子曰 人道惟在忠信 不誠則無物. …… 若無忠信豈復有物乎.

23) 『中庸章句』, 22, 23, 26, 32장 참조. 『霞谷集』, 卷9, 存言中, 誠者不貳 참조.

24) 『中庸章句』, 25장: 誠者物之終始 不誠無物.

25) Michael O. Wheeler, "Loyalty, Honor, and the Modern Military," *War, Morality, and*

윌러는 상대를 신뢰할 때 충성을 다하며, 지휘관에 대한 신뢰는 그의 도덕적 성실성에서 비롯된다고 한다. 도덕적 성실성은 신실함(또는 미더움)으로 나타나고, 그러한 사람의 모습은 타인의 신뢰를 고취하고, 신뢰는 공감적 태도와 복종의 성향을 낳으며, 충성을 유발한다는 것이다.

하키트(John Hackett)는 부하에게 두터운 신뢰를 불러일으키는 것은 진실성, 성실성이라고 한다. 그는 고도의 전문적 기술을 가지고 있다 해도 그 기술만으로는 지도자로서 지위를 견지하는 데 충분하지 않을 것이라고 한다.[26]

미국 육군사관학교의 『명예규정』은 신뢰와 명예, 충성의 관계를 다음과 같이 기술하고 있다.

> 지휘통솔은 신뢰 위에 구축되고, 신뢰는 명예 위에 구축된다. …… 충성은 신뢰에서 태어난다.[27]

상관의 권위는 부하들이 그를 신뢰할 때 세워지며, 상관에 대한 부하의 신뢰는 상관이 명예로울 때 쌓이진다는 것이다. 또 상관에 대한 부하의 신뢰는 곧 상관에 대한 부하의 충성으로 이어진다는 것이다. 여기서 밖으로부터 주어지는 명예란 인격의 총체적 표현으로서 성실성을 지닌 사람에게 주어지는 평가라고 할 수 있을 것이다.

데이비드 마이스터는 『신뢰의 기술』에서 신뢰를 형성하는 하나의 공식을 다음과 같이 제출하였다.[28]

---

the Military Profession(ed. by Malham M. Wakin, Westview Press, Inc., 1986), p. 175, 176, 178.

26) 존 하키트, 『전문직업군』(이재호 · 서석봉 옮김, 도서출판 한원, 1989. 3), 제8편 지휘통솔, pp. 234-235 참조.

27) United States Military Academy, *Honor System and SOP*, 1 Aprill 1999, p. 63: Leadership is built on trust; trust is built on honor. …… Loyalty is born of trust.

28) 데이비드 마이스터, 『신뢰의 기술』(정성묵 옮김, 해냄출판사, 2009. 6).

T: 신뢰(trust)

C: 믿음(credibility)

R: 예측가능성(reliability)

I: 친밀감(intimacy)

S: 이기적 성향(self-interest)

T = (C+R+I)/S

신뢰는 전문성과 정직함에서 오는 믿음(credibility)과 약속과 이행이 연결된 경험의 반복, 즉 일관성에 의한 예측가능성(reliability), 그리고 감정적인 믿음, 즉 친밀감(intimacy)을 합한 값을 자기중심성, 즉 이기적 성향(self-interest)으로 나눈 값으로 산출된다. T=(C+R+I)/S가 바로 '신뢰방정식'이라고 한다.

4. 성실성의 함양과 고취

유교의 경전에서는 성실성에 이르기 위해서 자기 자신을 돌이켜 보아야 한다고 하였으며,[29] 선(善)을 택하여 꼭 잡아야 한다고도 하였다.[30] 또 홀로 있을 때 삼가는 것이야말로 그 뜻을 성실하게 하는 것이라 한다.[31] 더 구체적인 방법으로 박학(博學)·심문(審問)·신사(愼思)·명변(明辨)·독행(篤行) 등을 제시하였다. 또 평소 언사(言辭)를 믿음직하게 하고, 평소 행동을 삼가서 사악(邪惡)한 생각을 막아 성실성[誠]을 보존하며, 말과 문장을 닦아 자기의 성실함을 세운다고 하였다.[32]

29) 『孟子』, 盡心 上: 反身而誠.

30) 『中庸章句』, 20章 참고.

31) 『大學章句』, 傳6章: 所謂誠其意者 毋自欺也. 如惡惡臭 如好好色 此之謂自謙. 故君子必愼其獨也.

32) 『周易』, 乾卦, 文言傳: ……子曰龍 德而正中者也. 庸言之信 庸行之謹 閑邪存其誠 善世而

성실성을 습관화하는 데는 3단계가 필요하다. 첫째, 옳은 것과 그른 것을 분별하는 것이다. 둘째, 개인적인 희생이 있을지라도 옳다고 분별한 것에 따라 행동하는 것이다. 셋째, 자신이 옳다고 이해하는 것에 따라 행동하고 있다는 것을 공개적으로 말하는 것이다.[33] 이러한 단계를 반복적으로 실천할 때 성실성이 내면화된다고 하겠다.

한편 미국 공군참모총장을 지낸 라이언 대장에 따르면 명령으로는 부하의 성실성을 고취할 수 없으며, 오로지 격려와 모범만이 그럴 수 있다고 한다.[34]

군대사회에서 거짓과 꾸밈, 은폐를 추방하고 성실성을 형성하기 위해서는 첫째, 부대는 현실적이고 성취 가능한 목표를 지향해야 하며, 둘째, 지휘관은 부하의 실수를 참지 못하고 부대의 나쁜 소식을 들으려 하지 않는 태도를 고쳐야 한다.

제3장 충 성

사전적 의미에서 충성(忠誠)이란 '특정 인간이나 집단 또는 신념에 자기를 바치고 지조를 굽히지 않는 일'이라고 한다.

동서고금의 역사를 볼 때 한 나라의 흥망성쇠(興亡盛衰)는 그 나라 국민과 군인의 충성심 여부에 달려 있음을 알 수 있다. 충성스러운 국민과 충

不伐 德博而化. ……子曰君子進德修業 忠信所以進德也. 修辭立其誠 所以居業也.

33) *FM 22-100 Army Leadership*(Headquarters, Department of the Army, Washington, D.C., June 1999), p. 2-9. Stephen L. Carter, *Integrity*, New York: Basic Books, Harper Collins, 1996 참조.

34) John D. Ryan, "Integrity," *War, Morality, and the Military Profession* (Malham M. Wakin(ed.), Westview Press, Boulder, Colorado, 1979), p. 189.

직한 공직자 그리고 이들의 충성심을 고취(鼓吹)하는 통치자가 있을 때 그 나라는 안녕과 번영을 누렸다. 그러나 충성이 왜곡, 오해(誤解), 혹은 오도될 때 진정한 충성이 배척받으며 결국 그 나라는 멸망에 이르게 되었다.[35)]

안중근(安重根) 의사(義士)가 '위국헌신(爲國獻身) 군인본분(軍人本分)'이라고 하였듯이, 나라에 대한 군인의 충성은 군인다움의 본질이며 의무이다.[36)] 그래서 병사가 입영하거나 장교가 임관할 때, 국가와 국민에게 충성을 다할 것을 맹세한다.[37)]

헌팅턴(Samuel P. Huntington)은 최고의 군대 미덕이자 국가정책의 효과적인 수단으로 충성이란 군사력을 관리하는 군 전문직업이 그 기능을 수행하기 위해서는 복종과 함께 필수적인 것이라고 한다.[38)]

1. 충성의 의미

충성(忠誠, loyalty)이란 자칫 왜곡되거나 오도되기 쉬운 개념이다. 그래서 사회와 나라를 위한다는 충성이 오히려 사회와 나라를 망치는 결과를 초래하기도 한다. 왜곡된 충성은 사회와 나라를 위하기보다는 자기 자신의 이익을 위한 수단으로 이용된다.

1) 왜곡된 충성과 충성병

우리는 통상 상관의 의도를 미리 통찰하여 상관이 원하는 바를 자발적

35) 李瀷, 『星湖僿說』, 卷11, 忠臣殺身: 사람이 병들려면 반드시 고기도 맛있지 않고, 나라가 망하려면 반드시 충성으로 간(諫)하는 말도 받아들이지 않는다. 오(吳)나라가 망할 때는 먼저 공손성(公孫聖)을 죽였고, 백제가 망할 때는 먼저 성충(成忠)을 죽였다. 그 임금에 간할 때는 나타나지 않은 자취를 미리 말하는 것인데, 임금이 어두워 앞을 내다보지 못하므로 듣지 않을 뿐만 아니라, 이를 죽이고도 애석히 여기지 않는다.

36) 『군인복무규율』 제4조 3항 군인정신과 제6조(충성의 의무) 참조.

37) 『군인복무규율』 제5조(입영 및 임관선서) 참조.

38) 헌팅턴, 『군인과 국가』(강창구 옮김, 병학사, 1980. 3), pp. 77-78.

으로 수행하거나, 상관의 명령과 지시에 절대복종하는 것을 충성이라고 생각하는 경향이 있다. 상관의 의도에 부합하거나 상관의 명령에 복종하는 행위들이 과연 충성인가? 이러한 행위 모두를 충성이라고 말하기는 어렵다. 왜냐하면 충성이 지향하는 상관의 의도와 명령이 항상 정당(正當)하다고 할 수 없으며, 또한 부하의 행동이 겉으로는 설령 충성스러워 보일지라도 그 의도가 진실하지 못하거나 순수하지 못하다면 그 행위는 참된 충성이라고 할 수 없기 때문이다.

플래머(Flammer)는 군 직업윤리를 파괴하는 왜곡된 충성을 경계하였다.[39] 그는 권력을 남용(濫用)하는 상관에게 자기의 생존을 위해 아첨하고 굴종하는 충성, 진급이나 물질적・정신적 보상을 바라는 이기적 야망과 야심에서 비롯된 충성, 출세를 위한 이기적인 이미지 메이킹을 위하여 자기의 결함과 약점, 과오를 은폐하고, 완전무결주의를 추구하는 출세지상주의 등을 그릇된 충성이라고 한다.

한편 슈메이커(Shoemaker) 소령은 상관의 개인도덕을 파괴할 뿐만 아니라, 군 직업윤리를 손상시키고, 나아가 국가의 장래까지 위협할 수 있는 충성병(loyalty syndrome)을 지적하였다.[40] 여기서 충성병이란 충성이라는 미명 아래 자행되는 군의 타락상을 칭한다. 충성병은 특히 자신의 승진만을 추구하는 출세주의(careerism) 장교에게서 쉽사리 발생한다고 한다. 충성병의 징후로는 ① 승진하거나 남에게 좋은 평가를 받기 위해 전시효과를 높이는 데 힘쓴다. ② 종종 규정된 책임 계통을 무시하기도 하고 뛰어넘기도 하면서 다른 사람들의 업무관계를 복잡하게 만든다. ③ 임무에 충실한 것도 실상은 자신의 경력 쌓기나 출세를 위한 수단이다. ④ 지휘관이

39) Philip M. Flammer, "Conflicting Loyalties and the American Military Ethics," *War, Morality and the Military Profession*, ed. by Malham M. Wakin, Westview Press, 1986, 참조.

40) Major David Shoemaker, "Personal Ethics," *Infantry Magazine*, July/August, 1975. Reprinted in *MQS1* Chapter 9, pp. 23-27.

싫어하는 보고는 회피하고 좋아하는 말만 골라 하며 상관에게 아부하고 무조건적으로 복종하는 예스맨(yes-man)이다.

그러나 충성병에 걸린 자들은 하급자들에 대한 헌신과 봉사에는 인색하다고 한다. ① 자신의 이미지 손상을 염려하여 부하들의 실수에는 냉정하고, 군의 발전을 기대할 수 있는 하급자의 창의력도 실패에 대한 두려움 때문에 일단 제한한다. ② 자신의 업적을 쌓기 위해 임무수행을 구실로 부하들을 혹사하면서도, 그들이 과오를 저질렀을 때는 스스로 책임지기는커녕 발뺌하기에 바쁘다. ③ 부하들의 역할을 명시된 임무와 지향하는 목표에 의해서 규정해주기보다는 상관의 눈에 잘 들도록 하는 것이라고 정의한다. ④ 장기적인 일을 추구하기보다는 단기간에 효과를 볼 수 있는 일에 부하를 내몰아 혹사하여 실적을 쌓고자 한다. ⑤ 계급에 부여되는 특권은 임무수행의 효율성을 높이는 데 있다는 사실을 무시하고, 계급은 계급 자체로 특권이 있다고 주장함으로써 계급의 권위만을 내세운다.

2) 진정한 충성

콘비츠(Konvitz)는 충성(loyalty)이란 자신의 마음이 애착하고(attach) 헌신하는(devote) 어떤 사람이나 사물, 즉 원칙, 명분, 관념, 이상, 종교나 이념, 국가나 정부, 당이나 지도자, 가족이나 친구, 종교, 자신의 종족 등에 대한 충실(fidelity)이라고 한다. 플라톤의 『대화록』 크리톤편에 묘사된 소크라테스는 죽음에 직면하여 국가와 신과 그 밖에 자신의 임무와 영혼(soul)에 대한 충성을 선택한 고전적인 인물의 전형이다. 소크라테스에게 자신의 영혼, 자신의 진실한 자아에 대한 충성이 다른 모든 의무를 초월하며, 그것은 신에 대한 충성과 동일시되었다. 아리스토텔레스는 충성을 열광(fanaticism)과 배신(perfidy)의 중용이라고 한다.[41]

---

41) Milton R. Konvitz, “loyalty,” *Dictionary of the History of Ideas*(Phillip P. Wiener(ed.), New

로이스(Josiah Royce, 1855~1916)는 충성이란 "한 인간이 자발적이고[willing] 실제적이며[practical] 또한 철저하게[thoroughgoing] 대의명분(cause)에 헌신하는 것[devotion]이다."라고 규정한다. 대의명분(大義名分)이란 온 마음과 뜻과 힘을 다해 헌신해야 할 가치가 있는 대상을 지칭한다. 대의명분은 자신의 양심이 되며, 자신의 이상(理想)과 계획을 통일한다. 대의명분은 덧없고 순간적인 욕구와 대조적인 것이다. 그는 충성이란 "모든 덕의 심장[heart]이요, 모든 의무 가운데 핵심적 의무[central duty]다."라고 한다. 그는 '충성에 대한 충성'(loyalty to loyalty)을 지상명령(至上命令, categorical imperative)이며 최고의 선으로, 그 자체 언제나 선한 것이라고 한다.[42]

한편 충성에 해당하는 한자어는 충(忠)이라고 할 수 있다. 충이란 ① 자신이 할 수 있는 최선을 다하는 것이며,[43] ② 치우침이 없이 지극히 공정하고 사사로움[私]이 없으며, ③ 한결같은 마음을 간직하는 것이라고 한다.[44] ④ 신하라는 지위에 있을 때에는 임금의 아름다운 덕을 이루고, 나라가 평안하도록 사전에 왕에게 올바른 시책을 건의하되, 죽음까지지도 두려워하지 않아야 한다는 것이다.[45]

율곡(栗谷) 이이(李珥)는 임금을 섬기는 신하의 종류를 재능의 종류와

York, Charles Scribner's Sons, 1978), pp. 108-116.

42) Josiah Royce, *The Philosophy of Loyalty*, New York, The Macmillan Co., 1908 참조.

43) 『論語』, 學而, 朱子註: 盡己之謂忠 以實之謂信. 『論語』, 里仁, 朱子註: 盡己之謂忠 推己之謂恕而已矣.

44) 『春秋左傳』, 文公 6年: 以私害公 非忠. 『忠經』, 天地神明章: 忠者中也 至公無私. …… 忠也者 一其心之謂矣.

45) 『春秋左傳』, 昭公元年: 臨患不忘國 忠也. 『忠經』, 忠諫章: 충신(忠臣)이 임금을 섬김에 있어 간언(諫言)보다 우선하는 것이 없다[忠臣之事君也 莫先於諫]. 아래 사람이 능히 말할 수 있고 윗사람이 들을 수 있으면 왕도(王道)가 빛난다. 임금의 의도가 보이기 전에 간하는 것이 최상의 것이요, 뜻이 드러날 때 간하는 것이 중간이요, 이미 행한 것에 대해 간하는 것이 최하이다. 왕이 올바름을 잃을 때 간하지 않으면 충신이 아니다. 간언이란 부드러운 말로 시작하며, 중간에는 항의하고 마침내 죽음으로 지킨다. 이렇게 하여 왕의 미덕을 이루고 사직(社稷)을 편안하게 한다.

능력의 한계에 따라 세 가지 수준으로 나누어 대신(大臣), 충신(忠臣), 간신(幹臣)이라고 칭하였다.46) 그러나 이들은 공통적으로 충성스러운 신하들이다. 진정한 충성은 일의 크고 작음이 문제가 아니라, 자신의 재능에 따라 최선을 다하는 것이라 하겠다.

요약하면 진정한 충성이란 거짓이나 꾸밈이 없이 진실하고 순수하며 공정한 마음으로 대의명분(大義名分)이나 원칙 및 참다운 가치(real value)를 위해 자발적으로 정성을 다하여 한결같이 헌신하는 것이다.

2. 군인의 충성

1) 충성의 사례

충성의 대표적인 전형(典型)으로 이순신(李舜臣) 장군을 들 수 있다. 그는 모함을 받아 억울하게 삼도수군통제사(三道水軍統制使) 직위에서 해임되었으며, 이와 함께 쓰라린 육체적 고통을 겪은 후 백의종군(白衣從軍)이라는 치욕을 당하였으나 자신의 처지에 대한 불평보다 나라의 안위를 걱정하였다. 또 겨우 12척밖에 남지 않은 상태에서 복직되었으나, 이러한 절체절명의 위기상황에서 실망하거나 좌절하지 아니하였으며, 남을 원망하지도 않았다. 그는 흩어진 인력과 장비들을 모아, 명량해전[1597년 9월 16일]에서 전력(戰力)이 월등한 왜적과 싸워 대승을 거두었다.

---

46) 李珥, 『栗谷全書』, 卷15, 東湖問答: 최고의 신하로서 대신(大臣)이란 ① 도덕이 몸에 배어 자기를 미루어 남에게 미치게 하고, ② 자기 임금으로 하여금 요순(堯舜)을 본받도록 하며, ③ 자기의 백성으로 하여금 요순의 백성을 본으로 삼게 한다. 다음의 신하는 충신(忠臣)으로 ① 항상 나라를 걱정하고 자신을 돌보지 않고, ② 진심으로 임금을 섬기고, ③ 언제나 정성을 다하되 끝까지 사직(社稷)을 편안하게 하려는 자이다. 마지막으로 간신(幹臣)이란 ① 직위에 있을 때는 그 직분을 지키기를 생각하고, ② 그 임무를 맡았을 때는 그 효능을 생각하여, ③ 그릇은 비록 나라를 다스리는 데에 부족하다 하더라도 재간(才幹)은 한 자리를 감당할 만한 자이다.

다음은 이순신 장군이 정유재란(丁酉再亂) 기간에 『송사(宋史)』를 읽고 난 후 소감을 적은 글이다. 이 글을 통해 명량해전의 승리가 우연한 것이 아니라 장군의 충성의 결과였다는 것을 깨달을 수 있다.

> 어허! 이때가 어느 때인데, 저 강(綱)은 떠나가려고 하는가! 가면 또 어디로 가려는가. 무릇 신하된 자로서 임금을 섬김에는 죽음이 있을 뿐이요, 다른 길은 없다[夫人臣事君 有死無貳]. 이때야말로 종사(宗社)의 위태로움이 마치 터럭 한 가닥으로 천근을 달아 올림과 같아 정히 신하된 자는 몸을 버려 나라의 은혜를 갚을 때요, 떠나간다는 말은 진실로 마음에 생각도 내지 못할 말이거늘, 하물며 어찌 입 밖으로 낼 수가 있단 말인가. 그러면 내가 강(綱)이라면 나는 어떻게 할까. 몸이 상할 정도로 피눈물을 흘리며[毁形泣血], 정성과 충심을 다하여[披肝瀝膽] 사세(事勢)가 여기까지 왔으니 화친(和親)할 수 없는 이치를 분명히 말할 것이요, 아무리 말하여도 따르지 아니하면 죽음으로써 그것을 이을 것이요, 또 그렇지도 못한다면 짐짓 그 (화친하려는) 계책을 따라[姑從其計] 몸을 그 속에 던져[身豫其間] 온갖 일에 낱낱이 꾸려가며[爲之委曲彌縫] 죽음 속에서 살길을 구한다면[死中求生] 혹시 만에 하나라도 나라를 건질 도리가 있게 될 것이거늘 강(綱)의 계책은 이런 것을 내지 않고 그저 떠나가려고만 했으니, 이것이 어찌 신하된 자로서 몸을 던져 임금을 섬기는 의리라 할 수 있겠는가?[47]

이강(李綱, 字는 伯紀)은 송(宋)나라 때 재상으로 금(金)나라가 침입하자 화친을 주장하는 진회(秦檜)에 맞서다가 귀양을 갔다. 고종(高宗)이 즉위하자 복직되어 행정을 정리하고 국방을 튼튼히 하고자 하였으나, 황잠선(黃潛善) 등이 극력 방해하여 겨우 70여 일 만에 물러났다. 그때 그는 세상을 탄식하고 숨어버리려는 뜻을 가졌다. 반면 이순신 장군은 모략과 중상으로 고통을 겪고 죽을 고비를 넘겼으며, 조정의 무능과 부패를 보고

---

47) 이 글은 정유년(丁酉年, 1597년) 10월 8일자 『난중일기(亂中日記)』의 뒷장에 적혀 있으며, 날짜는 표시되어 있지 않다.

탄식하였으나, 나라와 임금과 백성을 버리고 떠나지 아니하였다. 장군은 매우 열악한 여건에서 내외의 적과 싸우면서 이 나라의 치욕을 씻고 백성을 구하고자 헌신하다가 결국 전쟁터에서 죽음을 맞이하였다.

다음은 제2차 세계대전 중 필리핀 코레기도(Corregidor) 전투에서 포로가 되었던 웨인라이트(Jonathan Wainwright) 대장의 충성에 대하여 기록한 것이다.[48)]

> 1941년 12월 일본 군대가 필리핀을 침략하였다. 1942년 3월 맥아더(MacArthur) 대장이 필리핀 사령부를 떠나 오스트레일리아로 철수하였다. …… 웨인라이트 대장이 코레기도의 마린타(Malinta) 터널에서 온전한 지휘권을 맡았으며, 에드워드 킹(Edward King) 소장이 웨인라이트를 대신하여 미 공군과 바탄(Bataan)을 방어하는 필리핀 정찰대(Filipino Scouts)의 사령관을 맡았다. 곧 일본군이 그 섬을 단단히 압박해 들어왔으며, 바탄 지역의 필리핀 방어군은 포위되었고 코레기도로부터 포병의 화력지원 이상의 다른 지원은 없었다. 수천 명의 일본 군대가 90일 동안 이루지 못했던 것을 질병과 기력 소진, 영양실조 등이 결국 완수하였다. 바탄이 실함(失陷)되었다. 바탄이 일본에 함락되었을 때 12,000명 이상의 필리핀 정찰대와 17,000명의 미군이 포로가 되었다. 초기에 오던넬 캠프(Camp O'Donnell)로 진행하던 일본군은 계속 행군할 수 없을 정도로 연약해진 수많은 미군들의 목을 베었다. 또 다른 포로들은 총검술 연습 대상으로 사용되거나 절벽으로 떠밀려 죽었다.
>
> 코레기도 상황도 결코 좋지 않았다. 군인들은 지치고, 부상당하고, 영양부족에 병들어 있었다. 웨인라이트 대장은 이용 가능한 제한된 자원으로 방어시설을 설치하도록 지시하였다. 웨인라이트는 부하들을 점검하고 개인적으로 격려하기 위하여 전선(前線)을 자주 찾았다. 그는 적군의 직접적 사격권 내에 들어가는 것을 두려워하지 않았다. 한 명의 완강한 전사로서 그는

48) *FM 6-22 Army Leadership*(Headquarters, Department of the Army, October 2006), pp. 4-3∼4-4.

그 곁에서 부하들이 죽어가는 것을 보며 가끔 홀로 적을 향해 사격을 퍼붓기도 하였다. 웨인라이트 장군은 특이한 유형의 제일선 지휘관, 즉 부대원들과 고통을 함께함으로써 충성을 이끌어내는 투지 넘치는 장군이었다. 코레기도의 웨인라이트 장군과 확고부동한 그의 부대원들은 루존(Luzon)에서 최후의 조직적인 저항을 하였다. 만 6개월 동안 믿기지 않는 전력의 차이에도 불구하고 일본 군대를 붙들어둔 후 웨인라이트는 가능한 모든 자원을 다 써버렸다. 어떠한 외부의 도움도 기대할 수 없었다.

1942년 5월 6일 웨인라이트 장군은 항복할 뜻을 그의 지휘관에게 통지하고(notify), 고통스러운 결심을 설명하기 위하여 대통령에게 메시지를 보냈다. 그는 조국과 부하들에 대하여 긍지를 지니고 있었으며, 양자에게 솔직하였으며 충성스러웠다. 그의 부하들은 투지 넘치는 장군을 사랑하고 존경하며 즐거이 복종하게 되었다. 루스벨트(Roosevelt) 대통령은 국기에 대한 웨인라이트의 충성을 재확인하고 그에게 보내는 마지막 메시지에 다음과 같이 썼다. "당신과 당신의 헌신적인 부하들은 우리 전쟁목표의 생생한 상징(living symbol)이며 승리의 보증(guarantee)이 되었다."

일본군은 웨인라이트 장군을 개인적으로 욕보이기 위하여 패배한 군인들을 통과하여 행진할 것을 강요하였다. 그 병사들은 부상과 질병, 상처받은 영혼 그리고 만신창이가 된 육신임에도 그들의 지도자에 대한 충성과 존경을 다시 한 번 과시하였다. 그가 병사들의 열 가운데를 통과할 때 그들은 가까스로 일어나 경례하였다.

웨인라이트 장군이 3년 이상 구금을 마치고 귀국할 때, 고국의 국민은 투지 넘치는 장군과 그의 용감한 부대원들을 잊지 않았으며 충성스럽게 여겼다. 1945년 9월 2일 전투함 USS 미조리(Missouri) 함상에서 이루어진 일본의 공식적 항복 조인식 동안 웨인라이트 장군은 그와 그의 부하들을 기리기 위하여 영국의 퍼시벌(Percival) 대장과 함께 맥아더 장군의 뒤에 세워졌다. 그리고 1945년 9월 10일에 있었던 의외의 식전(式典, a surprise ceremony)에서 트루먼 대통령은 웨인라이트에게 명예훈장을 수여하였다.

2) 충성의 대상

군인의 충성이란 궁극적으로 국가와 국민을 위하여 최선을 다해 헌신·봉사하는 것이다. 그런데 이러한 충성의 실천은 자신에 대한 충성에서 시작되어야 한다.

첫째, 진정한 충성은 자신에 대한 충성에서 비롯된다. 햄릿은 "자신에게 진실하라. 그러면 밤이 낮으로 이어지는 것과 같이 타인에게도 충실하게 될 것이다."[49]라고 하였다. 자신의 양심에 진실하게 따르며, 자신이 스스로 한 약속을 충실히 지키고, 항상 최선을 다하고자 노력해야 한다.

둘째, 부하에게 충성해야 한다. 부하에게 충성하는 리더는 부하를 함부로 이용하거나 잘못 이용하지 않는다.[50] 리더는 부하의 복지를 배려하고, 합법적인 권익을 옹호하며, 부하의 인격과 능력을 존중하고 배려한다.

셋째, 상관에게 충성해야 한다. 상관에게 충성한다는 것은 자신에게 주어진 업무에 충실함으로써 상관을 보좌하며, 상관의 명예를 더럽히지 않으며, 상관이 판단하고 결심할 때 충실히 비판하고 건의하며, 상관의 지시나 명령을 성실하게 수행하는 것이다.

넷째, 부대와 군을 위하여 충성해야 한다. 군과 부대의 법규를 준수하고, 부대 및 군 전문직업의 발전을 위하여 헌신하며, 부대의 군기·사기·단결·명예 등을 드높이는 것이다.

다섯째, 국가와 국민을 위해 충성을 다하는 것이다. 이것은 국가의 목표나 이념에 대한 충성, 헌법 및 법률의 준수, 국민의 생명과 재산의 보호, 국토방위에 대한 헌신, 자유민주주의적 가치의 수호, 정치적 중립 등을 의미한다.

---

49) 셰익스피어, 『햄릿(Hamlet)』 제3장.

50) *FM 6-22 Army Leadership*(Headquarters, Department of the Army, October 2006), p. 4-4.

3) 진정한 충성의 태도

진정한 충성이란 강요된 충성이 아니라, 도덕적 성실성(integrity)에 바탕을 둔 고취된 충성(inspired loyalty)이다. 휠러(Wheeler)에 따르면 충성이란 강요되는 것이 아니라 고취되는 것이라고 한다.[51] 강요된 충성이란 이미 충성이 아니라 하나의 노역(勞役)에 지나지 않는다. 진정한 충성은 자발적으로 행해지거나, 도덕적으로 성실한 상관이나 대의명분과 같은 가치에 고취(鼓吹)된 충성이다.

진정한 충성은 또한 충성의 대상에 대한 분별 없이 맹목적으로 행해지는 충성이 아니라, 선악시비(善惡是非) 등을 평가한 후 이루어지는 반성적(反省的, reflective) 충성이다.

한편 군인의 진정한 충성은 개인 대 개인 사이에 이루어지는 사적인 충성이 아니라, 군 전문직업인의 한 사람으로서 전문직업적 책임에 근거하여 헌신하는 것이다. 부하는 자신의 직책에 충실함으로써 상관이 그 직책을 성공적으로 수행하도록 하는 것이 진정한 충성이다.

3. 충성의 함양과 고취

로이스는 나쁜 명분에 대한 충성이나 충성 사이에 갈등이 있을 수 있다는 사실을 인식하고, 이러한 점을 해결할 수 있는 방안으로 '충성에 대한 충성'의 원리를 제공하였다. 그것은 대의명분을 선택할 때 자신의 다양한 충성뿐만 아니라 타인의 충성을 좌절시키기보다는 고양할 수 있는 명분을 선택하는 것이다. 비록 다른 사람들이 나쁜 대의명분에 충성한다 할지라도, 그것을 질책하거나 없애려고 할 것이 아니라 좀 더 가치 있는 대의명

51) Michael O. Wheeler, "Loyalty, Honor, and the Modern Military," *War Morality and the Military Profession*, ed. by Malham M. Wakin, Westview Press, 1986, p. 174.

분에 의해 그들의 충성이 지지되도록 유도하는 것이다. 그렇지 않고 그의 충성의 정신을 손상한다면 그것은 충성의 정신에 대한 불충성한 행위가 된다고 한다.[52)]

휠러(Wheeler)에 따르면 충성이란 강요되는 것이 아니라 고취되는 것이라고 한다. 충성이란 상대에 대한 신뢰에서 우러나오며, 그러한 신뢰는 도덕적 성실성에 깃들어 있다고 한다.

> 이러한 충성의 개념은 신뢰(trust)에 의해 고취된 충성의 개념이다. 그리고 신뢰는 지휘관의 도덕적 성실성(integrity) 속에 존재한다. …… 나의 충성은 나의 명예이다—나의 충성은 성실한 인간에게 깃들어 있으며, 그런 사람을 나는 신뢰한다.[53)]

휠러는 도덕적으로 성실한 자에게 신뢰감을 갖게 되며, 상대를 신뢰할 때 그에게 충성을 바친다고 한다. 자발적 충성을 고취하기 위해서는 우선 부하에게 신뢰를 얻어야 한다. "이 신뢰는 병사와 지휘관의 가치의 간격을 없애주는 데 기여할 수 있다. 왜냐하면 신뢰는 공감적 태도와 복종적 성향을 불러일으키기 때문이다."[54)]

영국의 사회철학자 하트(H. L. A. Hart)는 도덕적 성실성(integrity)의 최소 내용에 대해 다음과 같이 설명한다.

> 다른 사람과의 도덕적 관계에서 개인은 행위에 대한 모든 문제를 비개인적 관점에서 바라보고, 일반적 규칙들을 다른 사람은 물론 자기 자신에게도 공평하게 적용한다. 그는 다른 사람의 욕구와 기대치 그리고 반응을 알고 그것들을 고려한다. 그는 자기 행위를 상호 요구 체계에 적응시켜서 자기

---

52) Josiah Royce, *The Philosophy of Loyalty*, New York, The Macmillan Co., 1908 참조.

53) Michael O. Wheeler, "Loyalty, Honor, and the Modern Military," *War Morality and the Military Profession*, ed. by Malham M. Wakin, Westview Press, 1986, p. 176, 178 참조.

54) Michael O. Wheeler, "Loyalty, Honor, and the Modern Military," *War Morality and the Military Profession*, ed. by Malham M. Wakin, Westview Press, 1986, p. 178.

절제와 통제를 발휘한다. 바로 이 같은 것들이 보편적 덕목들이며, 특히 행위에 대한 도덕적 태도를 이룬다.[55)]

따라서 도덕적 성실성 또는 도덕의식이 있는 사람이란 치우치지 않고 문제를 객관적이고 공정한 관점에서 보고, 일반적 규칙들을 누구에게나 공정하게 적용하는 공평무사성(公平無私性)을 지닌 사람이다. 또 이타적 측면에서 사랑·인애·자비의 생활태도를 지니는 사람으로, 자신의 욕구와 기대치를 발견하고 이를 타인에게 적용하여 타인을 인정하고 존중하는 마음을 갖는 자이다. 타인의 욕구에 비추어 자신의 욕구를 극복·절제하여 타인과 화합을 이루고자 하는 사람이다.

그러한 예로, 오기(吳起) 장군은 신분이 가장 낮은 사졸들과 같은 옷을 입고 식사를 함께하였다. 잠을 잘 때에는 따로 자리를 깔지 않았으며, 행군할 때에는 말이나 수레를 타지 않고, 자기가 먹을 식량을 친히 가지고 다니는 등 사졸들과 수고로움을 함께하였다. 언제인가 사졸 중에 독창이 난 자가 있었는데 오기가 그것을 빨아주었다. 사졸의 어머니가 그 소식을 듣고는 통곡하였다. 어떤 사람이 "그대의 아들은 일개 사졸인데 장군이 친히 그 독창을 빨아주었거늘 어찌하여 통곡하는 것이오?"라고 하자, 그 어머니는 "그렇지 않소. 예전에 오공(吳公, 吳起)이 그 아이 아버지의 독창을 빨아준 적이 있었는데 그이는 (감격한 나머지 전쟁터에서) 물러설 줄 모르고 용감히 싸우다가 적에게 죽음을 당하고 말았습니다. 오공이 지금 또 내 자식의 독창을 빨아주었으니 난 이제 그 애가 어디서 죽게 될 줄 모르게 되었습니다."라고 하였다.[56)]

황산벌 전투에서 김유신(金庾信)이 비녕자(丕寧子)에게 말하기를 "추운 겨울이 된 후에야 송백(松柏)의 푸름을 안다고 하는데, 마치 오늘날 정세

55) H. L. A. Hart, *Law, Liberty and Morality*, New York, Vintage Books, 1963, p. 71.
56) 司馬遷, 『史記列傳』, 卷65, 孫子吳起列傳 참조.

가 위급하기로 그대가 아니고 누가 감히 여러 사람의 마음을 격려하랴?" 라고 하자, 비녕자가 엎드려 절하며, "나는 오늘 위로는 나라를 위하고 아래로는 지기(知己, 자기를 알아주는 자)를 위하여 죽을 것입니다."라고 하고, 적진으로 나아가 힘껏 싸우다가 아들 거진(擧眞), 종 합절(合節)과 함께 전사하였다.[57)]

그릇된 충성병을 해소하고 자발적인 충성을 유도(誘導)·조장(助長)하기 위해서는 지휘통솔자가 진정한 충성과 거짓된 충성을 분별하여 사악한 자를 물리치고 충성된 자를 가까이 하며, 공명정대(公明正大)하게 부대를 지휘해야 한다.

제4장 존 중

인류의 위대한 성현(聖賢)들은 사랑과 정의(正義)가 가득한 평화와 질서의 사회를 이루고자 하였다. 그러나 오늘날 여전히 폭력과 증오, 불법과 탈법은 사라지지 않고 있다. 이러한 사회현상의 배후에는 서로 높이어 귀중하게 여기고 배려하기보다는 자기만을 생각하는 이기주의(利己主義)와 재화(財貨)를 최고의 가치로 삼는 물질주의(物質主義)가 자리하고 있다.

오랫동안 동방예의지국(東方禮義之國)으로 칭송받던 우리나라에서 언제부터인가 남을 배려하는 공중예절(公衆禮節)을 고리타분한 유산으로 치부하고, 자기의 편익(便益)만을 좇는 행위를 당연하게 여기는 분위기가 확산되고 있다. 이런 사회병리현상은 결과적으로 곳곳에서 타협과 양보보다는 자기주장만을 관철하려는 '떼법(法) 또는 '떼쓰기' 문화를 고착시

57) 『三國史記』, 卷46, 列傳6, 丕寧子.

키고 있다.

옛말에 "집안이 화평해야 만사(萬事)가 성취된다."라고 하였고, 맹자는 승리의 요건으로서 천시(天時)·지리(地利)·인화(人和) 가운데 인화를 핵심으로 보았으며, 우리의 『군인복무규율』에도 "전쟁의 승리는 단결된 힘에 의하여 얻을 수 있다."라고 한다. 집안의 화평(和平)이나 군대의 인화단결(人和團結)은 가족이나 전우를 존중하고 배려하는 마음의 실천으로 이루어지는 것이다.

옛말에 "선비는 자기를 알아주는 사람을 위해 목숨을 버리고, 여자는 자기를 사랑하는 사람을 위해 얼굴을 아름답게 단장한다."라고 하였으며, "칭찬은 고래도 춤추게 한다."라는 말이 있듯이, 자신을 인정하고 칭찬하며 존중해주는 사람을 위해 힘을 내어 헌신하는 것이 인지상정(人之常情)이다.

군대 내의 존중은 훈련되고(disciplined), 단결되고(cohesive), 효과적인(effective) 전투 팀의 발전을 위해 본질적인 요소이다. 임무를 완수하고 동료의 생명을 구하려는 희생정신과 의무감은 전우에 대한 개인적 신뢰와 존중(regard)에 기초한 것이다.[58)]

1. 존중의 의미

존중(尊重, respect)이란 자신을 포함하여 모든 사람의 생명과 인격, 개인의 특성과 재능의 존귀함, 소중함을 인정하고 배려하는 것이다. 또 "존중이란 사람들이 마땅히 대우받아야 할 것으로 대우하는 것을 의미한다."[59)]

동서양의 대표적인 종교이며 인류의 위대한 가르침이라고 할 수 있는

---

58) *FM 22-100 Army Leadership*(Headquarters, Department of the Army, Washington, D.C., June 1999), p. 2-5.

59) *FM 6-22 Army Leadership*(Headquarters, Department of the Army, Washington, D.C., October 2006), p. 4-5.

불교, 유교, 기독교 등은 공통적으로 인간의 존엄성을 말하며 다른 사람을 존중하고 더 나아가 사랑해야 한다고 가르친다. 사회적 신분이 고귀한 자나 비천한 자나 모든 인간은 더불어 살 수밖에 없는 불성(佛性)을 지닌 존재이며, 도덕성을 지닌 만물의 영장(靈長)이며, 신(神)이 사랑하는 존귀한 피조물로서, 존중받아야 할 존재이다. 자신이나 타인을 무시하는 것은 인간의 존재원리나 인간을 창조한 창조주의 의도에 반하는 행위가 되는 것이다.

불교에서는 일체의 생명체는 스스로 독립적으로 존재할 수 없으며, 상호의존하고 협동하며 살아갈 수밖에 없는 존재라고 한다.[60] 그래서 나와 다른 존재는 별개가 아니라고 하여 자타불이(自他不二) 또는 동체(同體)라고 한다. 불교의 가르침에 따르면 나와 한 몸이며 삶의 동반자로서 다른 존재들을 존중하고 배려해야 한다는 것이다. 또 불교는 일체의 존재가 다 불성(佛性), 즉 붓다가 될 수 있는 가능성을 지니고 있는 고귀한 존재라는 인식 위에서 모든 생명체를 소중히 여기라고 가르친다.

유교(儒敎)에서 주장하는 인(仁)이란 타인을 존중하고 공경하며, 이웃과 고락(苦樂)을 함께하며, 타인을 위하고 헌신・희생하는 것을 의미한다.[61] 이것은 만물을 낳고 살리며 육성하는 원리이며, 상호 감응하고 소통하며[感通], 한 몸[一體]이게 하는 화합의 원리라고 한다. 따라서 타인을 존중하는 것은 인간사회와 자연세계를 일관하는 원리이며 인간이 달성해야 할 최고의 가치요, 마땅히 행해야 할 당위(當爲)라는 것이다.[62]

타인 존중의 극치(極致)로서 기독교적 사랑이란 창조주가 피조물인 인

60) 불교의 학설 가운데 제법무아(諸法無我)나 연기(緣起)의 관념은 일체 존재의 독립성을 부정하고, 상호의존성과 인과성을 주장하는 것이다.

61) 『論語』, 顔淵: 樊遲問仁 子曰 愛人. 『論語』, 衛靈公: 殺身成仁. 『孟子』, 公孫丑上: 惻隱之心 仁之端也.

62) 『近思錄』, 卷1, 道體類: 明道曰 仁者 天下之正理 失正理則無序而不和. …… 醫書言手足痿痺爲不仁 此言最善名狀. 仁者以天地萬物爲一體 莫非己也. …… 萬物之生意最可觀 此元者善之長也 斯所謂仁也.

간에게 부여한 명령으로, 하나님에 대한 사랑과 이웃에 대한 사랑으로 분류된다.[63] 기독교에서 요구하는 아가페(agape)적 사랑이란 자연적 감정이나 혈연에 연유하는 사랑, 사랑할 만한 가치를 지닌 자에 대한 사랑, 자신을 사랑하는 자에 대한 사랑 등을 초월하는 지고(至高)의 사랑이다. 그것은 사랑할 가치가 없는 대상임에도 불구하고 사랑하는 강한 의지적・실천적 사랑이다. 이러한 사랑의 실천은 인내(忍耐)와 온유(溫柔)로, 자신의 몸을 사랑하듯이 하며, 마음을 다하고 목숨을 다하고 뜻을 다하는 것이다.[64]

한편 프롬(Erich Fromn, 1900～1980)은 성숙한 사랑이란 본래의 성실성(integrity)과 개성(individuality)을 보존한 상태에서의 합일(合一)이라고 한다. 이것은 자타(自他)의 성실성과 개성의 존중을 기반으로 삼는다는 것을 의미한다. 사랑은 인간 속에 있는 능동적 힘으로, 인간을 그 동료에게서 격리하는 벽을 파괴하는 힘이며, 그를 다른 사람과 결합하는 힘이라고 한다. 사랑은 그로 하여금 고립과 분리의 감각을 극복하게 하지만, 이와 동시에 그로 하여금 그 자신이 되며, 그 본래의 성실성을 보존하게 한다.[65] 프롬은 사랑의 활동적 성격을 가장 일반적 방법으로 표현한다면, 사랑은 본래 주는 것(giving)이지 받는 것이 아니라고 한다. 그것은 타인에게 자기의 기쁨, 흥미, 이해, 지식, 유머, 슬픔 등 그의 마음속에 살아 있는 모든 것을 상대에게 아낌없이 주는 것을 뜻한다. 준다는 것의 요소 이외에도 사랑의 능동적인 특성은 돌봄(care), 책임(responsibility), 존중(respect), 지식(knowledge) 등을 포함한다고 한다. 배려, 책임, 존경 그리고 지식은 상호의존적이다.[66]

---

63)『성경』 마태 22: 37-40 참조.
64)『성경』 마태 5: 38-48, 고린도전서 13: 4-7 참조.
65) 프롬,『사랑의 기술』(권오석 옮김, 홍신문화사, 2007. 3), p. 30 참조.
66) 위의 책, pp: 32-44 참조.

2. 존중의 실현

다른 사람을 존중한다는 것은 그 사람을 자신처럼 존귀하고 소중한 존재로 배려한다는 의미이다. 유교에서 이른바 역지사지(易地思之), 충서(忠恕), 혈구지도(絜矩之道)라고 하는 것들은 타인을 존중하고 배려하는 방법을 지칭하는 개념들이다.

> (중궁(仲弓)이 인(仁)에 관해 묻자 공자께서 대답하였다.) 자기가 바라지 않는 것을 남에게 베풀지 않는 것이다.(『論語』, 顏淵)

> 자공(子貢)이 묻기를 한마디 말로써 평생 동안 실행해야 할 것이 있습니까? 공자께서 대답하기를, 그것은 서(恕)가 아니겠는가? 자기가 바라지 않는 것을 남에게 베풀지 않는 것이다.(『論語』, 衛靈公)

> 충서(忠恕)는 도(道)에 가까우니, 자기에게 베풀기를 바라지 않는 것을 남에게 베풀지 말라.(『中庸章句』, 13章)

> 위에서 싫어하는바, 그것으로써 아랫사람을 부리지 아니하며, 아래에서 싫어하는바, 그것으로써 윗사람을 섬기지 아니한다. …… 이것을 혈구지도(絜矩之道)라고 한다.(『大學章句』, 傳10章)

> 자기가 서고자 하면 남도 함께 세워주고, 자기가 이르고자 하면 남도 함께 이르게 해주나니, 가까운 자신의 몸으로부터 미루어 먼 남에게까지 적용한다면[能近取譬] 이것이 바로 인(仁)을 실천하는 방법이라 하겠다.(『論語』, 雍也)

타인을 존중하고 배려한다는 것은 자신이 하고자 하지 않는 것을 남에게 강요하지 않으며, 자기가 이루고자 하는 것은 먼저 남이 이루도록 하는 것이다. 다시 말해서 역지사지의 원리를 적용하여 자신의 이해와 감정을 관찰하고, 이를 미루어 타인의 처지와 감정을 헤아려 배려하고 존중하는 것이다.

공자(孔子, 551~479 B.C.)는 인(仁)의 실천을 다음과 같이 말한다.

> 안연(顔淵)이 인(仁)에 관해 물었다. 공자가 이르기를 "자기의 욕구를 극복하고[克己] 예(禮)를 회복함[復禮]이 인을 행함이다. 하루라도 자기를 극복하고 예로 돌아가면 천하가 인으로 돌아갈 것이다. 인을 행함은 나로 말미암는 것이지 타인으로 말미암는 것이 아니다." 안연이 청하여 그 세목을 물었다. 공자가 이르기를 "예(禮)가 아니면 보지 말고, 예가 아니면 듣지 말고, 예가 아니면 말하지 말고, 예가 아니면 행동하지 말라."라고 하였다.[67]

인(仁)을 실천하는 구체적인 방법이란 자기절제[克己]와 겸손 및 공경을 본질로 하는 구체적인 행동양식으로서 예(禮)를 실행하는 것이며, 가까운 부모형제에 대한 사랑에서 이웃으로 점차 그 대상을 확대해 나감으로써 완성되는 것이다. 예의를 지킨다거나 예절을 행한다고 하는 것은 자신을 낮추고 사양하며, 타인을 높이고 공경하며 우선하는 것이다.[68]

한편 불교에서도 자신의 소중함을 미루어 타인을 존중하는 마음으로서 자비(慈悲, mercy)의 실천을 말한다. 자비행(慈悲行)은 행위의 대상, 행위 주체인 자신, 그리고 그 행위 자체에 대한 집착을 버리는 것으로 시작한다. 그래서 괴로움에서 벗어날 수 있는 불법(佛法)을 전하고, 필요한 재화(財貨)를 베풀며, 온갖 걱정과 근심 그리고 두려움을 덜어주는 것 등 보시(布施)의 실천은 소유하고 집착하려는 자기를 버리는 연습이라고 할 수 있다. 자기를 버릴 때 진정으로 남을 존중하고 배려하며 사랑할 수 있다는 것이다.

한편 프롬이 사랑의 성취를 위한 주요조건으로 내세운 다음의 사항들은

---

67) 『論語』, 顔淵.

68) 『禮記』, 卷1, 曲禮上: 曲禮曰 毋不敬. …… 夫禮 自卑而尊人 先彼而後己. 『孟子』, 公孫丑上: 辭讓之心 禮之端也.

타인에 대한 존중과 배려의 방법이라고 할 수 있다. 첫째, 자신의 나르시시즘(narcissism, 자기도취증)을 극복하는 것이다. 둘째, 사물과 인간을 있는 그대로 보는 능력인 이성(理性)을 지녀야 한다는 것이다. 객관적인 태도로 이성을 사용하려면 겸손의 태도를 몸에 익숙할 때 가능하다고 한다. 셋째, 합리적 신뢰(faith)이다. 신뢰란 성실과 불변성에 기초하고 있으며, 남의 잠재능력에 대한 신뢰이다. 신뢰란 자신을 신뢰하고, 타인을 신뢰하며, 나아가 인류를 신뢰하는 것이다. 넷째, 신념을 가지는 데에는 용기가 필요하다. 이 용기란 고통과 실망을 받아들일 수 있는 준비까지를 말한다. 사랑을 받기 위해서도 사랑을 하기 위해서도 어떤 가치를 궁극적인 관심사로 판단하고, 또 이 가치를 향해 달려가고 그 가치를 위해 모든 것을 내거는 용기를 지녀야 한다.[69]

3. 군대에서의 존중

우리 군의 『군인복무규율』에서는 존중과 배려에 역행하는 군인 상호의 구타, 폭언, 가혹행위 등을 금지하고 있으며, 이러한 행위가 발생하지 않도록 지휘관이 지도·감독하도록 규정하고 있다.[70]

흔히 군대에서는 상관에 대한 충성, 상관의 명령에 대한 복종, 상관의 권위에 대한 존중, 상관에 대한 예의 등을 요구한다. 따라서 군대에서의 존중이란 대체로 상관에 대한 부하의 일방적인 존중만을 지칭하는 것으로 인식되고 있다. 그러나 오히려 부하에 대한 상관의 존중이 더욱 요구된다고 하겠다. 그런 의미에서 신하에 대한 임금의 예(禮)와 임금에 대한 신하의 충(忠)을 함께 말한 공자의 의도를 음미해볼 필요가 있다.[71]

69) 프롬, 『사랑의 기술』(권오석 옮김, 홍신문화사), pp. 133-143 참조.

70) 『군인복무규율』(대통령령 제20282호, 2007. 9. 20), 제15조(사적 제재의 금지).

71) 『論語』, 子路(13): 임금이 신하를 부리되 禮로써 하고, 신하가 임금을 섬기되 忠으로 한다.

군대는 그 어떤 사회보다 사회질서와 화합을 위한 존중과 배려의 마음을 표현하는 예절을 강조한다. 예절을 강조한다는 것은 그 어떤 조직보다도 상호존중과 배려를 중요하게 여긴다는 의미이며, 존중과 배려가 군 전투력의 보존과 발휘를 위한 기율(紀律)의 확립과 임무의 성공적 수행에서 가장 본질적인 인화단결을 위한 길이기 때문이다.[72] 우리 육군의 가치관의 하나인 존중은 부대원과 동료를 인격적으로 대우하고, 인정과 칭찬을 통해 조직구성원 모두를 화합 · 단결시키는 가치라고 한다.[73]

미 육군의 교범에서는 전투 중 믿음직한 군인은 평소 지휘관에게 존중받았던 부하이며, 부하를 존중하는 상관은 자신에 대한 부하의 존경심을 고취한다고 한다.[74]

> 전투 중 자유국가의 군인들을 믿음직스럽게(reliable) 하는 기율(discipline)은 거칠거나 폭군과 같은(tyrannical) 취급으로 얻어질 수 있는 것이 아니다. 반대로 그러한 취급은 군대를 만들기보다 훨씬 더 파괴할 것처럼 보인다. 강렬한 욕구 외에 아무런 감정도 없는 군인들에게 복종을 고취하기 위하여 그러한 방식과 어조로 가르치고 명령하는 것은 가능하다. 반면 반대의 방법과 어조는 확실히 강력한 분개(resentment)와 불복종의 욕구를 일으킬 것이다. 부하를 다루는 하나의 방식(mode)이나 다른 방식은 지휘관의 가슴에 상응하는(corresponding) 정신에서 나온다. 다른 사람에게 마땅히 돌려야 할 존중감(respect)을 느끼는 사람은 확실히 그들에게 자신에 대한 존중심(regard)을 고취할 수 있다. 반면 타인, 특히 하급자(inferior)에게 무례(disrespect)를 느끼고 드러내는 사람은 확실히 자신에 대한 증오심(hatred)를 불러일으킨

72) 『論語』, 學而(1): 유자(有子)가 말하기를 예(禮)의 용도란 화합[和]을 귀중하게 여기니, 선왕(先王)의 도는 이것을 아름답게 여겨, 크고 작은 일을 예에 따라 했다. 그러나 해서는 안 될 것이 있으니, 한갓 화합만을 귀한 줄 알고 화합만을 오로지 하고, 다시 예로써 절제하지 않은 것이라면 행할 수 없는 것이다.

73) 『육군 가치관 및 장교단 정신』(2008년도 실천지침서)(육군본부, 2008. 2), p. 33 참조.

74) *FM 6-22 Army Leadership*(Headquarters, Department of the Army, October 2006), p. 4-5.

다(John M. Schofield 소장, 미 육사생도들에게 행한 연설, 1879년 8월 11일).

평소 상관에게 존중받지 못한 군인은 상관을 존경하지 않을 뿐만 아니라 복종하지 않으며, 오히려 증오심을 갖게 될 것이라고 한다. 따라서 지휘관이 부하를 믿음직한 전투원으로 만들고, 부하로부터 존경과 신뢰, 복종을 고취하기 위해서는 그들을 존중해야 한다. 이것은 역지사지를 지휘통솔의 보편적 원리로 삼아야 한다는 것을 의미한다. 이 원리는 "내가 남을 먼저 존중해야 남이 나를 존중해준다."라는 인간의 심리적 사실에 근거한 것이라고 하겠다. 맹자가 제(齊) 선왕(宣王)에게 다음과 같이 말하였다.

> 임금이 신하 보기를 자기의 손발같이 여기면 신하는 임금 보기를 자기의 배와 염통같이 여기고, 임금이 신하 보기를 개나 말과 같이 여기면 신하는 임금 보기를 일반 국민처럼 여기고, 임금이 신하 보기를 토개[土芥; 티끌]같이 여기면 신하는 임금 보기를 원수같이 여긴다.(『孟子』, 離婁下)

통치자 또는 지휘자가 국민이나 부하를 자신처럼 존중하지 않는다면 그 자신도 그들에게서 존중받을 수 없다는 것이다. 나 자신이 타인에게 존중받고자 한다면 먼저 타인을 존중하고 배려해야 하는 것이다.

군대에서 부하는 지휘통솔자에게 가장 위대한 자원이며, 타인 존중의 정신은 인간의 존엄성을 중시하는 자유민주주의의 기본 정신이다. 따라서 군대의 리더는 누구나 인종, 성(性), 신념, 종교적 신앙에 관계없이 존엄성과 존중을 지닌 존재로 대우받는 기풍을 조성해야 한다.[75] 또 존중과 배려는 설득과 대화에 의한 부하의 자발적 참여가 요망되는 미래의 전쟁양상에서 아주 긴요한 리더십의 핵심이다. 상호존중과 신뢰로 고취된 충성

75) *FM 6-22 Army Leadership*(Headquarters, Department of the Army, October 2006), pp. 4-5~4-6 참조.

(inspired loyalty)이 형성되기 때문에 군대의 리더는 타인존중의 정신을 실천하고 모범을 보이는 전문가여야 한다. 특히 개성과 다양성을 존중하는 현대의 사조(思潮)에 발맞추어 군에서도 타인의 상이한 윤리적·종족적·성적·종교적 배경을 이해하고 존중하는 이해심과 관용이 필요하며 타인에 대한 배려, 공정한 처우, 동등한 기회 등을 제공하고 증진할 수 있어야 한다.

군인은 목숨을 바쳐서 서로 지키며, 공동의 목표를 성취해야 하는 직업적 특성으로 인하여, 군인 상호 관계는 직장동료에 그치는 것이 아니라, 피로 맺어지는 전우요 동지 관계라고 하겠다. 따라서 이들 사이에는 깊은 이해와 존중과 사랑이 있어야 한다. 존중은 훈련되고 응집력 있고 효율적인 전투부대를 증진하는 데 필수적인 요소이다. 가혹한 전투수행 중에도 임무를 완수하고 동료의 생명을 지키려는 사심 없는 헌신과 의무감은 동료군인들에 대한 개인적 신뢰와 관심 위에서 구축된다. 상호존중과 사랑의 풍토를 가꾸는 데 실패한다면 상호신뢰와 단합은 깨져버리게 될 것이다.

존 하키드는 "자기 자신을 거의 포기한 상태에서 다시금 자기를 회복시킬 수 있는 기회를 준다면, 당사자들은 기회를 준 사람에게 많은 것을 보상해줄 것이다."라고 하였다. 그는 부하의 불명예스러운 책임을 물어 불명예스럽게 쫓아버리는 대신, 그들을 자신의 탱크 운전사와 사수로 삼았는데, 그들이 훌륭하게 임무를 수행하게 되었다고 하였다. 따라서 그는 부하들이 자존심을 회복하도록 도와주거나 자존심을 회복할 수 있는 기회를 부여해주면 지휘관에게 상당한 보답이 돌아온다고 주장하였다. 또 그는 부하를 질책하는 데 자존심을 건드리지 않도록 각별히 주의하여야 한다고 하였다.76)

---

76) 존 하키트, 『전문직업군』(이재호·서석봉 옮김, 도서출판 한원, 1989. 3), p. 232 참조.

제5장 책 임

사회적 존재로서 인간은 누구나 그가 처한 사회적 지위에 따라 여러 가지 책임과 의무를 지게 마련이다. 책임(責任, responsibility)이란 인간관계에서 또는 직업 활동에서 마땅히 수행해야 할 의무로서 주어지는 것을 지칭하며, 또한 그것을 다하지 못하거나 그것에 반하는 행위를 하였을 때 가해지는 비난이나 처벌 등이 주어지는 것을 지칭한다.

군 장교의 책임은 전문직업인으로서 지니는 사회적·직업적 책임, 군내에서의 직위와 직책 그리고 임무에 따른 책임 등이 있다. 군전문직업의 사회적 역할과 기능에 비추어볼 때 군장교직의 책임은 대단히 무겁고도 폭넓은 것이라 하겠다. 국가의 안전보장과 국민의 생명과 재산을 지키기 위해 무력을 관리해야 하는 장교는 그 어떤 직업인보다도 책임감이 투철해야 한다. 더욱이 미래의 전장 환경은 권한 및 책임이 분산되는 방향으로 전개될 것으로 예측된다. 따라서 더욱 개인의 책임감이 요구된다. 단테의 『신곡(神曲)』에는 지옥의 맨 아래쪽에 배신자와 책임을 회피한 자가 자리하고 있다고 기술되어 있다. 책임감은 인간의 품위라고 하겠다.

책임에 대한 반응은 대체로 두 가지로 나타난다. “모든 것이 내 책임이다.”라고 하는 책임감 과다증, 즉 신경증(神經症)의 사람과 “모든 것이 주위 환경 탓이다.”라고 하는 책임감 과소증, 즉 성격장애(性格障碍)의 사람으로 분류된다. 사회적으로 문제가 되는 것은 책임감이 없는 후자이다. 책임의식을 저해하는 가장 큰 요소는 이기심이라고 할 수 있다. 육체적 안일과 개인의 이기적 욕구를 충족하고자 하는 사사로운 욕심은 책임감을 둔하게 한다.

1. 책임의 의미와 한계

1) 책임의 의미와 종류

책임이란 직책이나 직위 그리고 이름에 수반하는 임무나 의무를 지칭한다. 이러한 임무나 의무는 법, 규정 그리고 명령의 요구에서 비롯되기는 하지만, 이보다 능동적이고도 적극적으로 그리고 창의적으로 수행되어야 한다.

책임이란 맡겨진 임무나 의무를 다하지 못하거나 소홀히 한 경우, 또는 법에 어긋난 행위를 한 경우, 그에 상응하여 불이익 또는 제재(制裁)가 주어지는 일을 지칭한다. 이러한 불이익이나 처벌을 받지 않으려는 것을 '책임 회피' 또는 '무책임'이라고 말한다.

책임의 종류에는 도덕적 책임과 법적 책임이 있다. 전자는 개인에게 또는 인간관계에서 요구되는 자발적 행위에 대한 의무와 책임을 가리키는 것이다. 후자는 법이 요구하는 책임과 의무 그리고 불법적 행위에 대하여 법률상의 불이익이나 제재를 가하는 것을 의미하며, 민사책임과 형사책임이 있다.

2) 책임 의식

책임 의식, 책임감 또는 책임성이란 "맡은 바 임무를 적극적이고 능동적으로 최선을 다해 수행하고 그 성패에 대한 모든 결과를 떳떳이 수용하려는 인격적 특질, 정신적 자세, 행동적 성향"77)이라고 할 수 있다. 따라서 책임의식은 다음과 같은 두 가지 의미를 지닌다고 하겠다. ① 창의적이

77) *FM 22-100 Military Leadership*(Headquarters, Department of the Army, Washington, D.C., 1990), p. 29.

고 능동적으로 최선을 다해 임무를 성취하겠다는 적극적인 책임감과 의무감을 갖는 것이다. ② 결과에 대해 책임을 지겠다는 각오로 일하며, 행위의 결과에 실제로 책임을 지는 것이다.

3) 책임의 소재 및 한계

모든 행위의 결과에 대하여 행위 당사자가 책임을 지는가? 아니면 어떤 행위의 경우에 책임이 없는가? 아리스토텔레스(Aristotle, 384~322 B. C.)의 논의를 고찰해보자.[78]

도덕적 책임이건 법적 책임이건 그 책임을 다하지 못할 경우, 통상 그에 대한 문책이 따르기 마련이다. 그것은 스스로 자신의 양심에 대하여 가책을 느끼거나, 타인의 도덕적 비난, 법정에 의한 법적 처벌이나 책임을 지는 형태로 나타난다. 그러나 그 책임을 다하지 못한 것에 대하여 항상 문책하는 것은 아니다.

아리스토텔레스는 실천의 덕(德)의 본질인 중용(中庸)이 밖으로 나타난 행동 또는 결과에만 관련된 것이 아니라 행위의 동기와도 뗄 수 없는 관계에 있다고 본다. 다시 말해서 책임은 그 행위의 의도와 행위 및 결과를 함께 고려함으로써 물어진다.

아리스토텔레스는 동기(動機)와 관련되는 책임의 문제를 다음과 같이 주장하였다. 우선 행위에 대하여 책임을 물을 수 있는 경우란 행위자의 인격과 자발적 의지에서 나온 고의적(故意的)인 행위일 경우이다. '고의적인 행위'란 타인의 신체나 명예, 이익을 해치거나 손해를 입힐 목적을 지닌 행위, 부당하게 자기의 이익을 취하려는 행위 등을 의미한다.

그러나 오직 육체에 기인할 뿐 인격에서 유래함이 없는 행위, 즉 '고의

---

78) 아리스토텔레스, 『니코마코스윤리학』, 권3, 제1장~제5장 참조.

가 아닌 행위'(involuntary act)에 대해서 그 책임을 물을 수 있는지는 그 답을 내리기가 쉽지 않다. 고의가 아닌 행위란 강요에 의한 행위와 무지(無知)에 의한 행위로 구분된다. '강제당한 행위, 즉 강요에 의한 행위'(compulsory act)는 행위의 원인이 행위자 밖에만 있는 경우를 말한다. 저항할 수 없을 정도로 군센 힘에 굴복한 경우와 참을 수 없는 심한 고통에 견디지 못하여 굽힌 경우이다. 이러한 행위는 자신의 인격이나 의지에서 나온 행위가 아니라, 타인의 완력(腕力)이나 무력, 권력 등의 강압과 위협에 의해 강요된 행위이므로 책임을 물을 수 없다는 것이다.

'모르고 한 행위'(act in ignorance)는 행위를 저지르는 순간의 상황과 행위의 목적이나 그 행위의 결과를 행위자가 알지 못할 경우로, 그 행위의 결과에 대한 책임 소재를 판단하기가 쉽지 않다는 것이다. 예를 들면 술에 만취하거나 극도로 흥분된 상태에서 이루어진 실수의 경우 등이 대표적인 사례이다. 가령 취중에 잘못 행동했을 경우에는, 과음을 한 것에 대하여는 책임을 져야 하나, 취중에 저지른 행위 자체에는 책임이 없다는 것이다.

이 경우는 어떤 '특수사정'에 관해 무지한 경우이다. 예컨대 아주 나쁜 결과를 초래한 어린아이의 행동이나 비정상인[정신장애지 등]에 의해 이루어진 행위, 정상인에 의해 이루어졌다 할지라도 당시 사정과 조건들을 모르고 한 행위는 고의성(故意性)이 없기 때문에 면책(免責) 대상이 되어야 한다는 것이다. 그러나 이 경우 문제는 고의성 여부를 어떻게 확인할 수 있는가 하는 것이다. 어린아이나 정신장애자인 경우 고의성 여부를 가리기가 어렵지 않겠지만, 정상인의 행위의 경우는 고의성이 없다는 사실 자체를 입증하기가 어렵다고 하겠다. 고의성 여부는 행위자 자신이 가장 잘 알 수 있는 것이고, 타인은 단지 행위가 발생한 당시의 사실적 정황에 비추어 고의성 여부를 추론하여 판단할 수밖에 없는 어려움이 있는 것이다.

설사 행위당사자가 고의성이 없었다고 주장할지라도 그 행위 결과가 엄청난 개인적 손상과 사회적 물의(物議)를 야기(惹起)한 것이라면, 무지에 의한 범죄행위는 무지했다는 그 자체만으로 면책사유가 될 수 없다는 주장도 가능하다.

'무지로 말미암은 행위'(act by reason of ignorance)는 시비선악(是非善惡)의 구별을 제대로 몰라 저지른 행위를 가리킨다. 무지로 말미암은 행위의 무지는 '보편적 원리에 대한 무지'이다. 이 경우는 사람으로서 마땅히 알아야 할 바를 모른 것이니 이에 대해서는 응당 책임을 져야 한다는 것이다.

특히 중요한 판단을 내려야 하는 직책에 있는 정상인의 경우, 또는 무지해서는 안 되는 직책에 있는 사람의 경우는 설사 그가 무지해서 범죄를 저질렀다 할지라도 결코 그의 무지가 면책사유가 될 수 없다는 것이다. 장교의 경우는 고의성이 없었다 할지라도 무지에 의해서 이루어진 범죄행위가 책임을 면할 수 있는 경우는 거의 없다. 오히려 모르고 있었다는 사실 자체가 그에게는 무책임하다는 오명(汚名)이 될 것이기 때문이다. 병사와 달리 군 장교는 건전한 상식과 일정수준의 교육이 필요하고 또 요구되는 까닭이 여기에 있다.

2. 군장교직의 책임과 그 특성

1) 책임의 내용

하나의 조직으로서 군대 및 직업으로서 군인이 그의 고객인 국가와 국민으로부터 위임받아 최고의 가치로 삼고 궁극적으로 달성해야 할 책임이란 ① 대한민국의 자유와 독립의 보전 ② 국가와 국토의 방위 ③ 국민의 생명과 재산의 보호 ④ 자유민주주의의 수호 ⑤ 민족통일에의 기여 ⑥ 국제평화에의 기여 등이다.[79]

한편 전문직으로서의 장교는 군내에서 다음과 같은 책무를 부여받고 있다.

> 장교는 군대의 기간(基幹)이다. 그러므로 장교는 그 책임의 중대함을 자각하여 직무수행에 필요한 전문지식과 기술을 습득하고 건전한 인격의 도야(陶冶)와 심신의 수련에 힘쓸 것이며 처사(處事)를 공명정대(公明正大)히 하고 법규(法規)를 준수하며 솔선수범(率先垂範)함으로써 부하로부터 신뢰와 존경을 받아 역경(逆境)에 처하여서도 올바른 판단과 조치를 할 수 있는 통찰력(洞察力)과 권위[용기?]를 갖추어야 한다.[80]

『국군병영생활규정』은 장교의 위상(位相)을 '군대의 기간(基幹)'이라고 표현하고 있다. 그리고 이에 따른 책임을 강조하여 장교가 구비해야 할 직업적 책임을 개인적 책임과 공적 책임으로 나누어 설정하고 있다. 장교에게 요구되는 '개인적 책임'으로 전문지식과 기술의 습득, 건전한 인격의 도야, 심신의 수련을 들고 있으며, '공적 책임'으로 공명정대(公明正大)한 처사, 법규의 준수 등을 들고 있다. 이상의 책임에 대하여 솔선수범(率先垂範)할 때, 부하에게 신뢰와 존경을 받게 되어 장교로서 권위(權威)가 서는 것이다. 또 역경 속에서도 올바른 판단과 조치를 할 수 있는 통찰력과 결단력, 즉 용기를 갖추게 되는 것이다. 따라서 장교는 먼저 자기에게 주어진 책임을 명확하게 인식하고, 솔선수범하여 그 책임을 수행할 수 있는 능력을 기르고 인격을 함양하며, 일을 합법적으로 그리고 공명정대하게 처리하여야 한다.

> 지휘관은 부대의 핵심으로 부대를 지휘, 관리 및 훈련하며, 부대의 성패(成敗)에 대하여 책임을 진다. 그러므로 지휘관은 부대의 모든 역량을 통합

---

79) 『군인복무규율』(대통령령 제20282호, 2007. 9. 20), 제4조(강령), 국군의 이념, 국군의 사명 참고.

80) 『국군병영생활규정』 제2장 책무, 제3조 2항(장교).

하여 부여된 임무를 완수하여야 한다. 부대의 엄정(嚴正)한 군기(軍紀)와 왕성한 사기(士氣) 그리고 굳은 단결(團結)은 지휘관에게 달려 있음을 명심하여 지휘권을 엄정하게 행사하고, 부하를 지도 감독하며, 부하의 복지향상과 자원의 효율적 관리에 힘써야 한다.[81]

지휘관은 '부대의 핵심'으로, 부대를 지휘·관리·훈련하여 전투력을 강화하고 모든 역량을 통합하여 임무를 완수해야 할 책임을 지닌다. 부여된 임무를 완수하기 위해서, 지휘관은 부대의 엄정한 군기, 왕성한 사기, 굳은 단결을 이루어야 한다. 이것은 다음과 같은 지휘관의 노력 여하에 달려 있다. ① 지휘권을 엄정하게 행사한다. 즉 올바르고 공평무사하게 지휘권을 행사한다. ② 부하를 지도하고 감독한다. 즉 부하를 교육·훈련하고 감독한다. ③ 부하의 복지를 향상시킨다. ④ 유형, 무형의 자원을 합리적·효율적으로 관리한다.

2) 책임의 특성

앞에서 보았듯이 군인에게는 지휘관, 장교, 준사관, 부사관, 병 등 각 계급과 직책에 따라 명확한 책임이 부여되어 있다.

군인에게는 연대책임(連帶責任)을 강조한다. 군인은 각자의 행위 그 자체에 대해 책임을 지기도 하지만, 그 행위를 단체행동의 일부로 간주하고 연대책임을 진다. 왜냐하면 군인은 그 임무를 집단적으로 수행하기 때문에 '팀워크'가 요구되고, 군대 내 각 개인의 행위는 전체의 공동 목표와 임무에 직접적으로 영향을 미치며, 한 개인이라도 그 책임을 소홀히 할 경우 전체의 임무나 목적달성에 장애가 되기 때문이다. 그래서 군대의 각 성원은 자신의 임무달성으로 족한 것이 아니라, 조직원 상호 격려와 협동으

81) 『국군병영생활규정』 제2장 책무, 제3조 제1항(지휘관).

로 공동의 목적을 달성해야 할 책임이 요구되는 것이다. 특히 군 지휘관은 부대를 교육·훈련하고, 관리하고, 지휘·통솔하며, 부대의 성패에 책임을 지기 때문에 자신의 과오뿐만 아니라 부하의 잘못에 대해 책임을 지기도 한다.

군인에게는 일반 직업인과 달리 책임 완수를 위해 무한한 헌신과 생명의 희생까지도 요구된다. 왜냐하면 군인의 업무는 때로는 시간의 제한이 없으며 그 직장은 자신의 생명을 담보(擔保)로 하는 전장(戰場)이기 때문이다. 죽음으로 진지(陣地)를 사수(死守)하고, 동료를 보호하고 위험에 처한 전우를 구하는 것이 군인의 책임이다.

다음의 사례는 책임감이 투철한 한 장교의 모습을 보여주고 있다.

25사단 중대장 유은아 대위는 신병교육 중 훈련병이 부주의로 떨어뜨린 수류탄의 파편으로 부상을 입고 후송되었으나 상처가 완전히 치유되기도 전에 부대에 복귀하여 신병교육에 전념하였다. 유 대위는 입원 중에도 외출 허가를 받아 목발을 짚고 훈련병들의 마지막 행군을 격려하여 한 사람의 낙오자 없이 훈련을 종료시켰다.

파편에 의한 2차 손상으로 재수술을 받은 유 대위는 재활치료에 전념하여 3개월 만에 중대원 곁으로 조기에 복귀하여, 훈련병 성적관리프로그램 개발, 교육훈련 등 부대임무 완수에 기여하였다.

이후 급성혈액암으로 투병하시던 아버지의 임종을 지켜야 할 시간에도 중대장으로서 부여된 책임을 완수하기 위해 슬픔을 혼자 가슴에 안고 솔선수범하며 교육·훈련에 전념하였다.[82)]

3. 책임감의 형성

책임감 또는 책임의식은 도덕성과 관련된다. 즉 책임의식 또는 책임감

82) 『육군가치관 및 장교단정신』(육군본부, 2008년도 실천지침서), p. 30.

은 도덕성을 함양함으로써 형성된다고 한다. 바너드(Chester Barnard)에 따르면 책임감이란 "반대의 행동을 하고 싶은 강한 희망 또는 충동이 있을지라도 개인의 행동을 규제하는 특수한 개인적 도덕준칙 또는 각자에 내재하는 도덕성이 행동에 나타나게 하는 각자의 자질"[83)]을 의미하기 때문이다. 이러한 자질은 우리 인간의 근본적 약점인 의지의 허약성을 극복하고 의지의 강도를 높여주어, 도덕원리와 의무의 옳음과 당위성을 인지하면서도 실행에 옮기지 못하는 사람들의 실행능력을 제고해주는 도덕적 성향이요 능력이다.

피터스(Richard S. Peters)는 도덕적 성향과 능력을 구성하는 높은 단계의 덕목들로서 용기(courage), 일관성(consistency), 인내(persistence), 성실성(integrity), 결단력(determination), 절제(self-control) 등의 덕목을 들고 있다. 이러한 덕목들은 유혹과 두려움, 불안과 공포의 상황 속에서 반대의 경향들에 직면하면서도 이를 극복하고 꿋꿋하게 도덕원리와 규칙들을 실행할 수 있도록 해주는 것들로 의지의 강도(强度)와 관련된 덕목들이요 인격적 특질이다.[84)]

결국 책임감이 얼마나 투철한가 하는 것은 그의 도덕적 기반이 얼마나 견고하며 성숙되어 있는가 하는 것과 도덕법칙을 실천하고자 하는 의지의 강인성에 달려 있다고 하겠다.

스스로 자신의 책임감을 형성하기 위해서는 무엇보다도 물질적 욕구를 절제하고 이기심을 극복할 수 있어야 한다. 또 스스로 주도적으로 무엇이 옳고 그른지 분별하여 옳은 것을 지속적으로 행하는 노력이 요구된다. 마지막으로 사회적 지위가 높아지거나 다양한 사회에 참여하여 그 역할이 많아질수록 그의 책임은 무겁고 많아지며, 그가 지켜야 할 규범이나 법칙은 더욱 복잡하고 더욱 수준 높은 도덕성이 요구된다는 사실을 인식하는

83) 신종순 · 장을병, 『공직의 윤리』(박영사, 1965), p. 237.
84) 장용선, 「피터스의 도덕교육론 고찰」(『육사논문집』, 제52집, 1997. 6), p. 331 참조.

것이다.

장교나 지휘관이 상급자로서 부하에 비해 스스로 책임감을 무겁게 느끼며, 부하들의 책임을 덜어줄 때, 오히려 부하의 책임의식이 고양(高揚)되고 부대 단결이 이루어질 수 있다.

공자는 "자신에게 무거운 책임을 묻고, 남에게 책임을 가볍게 해주면 원망을 멀리할 수 있다."라고 했다. 이에 대해 정약용(丁若鏞)은 "자기 꾸짖기를 강하게 하면 내가 남을 원망하지 못하고, 남을 꾸짖는 일을 약하게 하면 남들이 나를 원망하지 않는다."라고 주석하였다.[85] 자신에 대해서는 선악시비의 기준을 엄격히 적용하여 책임을 엄하게 묻고, 타인에 대해서는 그 책임을 가볍게 한다면 원망이 없다는 것이다. 지도자는 부단히 자신을 반성하여 자신의 행위를 수준 높은 책임과 의무에 비추어 엄격히 규제하고 문책하되, 타인에게 관대하여야 한다는 것이다.

링컨은 말하기를 "존경하는 마이드 장군! 이 작전이 성공한다면 그것은 모두 당신의 공로입니다. 그러나 만약 실패한다면 그 책임은 내게 있습니다. 만약 작전에 실패한다면 장군은 링컨 대통령의 명령이었다고 말하십시오. 그리고 이 편지를 모두에게 공개하시오."라고 하였다.

부하들의 책임감을 높이기 위해서는 하나의 기술이 필요하다. 책임을 질만한 잘못을 한 부하에게 "왜 그렇게 했느냐?"라고 질책하여 부하의 책임회피나 자기합리화를 조장하기보다는, "당시의 상황은 어떠했는가? 그래서 자네는 그 상황에서 어떻게 대처했는가?"라고 질문함으로써, 부하 스스로 지난 잘못을 반성(反省)하면서 스스로 책임감을 느낄 수 있도록 하는 것이 바람직하다.

85) 『論語』 衛靈公: 躬自厚 而薄責於人 則遠怨矣. 茶山 丁若鏞의 『論語古今註』 참조.

제6장 용 기

사전적 의미에서 용기(勇氣, courage)란 '씩씩하고 굳센 기운 또는 사물을 겁내지 아니하는 기개(氣槪)'이다. 공자는 사회의 지도자이며 지식인으로서 군자가 갖추어야 할 덕목으로 지인용(智 · 仁 · 勇)을 말하면서, 그 가운데 용기란 두려워하지 않는 것[不懼]이라고 한다. 중국 송(宋)나라 때의 명장 악비(岳飛)는 말하기를 "문관(文官) 관료들이 돈을 사랑하지 않고, 무관(武官)들이 죽음을 아끼지 않으면 천하가 태평하게 된다."라고 하여, 죽음을 두려워하지 않는 용기를 가장 본질적이고도 핵심적인 군인의 가치이며 덕목으로 보았던 것이다.

클라우제비츠가 지적하였듯이 전장 환경은 자연환경과 피아(彼我) 상황의 '불확실성과 우연', 전투로 인한 생명과 부상의 '위험', 육체적 활동과 수면 부족 그리고 열악한 기후와 보급 부족 등으로 인한 '육체적인 노력과 고통'으로 둘러싸여 있는 영역이라고 할 수 있다. 따라서 군인에게는 어떠한 위험 상황에서도 두려워하지 않는 용기와 어떠한 어려운 조건도 인내하고 극복하여 임무를 달성하고자 하는 불굴(不屈)의 의지가 요구되는 것이다. 맥아더는 말하기를, "군인에게 가장 알맞은 성격 중에서 인간에게 가장 감명을 주는 것은 용기이다. 이것이야말로 모든 군사활동을 성공시키는 기초가 된다."라고 하였다.

용기는 군인의 최고 미덕(美德)이요, 군인다움의 본질이다. 용기는 공포심을 억누르고 두려움을 극복함으로써 임무를 완수하고 전쟁을 승리로 이끄는 군인정신의 중요한 요소이다. 특히 장교 또는 지휘관이 죽음을 불사하는 용기를 지닐 때 그 부하들 역시 삶에 집착을 버리고 용감히 전투에 임하게 된다. 장교 또는 지휘관은 그 스스로 어떠한 고난과 역경도 극복할 수 있는 불굴의 의지와 참다운 가치를 실현하고자 하는 용기를 지닐 뿐만 아니라 부하들의 용기를 고취하는 것이 그의 책임과 의무이다.

1. 용기의 의미

1) 분별 있는 인내력

플라톤의 대화록 가운데 『라케스』 편에는 소크라테스(470?~399 B. C.)가 라케스와 니키아스라는 두 장군과 대화하면서 용기에 대한 일반적 정의(定義)에 도달하는 과정이 기술되어 있다.[86] 소크라테스는 용기의 보편타당한 정의에 이르기 위하여 이른바 산파술(産婆術, 대화를 통해 상대로 하여금 스스로 무지를 깨닫게 하고, 나아가 새롭고 명확한 지식을 스스로 도출할 수 있도록 유도하는 방법)을 사용하고 있다.

소크라테스 그러면 우선 처음에 용기란 무엇인가 하는 것을 설명해보기로 합시다. 그다음에 어떻게 하면 용기라는 것을 젊은이들에게 가르칠 수 있을까, 그러나 연습이나 수업을 통해서 그렇게 가르치는 것이 가능한 경우에 말인데, 그러한 것을 생각해보려고 합니다. 그러면 지금 내가 말한 바와 같이 용기란 무엇인가를 말해보기 바랍니다.

라케스 소크라테스, 그것을 말하는 것은 제우스에게 맹세코, 어려운 일이 아닙니다. 왜냐하면 누구인가 전열(戰列)에 머물러 서서 적에 대항하고 퇴각하지 않는다면 그러한 인물은 용감하다고 할 수 있습니다.

소크라테스 분명히 당신이 말하는 대로입니다, 라케스. 그러나 내가 아마 명백히 설명해놓지 않았기 때문인 것 같은데, 당신은 내가 질문한 것과는 다른 것을 대답하고 있습니다.

라케스 그것은 무슨 뜻입니까, 소크라테스.

소크라테스 그것을 당신에게 설명하겠습니다. 하지만 내가 제대로 설명할

86) Gottfried Martin, 『소크라테스 평전』(박갑성 옮김, 삼성문화재단, 1974. 7), pp. 167-188 참조.

수 있을지 모르겠습니다. 당신이 말한 인물, 전열에 머물러 적과 싸우는 인물도 물론 용감합니다.

라케스 죽어도 나는 그렇게 주장합니다.

소크라테스 나도 확실히 그렇게 생각합니다. 그러나 머물러서 하지 않고, 퇴각하면서 적과 싸우는 사람의 경우는 대체로 어떠할까요?

라케스 퇴각하면서라면 어떻게 말입니까?

소크라테스 가령 스키타이인들에게 대해서 말하는 것인데, 그들은 진격할 때와 똑같이 퇴각할 때도 적을 공격합니다. 또 호메로스도 어디서인가 아이네이아스의 말을 이렇게 찬양하고 있습니다. 저쪽으로 또 이쪽으로, 추격할 때나 퇴각할 때나 빨리 뛸 줄 안다. 그리고 또한 아이네이아스 자신에 관해서도, 그가 퇴각하는 방법을 알고 있는 점을 호메로스는 찬양하여 그를 퇴각의 명인(名人)이라고 부르고 있습니다.

라케스 확실히 그렇습니다, 소크라테스. 왜냐하면 그가 말하고 있는 것은 전차를 말하는 것이며, 그대가 스키타이인들의 일을 말한 것도 기병에 대해서이기 때문입니다. 스키타이인의 경우, 기병(騎兵)은 그러한 전법을 쓰고 있으나, 한편 그리스의 보병대(步兵隊)는 내가 말하는 전법을 쓰고 있기 때문입니다.

소크라테스 그렇다고는 하지만 분명히 라케스, 라케다이모니아인의 보병대는 그와 다르겠지요. 왜냐하면 이들에 대해서는 이렇게 얘기되고 있기 때문입니다. 프라타이아니에서 순병(楯兵)과 조우했을 때, 이 보병대는 머물러서 싸우려 하지 않고 퇴각하였는데, 그러나 페르시아군의 전열이 분단된 것을 보자, 기병과 같이 되돌아서서 싸웠고, 그 결과 그 회전(會戰)에서 승리를 거둔 것이라고.

라케스 말씀대로입니다.

소크라테스 그런데 당신의 대답이 틀렸던 것은 내가 당신에게 올바른 질문 방법을 쓰지 않았기 때문입니다. 그러니까 그것은 내 탓이라고 아까 말했습니다. 그것은 이러한 뜻입니다. 즉 나는 다만 보병대 속의 어떤 사람들이 용감한가를 알고 싶었던 것만은 아닙니다. 기병대와 기타 전쟁에 관계하는 모든 일에 관해서 어떠한 사람들이 용감한가를 알고 싶었던 것입니다. 또 전쟁 중만 아니라 해난(海難) 때에 용감한 사람들, 그뿐 아니라 질환이나 빈곤과 국정(國政)에서 용감한 사람들, 또한 고통이나 공포에 대해서 용감할 뿐만 아니라 욕망과 쾌락에 대해서도, 그리고 멈추어서든지 방향을 바꾸든지 간에 전투할 만한 기력을 가진 사람들을 알고 싶었던 것입니다. 그렇게 말하기보다도 라케스, 이러한 사항에 대해서도 용감한 사람들이 있는 것이 아니겠습니까?

라케스 확실히 그렇습니다, 소크라테스.

소크라테스 그러니까 이 사람들은 모두 용감하지만, 그러나 어떤 자는 쾌락, 어떤 자는 불쾌, 어떤 자는 욕망, 어떤 자는 공포에 대해서 용감한 태도를 취한다는 것입니다. 그런데 이러한 무리들과는 반대로 같은 경우를 만났을 때 비겁한 태도를 취하는 사람들도 있다고 나는 생각합니다.

라케스 물론입니다.

소크라테스 이러한 용감한 태도라든가 비겁한 태도라든가 그것이 각각 무엇이겠습니까? 나는 그것을 물었던 것입니다. 그러면 다시 한 번 우선 처음에 용감하다는 것은 무엇인가를 설명해봅시다. 지금 열거한 모든 경우를 통해서 동일한 용감하다는 것이 무엇인가를 말입니다. 그런데 당신에게는 내가 말하고 있는 것이 아직 잘 이해되지 않는 것인가요?

라케스 아직 잘 모르겠습니다.

소크라테스 이러한 뜻으로 말하고 있는 것입니다. 예컨대 속도라는 것은 무엇인가 하고 물었다고 합니다. 즉 달릴 때도, 음악을 할 때도, 얘기를 할 때도, 학습을 할 때도, 그 밖에 여러 사항에 대해서도 속도라는 것은 무엇이냐고 물었다고 합니다. 그리고 우리들 태반은 일거수일투족에 이르기까지 입과 소리와 또한 분별하는 작용에 이르기까지 약간이라도 논할 수 있는 모든 것에 대해서 속도라는 것을 가지고 있습니다. 그런데 당신은 그렇게 생각하지 않습니까?

라케스 물론 그렇게 생각합니다.

소크라테스 그러면 누군가 나를 향해 이렇게 물었다고 합시다. 소크라테스, 그대가 모든 사항에 대해서 속도라고 명칭붙이고 있는 것 그것을 그다음엔 어떻게 설명하는가 하고. 그러면 나는 이렇게 말하겠지요. 단시간에 여러 가지 일을 해버리는 능력을 나는 속도라고 부른다. 그것이 소리를 낼 때이건, 뛰어갈 때이건, 그 밖에 어떠한 사항에 대해서든지 그렇다고.

라케스 과연 참으로 훌륭한 설명입니다.

소크라테스 그러면 그대도 용기란 무엇인가를 설명해보십시오. 쾌, 불쾌나 기타 용감한 태도가 인정되는 예로서 우리들이 듣고 있는 모든 사항에 걸쳐서 동일한 것이며, 그렇기 때문에 용기라고 불리는 것이 도대체 어떠한 힘인가를.

라케스 암만해도 내 생각으로는 용기라는 것은 혼의 어떠한 인내력같이 보입니다. 만일 용기라는 것에 대해서 모든 경우에 인정되는 것을 말하려고 한다면 말입니다.

소크라테스 물론 당신은 그렇게 말해야 할 것입니다. 우리들이 참으로 이 문제에 대답을 하려면 말이오. 그런데 당신에게 모든 인내력이라는 것이 용기라고 보이지 않겠지요? 그것은 당연한 일입니다. 내 추측으로는 당신은 용기라는 것을 훌륭한 것 중의 하나라고 생각하고 있습니다.

라케스 그렇습니다. 가장 훌륭한 것의 하나라고 생각합니다.

소크라테스 그러면 분별이 있는 인내심은 좋고 훌륭한 것이겠습니까?

라케스 물론입니다

소크라테스 그러나 무분별한 인내심은 어떻습니까? 이것은 앞의 것과는 반대로 악하고 해로운 일이 아니겠습니까?

라케스 그렇습니다.

소크라테스 그러면 당신은 이렇게 주장하고 싶은 생각은 없는지요? 이처럼 질이 나쁘고 유해한 것이 훌륭한 것이라고.

라케스 절대로 그런 일은 없습니다, 소크라테스.

소크라테스 그러면 당신은 그러한 인내심이 용기라고 인정하지 않겠지요? 그것은 훌륭한 일이 아니며, 한편 용기란 훌륭한 일이니까요.

라케스 그렇습니다.

소크라테스 그러면 당신의 말로는 분별 있는 어떠한 인내심이 용기라는 것이겠군요.

라케스 그렇게 되는 셈이군요.

소크라테스 그러면 어디 봅시다. 그것이 어떤 종류의 일에 한해서 분별 있는 어떤 인내심인지. 그렇지 않으면 일의 크고 작은 것을 불문하고 모든 일에 관해서 분별 있는 인내심인가를. 가령 어떤 사람이 투자로 이득을 보는 것을 알고 있으면서, 그 투자에 관해서 분별 있는 인내심을 발휘했다고 한다면, 당신은 그 사람을 용기 있는 사람이라고 부르겠습니까?

라케스 제우스에 맹세코, 그렇게 부르지는 않습니다.

소크라테스가 라케스와 대화하면서 도달한 용기란 '고귀한 가치를 지키고 실현하기 위한 분별 있는 인내력'이라고 한다. 소크라테스가 진정한 용기에 대한 정의에 도달하기까지의 대화 방법과 과정을 정리해보면, 첫째, 용기의 사례들을 열거한다. 둘째, 그러한 사례들의 공통적인 특징을 도출한다. 셋째, 공통적 특징을 더욱 정교하게 살핀다. 공통적인 특징으로 여겨지는 것 가운데 용기에 포함할 수 없는 것들을 배제하였다. 그리하여 다음과 같은 단계를 거쳐 진정한 용기를 정의한다. 첫째 단계에서는 용기는 정신적인 어떤 인내력이라고 한다. 둘째 단계에서는 인내력 가운데 분별 있는 인내력을 용기라고 한다. 셋째 단계에서는 분별 있는 인내력 가운데 고귀한 가치를 위한 분별 있는 인내력을 진정한 용기라고 한다.

2) 만용과 비겁의 중용

아리스토텔레스는 용기라는 덕은 만용(蠻勇) 또는 무모함의 지나침과 비겁(卑怯)이라는 모자람의 중용(中庸)이라고 한다. 우리는 보통 두려움이나 비굴함이 없는 혈기, 무모하고도 맹목적인 도전을 용기라고 생각한다. 반면 전쟁터에서의 후퇴, 인내와 신중함을 비겁한 것이라고 보기도 한다. 그러나 무모한 혈기는 진정한 용기가 아니며, 인내가 모두 비겁한 것도 아니다.

만용의 모습은 ① 자신의 혈기를 뽐내며 ② 자신의 비겁함을 숨기기 위해 자기과장과 자기과시를 한다. ③ 이해득실과 사리(事理)에 대한 분별없이 무모한 행위를 일삼는다.

비겁한 행위들이 보여주는 특징적 모습들은 ① 자기 육신의 위험으로부터 도피한다. ② 자기이익과 안전을 위해 정의(正義)를 외면한다. ③ 진리, 진실, 정의, 사랑 등과 같은 가치 있는 것들을 지키기를 포기한다. 위험을 피하고, 정의를 외면하고, 고귀한 가치를 포기하는 것들은 비겁한 행위이지만, 피하고 외면하며 포기하는 모든 행위가 다 비겁한 것은 아니다.

아리스토텔레스는 사이비(似而非) 용기에 대하여 말하기를, ① 법률에 따른 처벌, 사람들의 비난, 부여되는 명예 때문에 여러 가지 위험에 견디는 경우나 통치자의 강요 아래에서 싸우는 것 ② 자신이 상대보다 우세하다는 인식에서 용감한 경우 ③ 자기를 상하게 한 상대를 향하여 덤비는 경우, 이는 분격에 의한 투쟁이지 용감성은 아니다. ④ 희망적 · 낙관적인 사람도 용감한 것은 아니다. 이들은 많은 적에게 이긴 적이 있기 때문에 위험한 때에도 태연한 사람들이기 때문이다. ⑤ 사태에 무지한 사람도 용감하게 보이지만 그렇지 않다.[87]

또 아리스토텔레스는 용감성은 공포와 태연(泰然)의 중용이라고 한다. 그것은 그러한 행위가 고귀하기 때문에, 또는 그것을 행하지 않는 것이 추악하기 때문에, 그것을 선택하고 감히 행동하는 것을 말한다. 이리하여 당연한 사항을, 당연한 목적을 위하여, 당연한 행동으로, 당연한 때에 무서워하면서도, 또 이에 준한 행동으로써 태연하게 무서움을 견디어 가는 사람이 용감한 사람이라고 할 수 있다.[88]

---

87) 아리스토텔레스, 『니코마코스윤리학』(최명관 옮김, 서광사, 1984) 제3권 제8장 참조.
88) 아리스토텔레스, 『니코마코스윤리학』(최명관 옮김, 서광사, 1984) 제2권 제7장과 제3권 제7장 참조.

3) 군자의 용기

공자는 용기에 대하여 다음과 같이 설명하고 있다.

> 공자께서 이르기를, 맨주먹으로 범을 때려잡고, 맨몸으로 황하를 건너다 죽어도 후회하지 않는 사람과는 일을 같이하지 않겠다. 반드시 일에 임하여 두려워할 줄 알고, 계획을 잘 세워 이를 성사시키는 사람과 함께 하겠다.[89)]

공자는 신중한 계획 없이 혈기(血氣)의 힘만을 뽐내는 만용(蠻勇), 즉 무모한 용기를 경계하였다.

> 의(義)를 알고도 행하지 않는 것은 용기가 없는 것이다.[90)]

> 군자는 의(義)를 으뜸으로 삼는다. 군자가 용기가 있되 의(義)가 없으면 반란자가 되고, 소인이 용기가 있되 의가 없으면 도적이 된다.[91)]

그렇게 하는 것이 옳은 것인 줄 알면서도 행동하지 않는 것은 실천력이 없는 용기, 예를 들어 생각이나 말에 그치는 용기는 진정한 용기가 아니라는 것이다. 반면 외면적 행동이 용기 있는 것처럼 보이지만, 그 행동이 옳음, 즉 보편적 의리(義理)에 부합하지 않는다면 이것 또한 진정한 용기가 아니라는 것이다.

> 공자가 말하기를 지(知)라는 것은 의혹함이 없고, 인(仁)이라는 것은 근심이 없고, 용(勇)이라는 것은 두려움이 없는 것이다.[92)]

---

89) 『論語』, 述而: 子曰暴虎馮河 死而無悔者 吾不與也. 必也 臨事而懼 好謀而成者也.
90) 『論語』, 爲政: 見義不爲無勇也.
91) 『論語』, 陽貨: 君子義以上 君子有勇而無義爲亂 小人有勇而無義爲盜.
92) 『論語』, 子罕: 子日 知者不惑 仁者不憂 勇者不懼. 朱子는 풀이하기를 “밝음[明]은 족히 理를 밝힐 수 있으므로 미혹하지 않고, 理는 족히 사사로움[私]을 극복할 수 있으므로

> 공자가 말하기를 군자의 도는 세 가지가 있는데 나는 능하지 못하다. 인(仁)이라는 것은 근심이 없고, 지(知)라는 것은 의혹함이 없고, 용(勇)이라는 것은 두려움이 없는 것이다.[93]

공자는 군자의 도(道)로서 지인용(智·仁·勇)의 조화(調和)를 말했다. 공자는 진정한 용기란 사리에 밝게 통달하여 시비선악을 올바르게 판단하는 지(智)를 바탕으로 사랑과 정의[仁·義] 등의 가치를 목표로 삼아, 어떠한 위험이나 위협에도 두려워하거나 좌절하지 않고 실천하는 것이라고 보았던 것이다.

4) 대장부의 용기

맹자(孟子, 372~289 B. C.)가 말하는 부동심(不動心)이나 호연지기(浩然之氣)는 일종의 용기를 지칭하는 말이다. 부동심이란 위협적이고 두려운 대상이나 상황에 처하여 흔들림이 없이 그 마음을 올바르게, 그리고 하나같이 지키는 것을 의미한다. 호연지기란 지극히 크고도 굳센 기운이라고 한다. 따라서 호연지기는 무한한 포용력인 동시에 굴하거나 꺾이지 않는 불굴의 의지라고 하겠다.[94]

맹자는 이러한 용기 있는 인물을 대장부(大丈夫)라고 칭한다.

> 천하의 넓은 곳[仁]에 자리 잡아, 천하의 바른 자리[禮]를 확립하고, 천하의 큰 도(道)를 행하되, 뜻을 얻으면 백성과 더불어 하고 뜻을 달성하지 못하면 홀로 그 도를 행하니, 부귀(富貴)도 그 마음을 방탕하게 하지 못하며, 빈

근심하지 않고, 氣는 족히 道義와 짝할 수 있으므로 두려움이 없다. 이것은 배움의 순서이다."라고 하였다.

93) 『論語』, 憲問: 子曰 君子道者三 我無能焉. 仁者不憂 知者不惑 勇者不懼. 尹氏는 풀이하기를, "성덕(成德)은 인(仁)을 우선으로 삼고, 진학(進學)은 지(知)를 우선으로 한다. 그래서 공자의 말에 그 순서가 다른 것은 이런 까닭 때문이다."라고 하였다.

94) 『孟子』, 公孫丑上.

천(貧賤)도 그 뜻을 바꾸지 못하며, 무위(武威)로도 굴복시킬 수 없는 자, 이를 일러 대장부(大丈夫)라 한다.[95]

대장부란 가난하고 비천한 상황에서 부정한 돈이나 권세와 같은 불의(不義)의 유혹에 빠지지 않으며, 부귀할 때 교만과 쾌락의 방탕함에 빠지지 않으며, 권세나 무력의 위세와 위협에 굴복하지 않고, 인의예(仁・義・禮)와 같은 인간의 정도(正道)를 지키고자 하는 뜻을 바꾸지 않는 자라고 한다.

이상의 내용을 종합해보면, 진정한 용기란 ① 선악시비(善惡是非)와 본말선후(本末先後)에 대한 분별에 바탕을 둔 용기 ② 책임과 의무, 보편적 가치, 인간의 도리 등을 지향하는 용기 ③ 유혹이나 위협에 동요함이 없는 것, 고난과 절망적 상황에서 좌절하지 않고 인내하고 극복하는 불굴의 의지, 적극적이고 활발한 기운이라고 하겠다. 따라서 진정한 용기는 지혜를 바탕으로 사랑, 정의와 같은 가치들을 실행하기 위해 어떠한 위험이나 위협에도 좌절하지 않으며, 회피하거나 두려워하거나 굴하지 않고, 이를 극복해나가는 적극적이고도 활발한 기세라고 하겠다.

2. 용기의 종류

우리는 용기를 발휘한 사람들을 존경하고, 그 이름을 기리고 후손들에게 그 행적을 전한다. 예를 들면 평소 아테네의 젊은이들에게 자신이 가르쳤던 원칙들을 몸소 실천하기 위하여 독배를 마신 소크라테스, 권력의 유혹과 죽음의 위협에도 신하로서 불사이군(不事二君)의 도리를 죽음으로 지킨 성삼문(成三問), 권세의 위협 가운데 불사이부(不事二夫)의 아내의 도리를 지킨 성춘향(成春香), 베트남전 기간에 위험을 무릅쓰고 민간인을 구한

95) 『孟子』, 滕文公下.

헬기 조종사 톰슨(Thompson) 준위의 행동은 우리에게 감동을 주며, 후세 사람들의 모범이 되고 있다.

클라우제비츠는 용기를 책임에 대한 용기와 개인적 위험에 대한 용기로 분류하였다.[96] 책임에 대한 용기란 자신의 행위 결과로 야기되는 불이익이나 법적 책임을 떳떳하게 지는 것이며, 자신의 양심에 따라 자기에게 주어진 책임과 임무를 최선을 다해 수행하는 것이라고 한다. 개인적 위험에 대한 용기란 위험에 대하여 태연 또는 냉담할 수 있는 용기를 지칭하며, 개인적 명예심, 조국애 그리고 모든 종류의 가치 있는 것을 실현하고자 하는 적극적 동기에서 나오는 용기라고 한다.

미 육군은 용기를 육체적 용기와 도덕적 용기로 나눈다.[97] 육체적 용기는 신체적 위해(危害)를 극복하고 자신의 의무(duty)를 행하는 것이다. 육체적 용기는 군인으로 하여금 전투 중 부상이나 죽음의 두려움에도 위험을 감수하게 하는 용감성(bravery)을 유발한다. 도덕적 용기란 (위협이 있을 때에도) 가치, 원칙 그리고 확신을 기꺼이 확고하게 지키는 것이다. 도덕적 용기는 모든 지도자에게 그 결과를 고려함이 없이 그들이 옳다고 믿는 것을 지키게 해준다. 자신의 결심과 행위에 대하여, 그 일이 잘못될 때조차 온전히 책임을 지는 지도자는 도덕적 용기를 발휘한다.

3. 군인의 용기와 그 사례

군인다운 용기는 군인으로서 책임과 의무, 나아가서는 군과 국민 그리고 국가를 위하여 충성을 다하고자 하는 강인한 실천력이며, 이것들을 위해 지켜야 할 것을 지키고 감내하는 인내력이다.

---

96) 클라우제비츠, 『전쟁론』(류제승 옮김, 책세상, 1998), pp. 72-95 참조.

97) *FM 6-22 Army Leadership*(Headquarters, Department of the Army, Washington, D.C., October 2006) 참조.

군인에게 요구되는 용기란 첫째로 사명과 책임에 대한 용기이다. 군인으로서 사명과 직책에 따른 책임 그리고 의무를 다하고자 하는 것이 군인의 용기이다. 군인에게 진정한 용기는 상관의 의견이 자신의 의견과 다를 때 자신의 반대의견을 제시할 수 있는 용기이며, 특히 타협할 수 없는 원칙이나 고귀한 가치를 지키고자 하는 용기라고 하겠다. 1952년 5월 24일 이승만 대통령은 정권연장을 위해 계엄령을 선포하고 부산지역에 계엄군을 파견하도록 국방장관을 통해 이종찬 총참모장에게 지시하였다. 그러나 이종찬 장군은 「육군훈령 217호」를 전군에 하달하여, 군의 정치적 중립 의지를 천명하였으며, 이승만 대통령의 회유와 협박 그리고 포살(捕殺) 지시에도 파병을 끝까지 거부함으로써 군의 정치적 중립을 지켰다.

둘째는 육체적 용기이다. 육체적 위험과 고통, 노력이 요구되는 전쟁 상황을 성공적으로 극복하기 위해서는 육체적 용기가 필요하다. 육체적 부상이나 죽음에 대하여 태연 또는 냉담할 수 있는 용기야말로 불리한 상황을 극복할 수 있는 올바른 판단과 결단의 기초가 된다. 또 과감한 결단력과 불굴의 의지, 죽음과 위험을 무릅쓰고 앞장서는 용기야말로 부대의 사기를 높이는 일이 될 것이다.

셋째는 도덕적 용기이다. 이것은 자기 육신의 안일과 이기적 욕구를 극복하고자 하는 노력에서 비롯한다. 도덕적 용기란 부정과 부패, 불의와 부도덕한 유혹이나 위협 등에 굴하지 않고 대의(大義)와 참다운 가치나 보편적 원칙을 지키고 실현하고자 하는 의지이다. 도덕적 용기는 성실성(integrity)과 명예(honor)의 삶을 살기 위해서는 필수적인 것이다. 도덕적 용기는 자신의 실수나 과오를 과감하게 인정하고 고치려는 솔직하고도 개방적 태도로 표현된다.

4. 용기의 함양과 고취

용기란 두려움의 부재(不在)가 아니라 두려움과 대적해서 그것을 극복하고 통제하는 것이다. 두려움이나 비겁함은 이기주의에서 온다. 두려움은 또한 미래의 불확실성에서 연유한다. 따라서 두려움을 극복하는 길은 이기적 욕구를 버리는 것이며, 두려움의 대상을 알면 알수록 그것을 극복하는 것은 용이해진다고 볼 수 있다.

두려움의 원인은 다양하다. 따라서 상황에 따라 용기를 고취하는 전혀 다른 방법이 사용될 수 있다.[98] 아리스토텔레스는 말하기를, "진정 용감한 사람은 오직 용감한 행동의 아름다움 때문에, 선(善)에 대한 사랑 때문에 용감한 행동을 한다."라고 하였다. 따라서 용기를 고무하는 방법의 하나는 부하가 추구하는 바가 진선미(眞・善・美)라는 것을 인식하게 하는 것이다. 데카르트는 『정념론(情念論)』에서 말하기를, "사람들이 가장 과감하고 용감하게 행동할 때는 가장 위험하고 가장 절망적인 상황에 빠져 있을 때이다."라고 하였다. "공포는 신앙심을 주고 절망은 용기를 준다."라고 하며, "절대로 적을 절망상태에 빠뜨리지 않는 것이 군인의 원칙이다. 왜냐하면 그런 상황은 적의 힘을 증대시키고 용기를 추스르게 하기 때문이다."라고 하였다. 반면 어떤 사람들은 용기란 희망과 자신감이 있을 때 생긴다고 말한다. 나폴레옹은 병사들에게 희망을 심어주면서 알프스를 넘었다는 것이다.

한편 자기 스스로 용기를 기르고자 하는 사람은 자신을 부단히 반성하여, 자신의 수치와 허물을 볼 줄 알아야 한다.[99] 나아가 자신의 허물을 고치기를 꺼려해서는 안 된다.[100] 또 진정한 용기는 곧음[直], 즉 솔직한 행

98) 앙드레 콩트-스퐁빌, 『미덕에 관한 철학적 에세이』(조한경 옮김, 까치, 1997. 12), pp. 61-81 참조.

99) 『中庸』, 20장: 羞恥를 아는 것은 勇에 가깝다. 『論語』, 衛靈公: 君子는 (타인의 비난이나 자신의 허물을) 자신에게서 구하고, 小人은 타인에게서 구한다.

위나 도의(道義)를 반복적으로 실천함으로써 더욱 크고도 굳센 용기가 길러진다.[101]

제7장 명 예

사전적 의미에서 명예(名譽, honor)란 '자기의 도덕적·인격적 존엄에 대한 자각 및 타인의 그것에 대한 승인·존경·칭찬'이라고 한다.

서양의 사회 및 군대에서 명예를 존중하는 전통은 기사도 정신에서 연유한 것이다. 서구인들은 자신과 가문, 그리고 자신이 속한 사회 및 조직의 명예를 소중히 여겨왔다. 미 육군은 리더가 추구해야 할 핵심적 가치 가운데 하나로 명예를 제시하였다. 미 육사는 의무(duty)·명예(honor)·조국(country)을 교훈으로 삼고 있으며, 「생도명예규정」을 제정하여 장차 군과 나라를 위해 고결한 인격을 지닌 리더로서 명예로운 삶에 헌신할 수 있도록 생도들을 양육하는 것을 목적으로 삼고 있다.[102]

동양 및 한국 사회 또한 입신양명(立身揚名)하여 자신과 가문의 이름을 높이고자 하였으며, "우러러 하늘에 부끄러움이 없고 구부려 사람에게 부끄러움이 없는"[103] 삶을 살고자 소망하였고, "살아서 치욕을 당하기보다는 차라리 즐거이 죽는 것이 나으리라."[104]라고 하여, 치욕을 죽음보다 더 싫어하였다. 한국군은 군인정신 및 군인의 의무의 하나로서 명예를 제시

100) 『論語』, 學而: 過則勿憚改.
101) 『孟子』, 公孫丑上 참조. 浩然之氣는 곧음으로 길러지고[以直養], 道義와 짝하고[配義與道], 義가 모여 발생한다[集義所生]고 한다.
102) United States Military Academy, *Honor System and SOP*, 1 Aprill 1999, p. 63: Honor is the hallmark of the professional officer's conduct.
103) 『孟子』, 盡心上.
104) 『三國史記』, 卷47, 列傳7 階伯.

하고 있으며,[105] 육사는 설립 초기부터 명예제도를 도입하여 생도들을 인격과 능력을 겸비하고 조국에 평생 봉사하는 미래 육군의 리더로 육성하는 것을 목적으로 삼고 있다.[106]

명예와 신의가 없다면 전문직업 군인은 한갓 훈련된 살인자에 불과하다. 명예와 신의가 있을 때, 그는 신사답게 행동하고 충성을 다하며, 군 전문직업에 헌신한다. 따라서 명예와 신의는 개인과 조직, 동료와 동료, 군과 사회 사이에 필수적인 유대를 제공한다.[107]

1. 명예의 의미

아리스토텔레스는 명예에 대하여 다음과 같이 설명한다.

> 긍지 있는 사람은 자기 자신을 큰일에 합당하다고 생각하며 또 실제로 그런 사람이다. 긍지 있는 사람은 가장 큰 가치를 지닌 사람인 까닭에 또한 최고로 선한 사람이다. 명예란 긍지 있는 사람이 추구하고 긍지 있는 사람에게 돌려지는 것이다. 신들에게 우리가 돌리는 것, 높은 지위에 있는 사람들이 가장 절실하게 희구하는 것, 그리고 가장 고귀한 행위에 주어지는 상(賞)이 명예이다.[108]

아리스토텔레스가 말하는 명예는 두 가지 요소의 결합으로 설명할 수 있다. 첫째, 명예란 긍지(矜持)를 지닌 자가 추구하는 것이다. 긍지 있는 사람이란 자기 자신이 위대한 일을 할 수 있다고 생각하며, 실제로 하고 있는 사람이다. 이러한 명예는 자신의 행위나 일에 대해서 스스로 만족하

105) 『군인복무규율』 제4조 제3항 군인정신과 제9조(품위유지의 의무) 참조.
106) 『생도생활예규』, 육군사관학교, 2009 참조.
107) Sam C. Sarkesian and Thomas M. Gannon, "Introduction: Professionalism: Problems and Challenges," *American Behavioral Scientist* 19, no. 5(May/June 1976), pp. 495-510 참조.
108) 아리스토텔레스, 『니코마코스윤리학』(최명관 옮김, 서광사, 1984), 권4, 제3장.

고 보람을 느끼는 내적 심리 상태를 지칭한다. 내면적 긍지로서 이러한 명예는 자기 자신이 가치 있는 자로 자랑스러우며, 스스로 그 무엇이나 누구에게나 한 점의 부끄러움도 없다고 생각하는 마음 상태로 '주관적 명예 또는 느껴지는 명예'(honor-felt)라고 한다.

그러나 긍지와 자부심(自負心)이 지나치면 자칫 교만과 자만에 빠질 수도 있다. 그러나 이러한 내적 긍지는 자신에 대한 과대평가로서의 자만(自慢)은 아니며, 더욱 자신을 비하하고 타인에 굴종하는 비굴(卑屈)도 아니다. 긍지란 이들의 중용적(中庸的) 가치이다.[109)]

둘째, 명예는 긍지 있는 자에게 주어지는 상(賞)이다. 이러한 명예는 가치 있는 일이나 고귀한 행위가 타인이나 사회의 평가에 따라 인정과 존중을 받으면서 이름과 평판이 높은 것을 지칭한다. 따라서 이것은 자기 스스로의 평가에 의해서가 아니라 객관적인 사실에 근거하여 남이나 사회의 인정과 존경을 받는 '객관적인 명예 또는 보상받는 명예'(honor-paid)이다.

밖에서 주어지는 이런 명예를 의도적으로 억지로 구하려 할 때, 거짓된 명예[假名]와 빈 껍질의 명예[虛名]만을 얻게 되며, 곧 진실이 밝혀져 명예를 잃게 될 뿐만 아니라 불명예를 얻게 된다.

결국 온전하고 참된 명예란 우선적으로 자기 자신의 행위와 업적에 대해 그 스스로가 고귀한 가치로서 긍지를 느낄 수 있어야 하며, 나아가 그것에 대하여 다른 사람과 사회가 인정하고 존경할 때 성립된다고 하겠다. 따라서 명예로운 사람이라는 표현은 개인이 실제로 간직하고 있는 인격적 특성들과 그것들을 그 사회가 인정하고 존중한다는 사실을 가리킨다. 또 주관적 명예는 간혹 다른 사람이나 사회에 널리 알려지지 않아서 사회적

---

109) 『니코마코스윤리학』, 제4권, 제3장 참조. 스스로 그런 가치가 없으면서 커다란 가치가 있다고 생각한다면, 이것은 교만한 사람이다. 스스로 가치 이하의 가치밖에 없다고 생각하는 사람은 비굴한 사람이다.

으로 인정받지 못할 수도 있다. 따라서 객관적 명예와 연결하는 '요청되는 명예'(honor-claimed), 즉 실제적인 행위와 업적을 제시하고 평가를 요구하는 단계가 필요하다.

우리는 노예해방을 실현한 링컨, 위대한 과학적 업적을 이룬 아이슈타인, 애민(愛民) 정치를 실현한 세종대왕, 나라를 구한 이순신 장군을 존경하며 이름을 드높인다. 그것은 그들의 삶과 행위와 업적이 매우 고귀하기 때문이다. 자신의 일이나 행위에 대하여 스스로 긍지를 느끼며, 밖에서부터 명예가 주어지는 고귀한 가치란 도덕성(morality)과 탁월성(precedence)을 지칭하는 것이다. 도덕성이란 이기심이나 물질적 욕구를 극복하고 인류의 복지와 사회정의를 실현하고자 하는 행동성향을 의미하며, 탁월성이란 자신의 지위나 직책 및 업무와 관련된 지식과 능력이 탁월하여 실제로 그 분야에서 사회와 인류를 위해 탁월한 업적을 이루는 것을 일컫는다.

2. 군대 및 장교의 명예

군대 및 장교의 명예관념의 뿌리는 유럽 군대의 귀족주의적 전통을 반영한 기사도(騎士道)에서 찾을 수 있다. 기사도의 명예는 공정한 결투를 포함한 왕에 대한 충성, 귀족계급 동료들 간의 단체정신, 약자 배려 등이 그 내용을 이루었다.

자노비츠(Morris Janowitz)는 미국 군대명예규정은 영국에게 물려받은 것이며, 다음과 같은 요소들을 내포하고 있다고 한다.[110] ① 장교는 신사다. ② 지휘관에게 개인적 충성을 다할 의무가 있다. ③ 장교는 하나의 커다란 전우집단의 일원이다. ④ 장교는 전통적인 영광(glory)을 위하여 싸운다.

---

110) Malham M. Wakin, "The Ethics of Leadership Ⅰ"(*War, Morality and the Military Profession*), p. 185 참조. Janowitz, *The Professional Soldier*, p. 217 참조.

오늘날 미국군은 이러한 명예규정을 다음과 같이 변용하였다고 한다. ① 장교가 신사라고 하는 것은 도덕적 품성을 지녀야 한다는 것을 의미한다. 또 장교는 인간존엄성에 대한 존중을 기반으로 인도주의(人道主義) 정신을 발휘하여 전장에서 무자비한 살상을 금하며, 민간인의 보호 및 전쟁포로에 대한 인간적 대우를 해야 한다. ② 최고 원수로서 대통령이라는 개인에게보다는 그 직책과 헌법에 대한 충성을 요구하는 장교선서로 바뀌었다. ③ 전우라는 관념은 군대명예 개념의 강력한 요소로 남아 있다. 군대명예의 핵심은 '단결'과 '전우애'이다. 군대에서 우애감은 한갓 수단적인 것 이상이다. 우애감은 그 자체가 목적이다. 군에서 가장 명예로운 장교는 전투임무를 결코 거절하지 않는다. 전투임무를 거절하는 것은 군인으로서 자신의 명예를 손상시키는 것이며, 자기 동료 신뢰를 깨는 것이다. ④ 오늘날 군대명예는 전쟁의 영광을 거부한다는 것이다. 영광 추구 대신에 군대생활이란 개인적인 희생을 요구하는, 국가를 위한 괴롭고도 힘든 봉사의 삶이라는 인식으로 대치되었다.

미국의 『육군 장교 지침서(Army Officer's Guide)』는 전통적인 규정의 기초로 의무(duty), 명예(honor), 조국(country), 성실성(integrity) 등을 들고 있으며, 명예에 대하여 다음과 같이 기술한다.

> 명예는 장교다운(officer-like) 행위의 보증(hallmark)이다. 그것은 인격의 산물(outgrowth)이다. 명예로운 사람은 옳고 그름을 가릴 줄 아는 시식을 보유하고 있으며, 옳은 것을 확고히 견지하는 용기를 가지고 있다. 그것은 장교가 기록하거나 구두로 표현한 말은 의심 없이 받아들일 수 있다는 것을 의미한다. 부대와 군과 나라의 선(善)을 고려하여 모든 행위가 이루어진다. 그 행위들은 모두 인격적 성실성(personal integrity)에 포함되어 있다."[111]

111) LTC Lawrence P. Crocker, *Army Officer's Guide-47th Edition*, Stackpole Books, 1996, p. 31.

여기서 사용되고 있는 명예의 의미는 좀 더 좁은 개념으로 윤리(ethics)를 지칭하며, 이것이 명예의 핵심이라는 것을 의미한다.

한편 미 육군의 『육군지휘통솔(Army Leadership)』 교범에서는 명예란 '모든 육군의 가치에 따라 사는 것'이라고 한다. 명예는 높은 이상과 일치하는 말과 행동에 따라 사는 사람들에게 귀속한다고 한다. 리더에게 명예란 군대의 가치들을 자기 이익이나, 경력, 편안, 자기보존보다 상위에 놓을 것을 필요로 한다는 것이다.[112)]

1993년 10월 소말리아전투에서 헬기 저격수였던 고든(Godon) 중사와 슈가르트(Shughart) 상사는 부상을 입은 헬기 조종사를 구출하기 위해 상관들의 만류에도 불구하고 세 차례나 건의하여 허락을 받아 적의 집중사격을 무릅쓰고 부상당한 조종사에게 접근하여 이를 구하다가 목숨을 바쳤다. 이들은 사후(死後)에 동료에 대한 충성, 책임과 의무, 용기, 헌신 등 군인의 가치를 구현한 공로로 명예훈장을 수상하였다.[113)]

지금까지 고찰한 것으로 볼 때, 군대명예란 군대의 전통적 가치들, 즉 국가와 군과 상관에 대한 헌신과 충성, 책무를 능동적이고 창의적으로 다하는 책임감, 어떠한 위협과 위험에 직면해서도 좌절하지 않는 불굴의 용기, 부하와 동료에 대한 존중과 배려, 헌신 등을 충실히 수행한 경우 주어진다는 것을 알 수 있다.

또 군대명예란 군 전문직업적 지식과 기술을 갖추고 탁월한 업적을 성취한 자에게 돌아간다. 전문직업으로서 장교의 기능이란 ① 관리자로서 부대를 조직하고 장비하고 관리하는 것 ② 교육훈련자로서 부대의 활동을 기획하고 훈련하는 것 ③ 지휘통솔자로서 부대의 작전과 운용을 지휘

---

112) *FM 6-22 Army Leadership*(Headquarters, Department of the Army, Washington, D.C., October 2006), pp. 4-6~4-7.

113) *FM 22-100 Army Leadership*(Headquarters, Department of the Army, Washington, D.C., June 1999), p. 2-8.

감독하는 일 등이다. 따라서 명예로운 장교란 다음과 같은 군사 분야에서 탁월한 능력을 갖춘 자라고 할 수 있다. 미군의 『육군장교지침서(Army Officer's Guide)』에 따르면, ① 자기 부하의 가정환경, 심신 상태, 장단점, 능력 등을 파악하고 돌보는 능력 ② 자기 부대의 장비와 무기를 관리하고 활용하는 지식과 기술 ③ 자신 및 부대의 임무를 정확히 파악하고 마땅히 해야 할 일과 일의 선후경중(先後輕重)을 구별하는 능력 ④ 새로운 정보와 지식을 획득하고 분석, 종합하여 미래에 대비하고, 창의적으로 활용하는 능력 ⑤ 전투의 승리를 위한 전술적 지식과 전략적 사고능력 ⑥ 천문과 지리, 기상을 꿰뚫어 보고 분석하여 정확한 방책을 이끌어내는 능력 ⑦ 합리적 목표를 제시하여 부하들의 역량을 최대화하고 결집할 수 있는 탁월한 지휘통솔력을 갖춘 자이다.[114]

결론적으로 말해서 군대의 명예란 도덕적 의무나 군대의 이상적(理想的) 가치를 실천하거나 탁월한 군사적 업적을 이룸으로써 스스로 긍지와 자부심을 느끼며, 또한 타인들로부터 인정과 존중을 받는 것이다. 명예로운 장교는 신사적으로 행동하며, 일정한 사람이나 집단에 충성하고, 군 직업에 관한 전문지식, 책임 그리고 단체성에 헌신하며, 책임과 의무가 요구하는 것만을 하지 않고 그 의무를 초월하여 어떠한 위험에 직면할지라도 군대가 이상으로 삼는 가치에 따라 살며 행동한다. 군대의 가치들을 추구하고 실천하는 데 성실성이 이러한 모든 것을 담는 그릇이라면, 이 모든 가치와 덕목 위에 씌워지는 왕관이 명예이다. 따라서 군대에서의 최고의 상이 명예훈장(the Medal of Honor)이다.

114) LTC Lawrence P. Crocker, *Army Officer's Guide-47th Edition*(Stackpole Books, 1996), pp. 48-51 참조.

3. 사관생도의 명예

미국 육군사관학교는 「생도명예규정(The Cadet Honor Code)」을 제정하여 장차 군과 나라를 위해 고결한 인격을 지닌 지휘통솔자로서 명예로운 삶에 헌신할 수 있도록 생도들을 양육하는 것을 목적으로 삼고 있다.[115)]

> 생도들에게 부대 내의 건전한 윤리적 기풍을 확립해야 할 리더의 본질적 책임을 학습하고 실행할 수 있게 한다.
>
> 생도들이 지휘통솔의 본질적인 양상으로서 성실성(integrity)이 중요하다는 것을 이해하도록 도와준다.
>
> 명예규정의 정신에서 나타나는 명예로운 삶의 양식을 유지하고자 하는 강렬한 욕구를 생도들에게 심어준다.
>
> 생도들이 평생 국가에 봉사하는 동안 줄곧 커다란 윤리·도덕적 도전에 대비할 때 필요한 명예로운 행위에 대한 헌신의 기준(standard)을 성취하는 것을 보장한다.

생도명예규정은 장차 지도자로서 ① 부대의 건전한 윤리적 기풍을 확립할 책임 학습 ② 리더의 핵심요소인 성실성의 중요성 인식 ③ 명예로운 삶에 대한 강렬한 욕구 주입 ④ 장차 윤리·도덕적 도전의 대비에 필수적인 명예로운 행위의 성취보장 등을 목표로 삼는다.

이러한 목적을 달성하기 위하여 『생도명예규정』은 모든 생도가 입학할 때 지키기로 맹세한 윤리적 행위의 최저기준(minimum standard)을 기술하고 있다. 거짓, 부정, 부당이득행위 등 명예위반은 각각의 위반이라고 정의(定義)된 특별히 잘못된 목적을 성취하기 위한 구체적인 의도를 수반하는 행위를 포함한다.[116)]

---

115) *Honor System and SOP*, p. 7: The purpose of the Cadet Honor Code is to foster a commitment to honorable living as leaders of character for the Army.

116) *Honor System and SOP*, pp. 9-14 참조.

① 허위(lying): 허위란 비진리(非眞理, untruth)를 진술함으로써 타인을 고의(故意, 상대를 해치고자 하는 목적이나 자기의 이익을 취하고자 하는 의도)로 속이거나, 오도(誤導)할 의도로 부분적인 진리를 말하는 것 혹은 정보나 언어의 애매한 사용을 포함한 어떤 직접적인 의사전달(communication) 형식을 말한다.

② 부정행위(cheating): 불공정한 이점(advantage)을 얻거나 줄 의도에서 또는 속이거나 오도할 의도를 지니고, 자기이익 때문에 부정하게 행동하거나, 일하거나 결과물을 손에 넣는 것이다. 이런 일들을 하도록 다른 생도를 돕는 행동 또한 부정행위가 된다. 부정행위에는 의도적인 표절(plagiarism), 즉 타인의 아이디어, 말, 자료, 일 등을 자신의 소유인 것처럼 제시하는 것, 의도적인 허위진술(misrepresentation), 즉 속이거나 오도하거나 획득하거나 불공정한 혜택을 줄 의도로 과제를 준비하면서 타인의 도움에 대해 전거(典據)를 기록하지 않은 것, 그리고 실제로 참고하지 않은 자료를 인용하는 것, 시험 중 승인되지 않은 참고자료[컨닝 용지, 노트, 교재]를 사용하는 것 등이 있다.

③ 부당이득(stealing): 타인의 이용권과 그 재산의 이익을 영원히 빼앗거나 사취(詐取)하거나, 부당하게 자신이 전용(轉用)해 사용하거나 소유자가 아닌 제3자가 전용해 사용하도록 할 의도로, 수단의 여하를 불문하고 소유주나 다른 어떤 사람으로부터 돈이나 개인 재산, 귀중품, 어떤 종류의 가치 있는 서비스 등을 부정하게 취득하거나 점유하거나 돌려주지 않는 것이다.

④ 명예위반 묵인(tolerate): 명예규정을 위반했거나 위반하는 타 생도의 행동에 대하여 묵인하지 않도록 하기 위한 규정이다. 생도들은 명예에 관련된 사고를 해당 관계관에게 합리적인 시간 이내에 보고하지 않을 때 명예규정을 위반한 것이 된다. 생도나 장교는 단지 자신만의 인격적 성실성을 유지하는 데 제한받지 않는다. 전문직업적 책임은 군 직업인들의 성실

성을 유지하는 것을 포함한다. 건전한 직업윤리를 확립함으로써 신뢰와 존경을 받으며 싸워서 이길 수 있는 명예로운 군대를 육성하기 위해서는 군대 내의 윤리적 비리행위를 은폐하는 것을 용납해서는 안 될 것이다.

생도들이 노력하여 도달해야 할 생도명예규정의 이상적 기준(ideal standard)은 '명예규정의 정신'(spirit of the Code)이며, 인격을 갖춘 진정한 지도자를 특징짓는 삶의 방식의 확인이다. 명예규정의 정신은 규칙들을 단지 지키는 것을 넘어서, 깊은 내면에서 우러나오는 성실성과 덕의 표현이며, 명예로운 사람의 행위에서 드러난다. 명예규정의 정신을 수용하는 사람은 명예규정을 일련의 넓고도 근본적인 원칙들이라고 생각하지, 금지사항들의 목록이라고 생각하지 않는다. 그들은 어떤 행위의 선택을 결심할 때, 자신이 선택하는 것이 옳은 것인지를 묻는다.

① 명예규정의 정신은 모든 면에서 진실성(truthfulness)을 포함한다. 명예규정은 거짓말하는 것(lying)을 금한다.

② 명예규정의 정신은 인간관계에서 완전한 공정성(fairness)을 요청한다. 명예규정은 부정행위(cheating)를 금한다.

③ 명예규정의 정신은 타인의 인격과 소유(所有)에 대한 존중(respect)을 필요로 한다.

④ 명예규정은 군전문직업의 기반이 되는 윤리적 기준(ethical standards)을 지지할 전문직업적 책임(responsibility)을 요구한다.

따라서 미국 육사는 장차 리더가 될 생도들이 이상(理想)으로 삼고 추구해야 하는 핵심적 가치로 진실성, 공정성, 존중, 책임을 제시한 것이다. 불명예스럽거나 비윤리적 행위 모두가 반드시 명예규정을 위반한 것은 아니다. 그래서 명예제도는 명예규정에 명시(明示)된 금지사항들을 지켜야 할 것과 함께, 이와 대조적으로 좀 더 높은 수준의 명예로운 행위를 위해 노력할 것을 강조한다.

한편 생도명예규정은 명예로운 행위를 선택하는 데 필요한 지침으로

'세 가지 중요한 규칙'(three rules of thumb)을 제시하고 있다.① 이 행위는 어떤 사람을 속이려 하거나 그가 속게 내버려두는 것인가? ② 이 행위는 나 혹은 다른 어떤 사람이 달리 권리를 부여받을 수 없는 특권이나 혜택을 얻거나 얻도록 하는 것인가? ③ 내가 이 행위의 결말을 받아들일 때 나는 그 결과에 만족하겠는가?

결론적으로 진정한 명예란 밖에서 주어지는 표창이나 명성이 아니라, 자신의 사회적 역할이나 직위가 요구하는 의무나 가치를 온전히 실현함으로써 스스로 만족하고, 자신을 높이는 것이 그 핵심이라고 하겠다.

▌참고문헌

『군인복무규율』(대통령령 제20282호, 2007. 9. 20).

『국군병영생활규정』(국방부훈령 제600호, 1998. 8. 6).

『육군가치관 장교단정신』(육군본부, 2008년도 실천지침서).

『생도생활예규』(육군사관학교, 2009).

신종순 · 장을병, 『공직의 윤리』, 박영사, 1965.

Gottfried Martin, 박갑성 옮김, 『소크라테스 평전』, 삼성문화재단, 1974. 7.

헌팅턴, 강창구 · 송태균 옮김, 『군인과 국가』, 병학사, 1982. 중판.

아리스토텔레스, 최명관 옮김, 『니코마코스윤리학』, 서광사, 1984.

존 하키트, 이재호 · 서석봉 옮김, 『전문직업군』, 도서출판 한원, 1989. 3.

장용선, 「피터스의 도덕교육론 고찰」, 『육사논문집』 제52집, 육군사관학교, 1997. 6.

앙드레 콩트-스퐁빌, 조한경 옮김, 『미덕에 관한 철학적 에세이』, 까치, 1997.

클라우제비츠(Karl von Clausewitz), 류제승 역, 『전쟁론』, 책세상, 1998.

나까무라 하지메(中村元) 외, 金知見 옮김, 『佛陀의 세계』, 1999. ③.

서석봉 외, 『교훈해설연구』, 육군사관학교 화랑대연구소, 2003. 12.

프롬, 권오석 옮김, 『사랑의 기술』, 홍신문화사, 2007.

『周易』.

『春秋左傳』.

『禮記』.

『論語』.

『孟子』.

『忠經』.

『大學章句』.

『中庸章句』.

『三國史記』.

李珥, 『栗谷全書』.

李舜臣, 『亂中日記』.

鄭齊斗, 『霞谷集』.

李瀷, 『星湖僿說』.

丁若鏞, 『與猶堂全書』.

FM 22-100 Army Leadership, Headquarters, Department of the Army, Washington, D.C., June 1999.

FM 6-22 Army Leadership, Headquarters, Department of the Army, Washington, D.C., October 2006.

The Center for the Professional Military Ethics, *Honor System and SOP*, United States Military Academy, West Point, New York, 1 April 1999.

The Encyclopedia of Philosophy, Macmillan, Inc., U. S. A., 1967.

Major David Shoemaker, "Personal Ethics," *Infantry Magazine*, July/August, 1975. Reprinted in *MQS1* Chapter 9.

H. L. A. Hart, *Law, Liberty and Morality*, New York, Vintage Books, 1963.

John D. Ryan, "Integrity," *War, Morality, and the Military Profession,* ed. by Malham M. Wakin, Westview Press, Inc., 1986.

General John D. Ryan, *A Policy Letter for Commanders*, Air Force Chief of Staff, November 1, 1972.

Josiah Royce, *The Philosophy of Loyalty*, New York, The Macmillan Co., 1908.

LTC Lawrence P. Crocker, *Army Officer's Guide-47th Edition*, Stackpole Books, 1996.

Malham M. Wakin, "The Ethics of Leadership Ⅰ," *War, Morality and the Military*

Profession(Malham M. Wakin(ed.), Westview Press, Boulder, Colorado, 1986. ②판.

Malham M. Wakin, "The Ethics of Leadership Ⅱ," *War, Morality and the Military Profession*(Malham M. Wakin(ed.), Westview Press, Boulder, Colorado, 1986. ②판.

Martin Benjamin, *Splitting the Difference: Compromise and Integrity in Ethics and Politics*, Lawrence University Press of Kansas, 1990.

Michael O. Wheeler, "Loyalty, Honor, and the Modern Military," *War, Morality, and the Military Profession,* ed. by Malham M. Wakin, Westview Press, Inc., 1986.

Peters, Richard S., *Moral Development and Moral Education*, London: George Allen & Unwin, 1981.

Philip M. Flammer, "Conflicting Loyalties and the American Military Ethics," *War, Morality and the Military Profession*, ed. by Malham M. Wakin, Westview Press, 1986.

Philip P. Wiener(ed.), *Dictionary of the History of Ideas*, New York, Charles Scribner's Sons, 1978.

Sam C. Sarkesian and Thomas M. Gannon, "Professionalism: Problems and Challenges," *War, Morality and the Military Profession*(Malham M. Wakin(ed.), Westview Press, Boulder, Colorado, 1979.

Stephen L. Carter, *Integrity*, New York: Basic Books, Harper Collins, 1996.

제4부 바람직한 장교상

‖ 제4부 ‖

바람직한 장교상

제1장 서양의 장교상

서양의 전통적 장교상은 한마디로 '장교는 신사다.'라는 말로 표현할 수 있다. 이는 귀족주의적 장교상의 전통을 반영한 것이다. 이런 전통은 장교로 하여금 명예를 가장 중요한 가치로 여기게 만들었다. 미국의 사관학교에서 시행하고 있는 명예제도도 이런 맥락에서 이해할 수 있다.

군 직업주의의 등장으로 장교는 귀족적인 '무사'(武士) 또는 '신사'에서 군사전문가로 그 상이 바뀌게 되었으며, 장교의 권위의 근거도 그의 사회적 출신배경 대신 업무수행 능력으로 대체되었다. 장교의 명예도 장교 개인의 인격으로 바뀌었다. 이렇게 하여 서양의 장교상은 '인격과 능력을 갖춘 리더'로 정형화되었으며, 미 육군 리더십 교범은 그 좋은 본보기가 된다. 그리고 제2차 세계대전을 승리로 이끈 마셜, 맥아더, 패튼, 아이젠하워 등 미국의 전쟁 영웅들에게서 인격과 능력을 갖춘 리더의 본보기를 발견할 수 있다.

1. '장교는 신사다'

1) 신사도와 명예

서양의 역사를 볼 때 19세기 이전까지 장교직은 군사적 식견이 없는 아마추어 귀족들이 거의 독점하고 있었다. 이런 아마추어 귀족들에게 장교직은 하나의 취미에 불과했다. 귀족 장교들은 전문성, 규율, 책임과 같은 군대의 직업적 가치보다도 명예, 용기, 개성과 같은 귀족적 가치를 중시했다. 그들은 장교답게 행동하고 장교답게 생각한 것이 아니라, 귀족처럼 행동했고 또한 귀족처럼 생각했다.

그들은 중세의 기사들처럼 명예를 가장 소중한 가치로 여겼다. 1752년의 한 야전규칙은, 장교에게는 명예가, 병사에게는 복종이 가장 중요한 가치라고 강조하였다.

> 장교는 명예심을, 병사는 복종심과 충성심을 지녀야 한다. 위험에서의 용맹과 침착, 능력과 경험을 얻고자 하는 정열, 상관에 대한 존경, 동료에 대한 겸손, 부하에 대한 배려, 범법자에 대한 엄벌 등은 명예심으로부터 도출되어 나온다. 따라서 명예 이외의 다른 어떤 것이 장교를 움직이게 해서는 안 된다. 명예는 그 자체가 값진 것이다. 그러나 병사들은 보상과 [처벌에 대한] 두려움에 의해서 움직여지고 억제되며 길들여진다.[1)]

기사(騎士)라면 아마도 그들의 품위 있고 교양 있는 복장과 매너, 깨끗한 승부를 거는 용감한 결투 그리고 귀부인에 대한 정중한 태도와 로맨틱한 사랑 등이 연상될 것이다. 그러나 사실 기사도 정신의 핵심은 국왕에 대한 충성, 기독교적 겸손과 무사적인 용기, 페어플레이 정신, 금전을 목표로 하지 않는 아마추어 운동가 정신이라 할 수 있다. 이런 기사도 정신

---

1) 조승옥 · 민경길 편역, 『군대명령과 복종』(법문사, 1994), pp. 26-30.

에 따르는 것이 기사로서 명예를 지키는 길이 된다.

기사들은 자신의 '명예를 위하여' 결투를 건다. 결투는 어디까지나 정정당당해야 한다. 결투할 때 야비하거나 비겁한 행위를 해서는 안 된다는 규범이 바로 결투법(code of honor)이다. 따라서 결투법의 핵심 가치는 명예라 할 수 있으며, 명예는 기사도 또는 신사도의 전통으로 존중되어 서양에서 군대명예(military honor)의 근간이 되었다고 할 수 있다.

서양 문명의 산물이라 할 수 있는 전쟁법에도 기사도의 페어플레이 정신이 나타나 있는데, 그 대표적인 예로 제네바협약의 배신행위 금지 규정을 들 수 있다.[2] 포로에 대한 인도적 대우나 항복한 자와 부상이나 질병으로 전투능력을 상실한 자의 생명을 보존해주고자 하는 전쟁법 규정 또한 기사도 정신의 현대적 구현이라 할 수 있다.

'기사도'가 '신사도'로 호칭된 것은 영국의 전통 때문인 것으로 보인다. 영국의 역사에서 신사란 공식적으로 무기를 휴대하는 상류계급으로 간주되었다. "장교는 신사다."라는 영국의 전통은 여기서 비롯되고, 미국은 영국의 이런 전통을 받아들였다.

켐블은 『미 육군 장교 이미지』에서, "미국의 장교상이 비록 신사로서의 장교상에서 점점 전문직업인으로서 장교상으로 변화하고 있지만 기본적으로는 신사라는 개념에서 출발했다."라고 말한다.[3] 그런데 귀족주의는 애초부터 존재하지 않았던 미국에서 귀족적 장교상이 존속해 온 것은 매우 역설적이라 하지 않을 수 없다.[4]

---

2) 배신행위란, 1. 정전이나 항복의 기치하에 협상할 것처럼 위장하는 것. 2. 상처나 병으로 무능력한 것처럼 위장하는 것. 3. 민간인이나 비전투원의 지위인 것처럼 위장하는 것. 4. 국제연합 또는 중립국, 비전쟁 당사국의 부호, 표장, 제복을 사용함으로써 피보호자 자격으로 위장하는 것을 말한다. 그러나 위장, 유인, 양동작전, 오보의 이용과 같은 위계(僞計)나 기만전술은 배신행위에 해당하지 않는다(1949년 제네바협약 제1의정서 제37조).

3) C. Robert Kemble, *The Image of the Army Officer in America: Background for Current View*(Westport: Greenwood Press, 1973).

4) *The Soldier and the State*(1957), p. 35.

2) 명예는 인격에서

이처럼 미국의 역사적·사회적 맥락에서 장교에게 신사라는 개념을 적용하는 것이 곤란함에도 신사는 장교 명예의 핵심을 이루고 있으며, 장교에 관한 최초의 공식적인 정의로 사용되었다. 최초의 미 군사법도 '신사답지 않은 행동'을 한 장교는 파면된다고 명시함으로써 '장교는 신사다.'라는 공식적인 정의를 뒷받침했다.[5)]

『미육군 장교 지침서』에는 "장교는 신사(숙녀)가 되는 것이 미 육군의 전통이다."라고 전제하고, 장교는 명예를 지킬 것을 요구한다. 이 지침서는 명예에 대해 다음과 같이 설명하고 있다.

> 명예는 장교다운 행동의 품질보증이다. 명예는 인격에서 우러나온다. 명예로운 사람이란 옳고 그름을 구분할 수 있는 지식과 옳은 것을 단호히 지키려는 용기를 지닌 사람을 의미한다. 그것은 장교의 말과 글은 의심 없이 받아들여질 수 있음을 의미한다. 사실대로 말하고 의견은 솔직해야 한다. 모든 행위는 부대와 군과 국가의 이익을 고려하여 이루어져야 한다. 이런 행위들은 다 개인의 진실성에 포함되어 있다. 여기서 의미하는 명예는 윤리보다는 좁은 의미이다. 국가에 봉사할 때 명예의 중요한 요소로 장교는 품위 있는 생활을 영위할 것이 기대된다. 장교는 거짓말, 사기, 절도를 하지 않고 도덕률을 어기지 않는다. 장교는 '명백히 불법적이지는 않지만' 잘못된 행위에 사소한 변명을 하려고 해서는 안 되며, '복무규정에 명시되어 있지는 않지만 떳떳하지 못한 일'이라면 그것이 어떤 것이건 하려고 머뭇거려서는 안 된다.[6)]

---

5) 재너위츠에 따르면 기사도 전통에 따른 장교 명예를 이루는 요소로 네 가지를 들고 있다. 첫째, 장교는 신사다. 둘째, 상관에게 충성을 다한다. 셋째, 동료 장교와 우애를 지킨다. 넷째, 장교는 영광을 위해 싸운다. Moris Janowitz, *The Professional Soldier: A Social and Political Portrait*(1960), 215-31.

6) LTC Lawrence P. Crocker, USA(Ret.), *Army Officer's Guide*, p. 31.

이렇게 해서 장교 명예는 기사도에 바탕을 둔 신사도보다는 장교 개개인의 인격과 제휴하게 된다. 미국의 사관학교들에서 명예제도를 시행하고 있는 이유도 바로 '인격을 갖춘 리더'를 양성하기 위한 것이다.

2. 직업주의와 능력

서구에서 귀족주의를 대신해서 직업주의가 출현함으로써 사회적 출신 성분과 가문의 전통을 기초로 하던 장교 충원 기준은 점차 업무수행에 필요한 능력의 소유로 대치되었으며, 장교의 권위도 그의 사회적 출신배경에서가 아니라 그가 군대에서 차지하고 있는 직위와 그의 업무수행 능력에서 나오게 되었다.

귀족주의 군대에서 귀족 장교와 '인간 폐기물'과 같은 병사는 신분이 엄격히 구분되었고, 따라서 장교는 병사들 위에 군림할 수 있었다. 장교와 병시는 서로 다른 막사에서 취침하고, 서로 다른 식당에서 식사했다. 장교들은 더 많은 특권을 누렸고 좀 더 많은 장식물을 제복에 부착하는 반면, 병사들은 장교들의 생활을 안락하게 해주기 위해서 일했고 전쟁터에서는 장교의 명예를 위해서 죽었다.

장교와 병사 사이의 이런 위상은 군 직업주의와 보조를 맞춰 출현한 국민 개병제(皆兵制)의 시행에 따라 국민군대가 탄생함으로써 변하게 되었다. 이제 병사는 국민의 일원으로서 당연한 권리와 의무를 갖는다. 그래서 병사를 '제복 입은 시민'이라고 부른다. 프러시아가 국민 개병제를 시행할 즈음 군대 내에서 병사들에게 가해졌던 태형(笞刑)을 폐지해야 한다고 선언하고 나선 것도 이런 맥락에서 이해될 만하다. 이 선언 직후 새로운 군법이 반포되었는데, 이는 군 역사상 획기적인 사건으로 기록될 것이다. 왜냐하면 이로써 군기를 세우는 데 지휘관의 처벌권과 병사들의 시민권 사

이의 괴리를 극복하게 되었기 때문이다.[7)]

국민군대의 출현은 장교단을 아마추어주의에서 직업주의로 전환하는 것과 밀접한 관련이 있다. 장교단을 최초로 전문직업화한 프러시아가 국민 개병제 또한 최초로 채택했다는 점을 상기할 때 그 관련성은 명백히 드러난다. 병사들이 숙달된 직업적 정규군으로 구성되어 있을 때는 귀족 출신의 아마추어 장교들로 어느 정도 가능했을 것이나, 병사들이 아마추어 시민군인(citizen-soldier)으로 구성되었을 때는 군대는 유능하고 경험 있는 장교가 맡아야 한다. 이제 장교는 군대조직의 핵심을 이루고, 군사기술의 발전을 담당하며, 계속 보충되어 들어오는 병사들을 훈련하는 것으로 그 기능이 확대되었다.

직업주의의 출현으로 장교의 위상은 귀족적인 '무사'(武士) 또는 '신사'에서 군사전문가로 바뀌게 되었다. 과거 권위의 형성 원리가 지배라면, 다시 말해 이유는 설명해주지 않고 즉시 실행해야 할 명령만 내리는 것이라면, 장교에 대한 이미지는 엄격한 훈육관 이상의 것이 되지 못할 것이다. 그런데 군직업주의가 출현함으로써 장교의 위상은 리더로 바뀌고, 이에 따라 장교의 권위의 근거도 인격과 능력으로 대치되었다.

이렇게 하여 인격과 능력을 갖춘 리더가 오늘날 서양의 장교상을 이루고 있음을 우리는 미군의 리더십 교범을 통해서 알 수 있다. 미 육군의 리더십 교범은 리더십의 요구조건을 인격(Be)－지식(Knowledge)－행동(Do)으로 정형화했으며, 이후 인격적 자질(attributes)과 능력(competencies)이라는 두 가지 요건으로 압축해 놓고 있다.[8)] 여기서 '인격적 자질'을 '인격'으로 해석할 때 결국 인격과 능력을 갖춘 리더를 오늘날 서양의 장교상으로 삼아도 무방할 것이다.

---

7) 오보영 편역, 『임무형 전술』(육군사관학교 화랑대연구소, 1997), pp. 40-41 참조.
8) U. S. Army, FM 22-100, *Army Leadership: Be, Know, Do*(1999), U. S. Army, FM 6-22(FM 22-100), *Army Leadership: Competent, Confident, and Agile*(2006).

3. 마셜, 맥아더, 패튼, 아이젠하워

페이어는 그의 저서 『영혼을 지휘하는 리더십』에서 제2차 세계대전을 승리로 이끈 미국의 마셜, 맥아더, 패튼, 아이젠하워 네 장군이 갖추고 있는 인격적 특질과 리더십 스타일을 분석해 냈다.[9] 이들은 모두 최고의 인격을 소유하고 있었으며, 탁월한 업무수행 능력을 갖추었고, 리더십을 발휘하여 전쟁을 승리로 이끌었다는 공통적인 특징을 갖추고 있다고 저자는 주장하고 있다.

1) 마셜(George C. Marshall, 1880~1959)

마셜의 인격은 최상이다. 그는 철저하게 군대윤리에 따라 행동하고 생활하였으며, 부하들에게도 항상 올바른 길을 걷도록 요구했다. 그는 국가에 헌신적으로 충성하였다. 그는 사심 없는 봉사를 소중하게 여겼으며, 이를 실천하였다. 그 자신 더딘 진급, 낮은 봉급 그리고 원치 않는 보직과 열악한 근무환경에도 40여 년 간 국가와 군대 그리고 부대를 위해 헌신적인 봉사를 다했다. 마셜은 진급이나 보직에 눈이 멀었거나 이기적인 장교를 경멸했다. 그리고 자기 일에 충실하고 진급에 연연하지 않는 자를 진급에 추천하였다.

마셜은 아무리 사소해 보이는 직책이라도 일단 보직을 받고 나면 최선을 다했다. 그리고 기꺼이 책임을 지겠다는 자세로 근무했다. 제1차 세계대전 시 제1사단 작전참모로 보직되어 명령체계의 비효율성으로 명령 하달이 늦어져 하급 지휘관들이 사전 정찰을 할 시간이 부족하다는 문제점을 발견하고, 이를 개선하기 위해 부하 장교로 하여금 명령이 승인되는 즉

---

9) Edgar F. Puryear, Jr, *Nineteen Stars: A Study in Military Character and Leadership*(1971), 이민수・최정민 옮김, 『영혼을 지휘하는 리더십』(책세상, 2005).

시 전화로 하달하라고 지시하였다. 이는 보안 규정에 어긋난다는 점을 부하가 지적하자 모든 책임은 자신이 지겠다는 단호한 태도를 취함으로써 결과적으로 예하부대에 시간 여유를 주게 되었다.

마셜은 상관이 원하는 대로만 이야기하는 '예스맨'을 경계하라고 주위 사람들에게 조언할 정도로 '예스맨'을 싫어했다. 그리 좋지 않은 소식이더라도 사실을 정확히 전달할 수 있는 용기를 가진 장교가 중요하다고 강조하고, 브리핑에 참석한 모든 장교는 직속상관이 있든 없는 신경 쓰지 말고 솔직하게 이야기하라고 권고했다.

1939년 마셜은 루스벨트 대통령이 정계 및 군 지도자들과 1만 대의 전투기를 생산하고자 하는 대통령 자신의 의견을 의논하는 자리에 참석하게 되었는데, 참석자들이 대부분 대통령의 의견에 전적으로 동의했다. 대통령은 마지막으로 마셜에게 의견을 물었다. 이에 마셜은 "대통령 각하, 유감스럽지만 저는 그 계획에 전혀 동의하지 않습니다."라고 답했다. 대통령은 놀란 눈으로 마셜을 쳐다보았고, 마셜이 회의장을 나가자 참석자들은 마셜의 출세가 끝날 것 같다는 눈으로 그를 쳐다보았다. 그가 대통령의 의견에 반대한 것은 육군과 공군의 균형 있는 발전이라는 자신의 소신에 따른 것으로 나중에는 대통령도 마셜의 의견에 동의하게 되었다.

참모총장 시절 마셜은 언론과 관계가 좋았는데, 그 비결은 꾸밈없고 진실한 그의 태도 때문이었다. 마셜은 자신이 기자들을 신뢰한다고 말했고, 비밀로 분류되는 사실을 이야기해주면서 그것이 보도되지 않을 것을 당부했다. 그리고 그 약속은 당연히 지켜졌다.

그는 부하들의 인격을 존중했을 뿐만 아니라 다른 장교들에게도 그렇게 하도록 강조했다. 한 대위가 자신의 조치에 불만을 품고 무례한 태도를 보인 분대장을 불러 심한 핀잔을 주는 것을 보고 마셜이 그 대위를 불러 분대장이 듣지 않게, "그 분대장을 문책한 것은 자네가 전적으로 옳아. 하지만 그 분대장 역시 자네와 똑같은 미국 시민이라는 걸 잊지 말아야 해!"라고 말했다. 제5보병여단장 시절 차별대우를 받는다는 이유로 흑인병사들이 장교에게 집단으로 반항한 사건이 발생하자, 흑인병사들에게 자신은 피부색으로 부하를 대하지 않고 하나의 인간으로 대할 것이라고 말했다.

그는 총장 지위에 있으면서도 말단 병사에게까지 관심을 기울였다. 그런 그를 사람들은 '일반 병사의 수호자'라고 불렀다. 그는 선천적으로 부하들에게 베풀기를 좋아했다. 일본군 포로수용소에 있다가 귀환한 부하에게 뿔뿔이 흩어진 가족을 만나게 해주기 위해 자신의 전용기를 보내줄 정도였다. 중대장 시절 모든 중대원의 이름을 알고 있었고, 면담을 통해 그들의 신상문제를 파악하는 데 많은 시간을 할애했으며, 부하들 사이에 불만 요소가 있으면 재빨리 알아서 해결해주었다.

마셜은 부하들의 정직한 실수에 대해서는 관용을 베풀었다. 그것은 실수를 통해 더 큰 것을 배워나갈 수 있음을 알고 있기 때문이었다. 그러나 만일 부하의 실수가 적당주의나 태만 또는 무관심에 의한 것이라고 판단되면 과감하게 그 장교를 인사조치하였다.

마셜 장군 전기를 쓴 패인(Robert Payne)은, "장군들은 일곱 가지 죄악 중에서도 으뜸간다는 '자만'이라는 죄악에 빠져 있다. 그들은 자신의 성공을 자신의 훌륭한 능력에 돌리고, 그들이 간혹 겪었던 실패에 대해서는 '나쁜 운' 탓으로 돌린다. 장군들에게서는 겸손이란 것을 찾아볼 수가 없다."라고 말했다. 그러나 마셜을 달랐다. 그는 항상 겸손한 태도를 유지하였다. 그는 모든 공은 부하들에게 돌리고, 자신의 역할에 대해서는 겸손해 했다.

마셜은 아무리 화가 난다 해도 인내하며 평상심을 유지하였다. 그만큼 감정을 통제하는 능력이 뛰어났을 뿐만 아니라 감정에 북받쳐 있는 다른 사람을 차분하게 설득하는 능력도 뛰어났다.

마셜은 항상 단정한 복장을 하였을 뿐만 아니라 부하들에게도 이를 적극 권장하였다. 톈진의 제15보병연대장으로 있을 때 그는 단정한 복장 유지와 규정 준수를 강조하였는데, 얼마 되지 않아 연대의 모든 장병들이 자비를 들여 깨끗하게 잘 재단된 퍼레이드용 군복을 사서 입을 정도로 사기 충천했다.

마셜은 친밀성이 있었으나 누구도 함부로 범접할 수 없는 위엄을 갖추고 있었다. 그는 대통령의 신뢰를 받고 있으면서도 대통령을 사적으로 만나는 법이 없었고, 대통령을 대할 때 항상 격식을 잃지 않았다. 대통령은 마셜이 격식을 차리지 않고 대해주기를 바랬지만, 마셜은 자신의 성격에 맞지 않는다고 이 제의를 사양하였다.

마셜에게 자신의 개인적 선호에 따라 보직을 부탁하는 장교들은 누구든 곤경에 처하게 되었다. 이 때문에 마셜의 고결한 품성을 잘 알고 있던 사람들은 결코 그에게 청탁하는 일을 하지 않았다. 그는 자신이 도움을 주던 사람이 실패하게 되면 바로 모든 도움을 끊을 정도로 철두철미했다.

마셜은 텍사스 주 방위군에서 복무하던 두 장군 중 한 명은 노령이라는 이유로, 또 한 명은 무능력하다는 이유로 전역 조치를 내렸다. 텍사스 상원의원이 크게 반발했지만 그는 어떤 외압에도 이 조치를 철회하려 하지 않았다. 제2차 세계대전에서 중대한 판단착오를 범한 소장을 대령으로 강등시켜버렸다. 마셜은 그 소장의 아들의 대부가 될 정도로 친분이 있었는데도 말이다.

마셜은 부하에게 임무를 맡긴 후에는 좀처럼 간섭하지 않았다. 그 대신 그 부하가 임무수행을 잘 못할 때는 가차 없이 교체해버렸다. 작전에 실패한 부하 지휘관에게는 어떤 자비도 보여주지 않았다.

마셜은 남에게 어떤 일을 시키면서도 자기 스스로는 그 일에 대해 아무것도 하지 않으려는 사람을 경멸했다. 그만큼 그는 솔선수범을 강조했으며 스스로 그렇게 하였다.

마셜은 부하 복지에 남다른 관심을 쏟는 한편 교육과 훈련에도 심혈을 기울였다. 그리고 평생 후진 양성에 힘을 쏟았는데, 특히 보병학교 부교장으로 있을 때 그가 양성해낸 장교들 가운데 많은 이들이 제2차 세계대전에서 큰 공을 세웠다.

마셜은 무엇보다도 인사를 공정하게 한 것으로 유명하다. 그는 전쟁에 승리할 수 있는 장교만을 지휘관으로 선발해 제2차 세계대전에서 승리를 이끌어냈다.

2) 맥아더(Douglas MacArthur, 1880~1964)

맥아더는 요람에서부터 장교가 되기를 꿈꾸고, 이 꿈을 실현하기 위해 웨스트포인트에 입교하였다. 하지만 일부 상급생들은 아버지의 후광을 입고 있다는 이유로 그에게 가혹행위를 가했지만 이를 당연히 받아야 하는 훈련 과정으로 여기고 끝까지 참으며 이겨냈다. 그는 학업에 몰두했지만 책벌레라는 별명이 붙지 않을 정도로 군사학 분야에도 뛰어났으며 운동에도 열성적이었다.

미국이 제1차 세계대전에 참전하게 되었을 때 그는 국방장관의 참모로 '무지개 사단'(제42사단) 창설을 고안해냈고, 1917년 이 사단의 참모장으로 프랑스로 가게 되었다. 그는 참모장이면서도 전투 현장에 나가 일반 보병들과 함께 대검이 장착된 소총을 들고 참호에서 뛰어나와 적을 공격하는 용기를 발휘하였다. 그는 제1차 세계대전에서 불굴의 의지와 용기로 적을 공격해 승리를 이끌어낸 공로로 훈장을 받았다.

전쟁이 끝나자 육사교장을 거쳐 1930년 육군참모총장에 올랐다. 총장 재직 기간에 그는 기계화 사단을 창설하고, 전시 동원 체제를 확립했으며, 병력과 장비를 증강했다. 육군항공대가 보유하고 있던 구식 항공기를 최신 항공기로 교체했다. 이런 과정에서 그는 대통령과 의회 그리고 국민을 설득하였다. 그러나 그에게 비판적인 사람들은 그를 '공공의 지갑을 터는 탐욕스러운 약탈자', '도둑', '전쟁상인'이라고 비난했다. 이런 비난에도 그는 자신의 입장을 고수했다. 그 덕택에 제2차 세계대전 초기에 미국이 다소 불충분했지만 잘 정비된 군대를 가질 수 있었다.

1937년 일단 군에서 은퇴한 그는 1941년 다시 현역에 복귀하여 필리핀 주재 미국 극동군사령관이 되었다. 그러나 바탄전투에 패해 오스트레일리아로 철수하지 않을 수 없었다. 이후 그는 바탄전투의 패배를 설욕하기 위해 자신의 사령부를 '바탄'이라고 부르게 하고, 전용기도 '진'(Jean)이라는 원래 이름 대신 '바탄'으로 불렀다. 일본군에게 설욕을 하고자 했던 그의 열망이 너무 강해서 부나 공격에 가담했던 아이컬버거 장군에게, "부나를 점령하지 못하면 차라리 죽어서 돌아오라!"라고 명령할 정도였다.

그는 "죽음을 두려워하지 않는 자에게만 삶의 자격이 있다."라고 말하고 적의 지뢰나 포격 또는 저격수의 사격이 도사리고 있는 위험한 지역을 돌아다녔다. 맥아더 장군은, "군인의 모든 특질 중에서 가장 위대한 찬양을 일으키는 것은 바로 용기입니다."라고 말했다. 두 번의 세계대전에서 목숨을 걸고 보여준 용기 있는 행동으로 그는 열 두 개의 훈장을 받았는데, 미군 역사상 통틀어 이 기록에 버금가는 사람은 아무도 없다.

1945년 마닐라에 도착하자 그는 가장 먼저 바탄과 코레히도르에서 구출된 군인들이 치료 받고 있는 병원을 방문해서 일일이 각 침상을 돌아보며 부상과 영양실조, 질병으로 고통받고 있는 이들의 모습에 눈물을 흘렸다. 그리고 최대한의 의료지원과 귀향을 약속했다.

그는 부하들이 그에게 충성을 다하길 원했던 것처럼, 그 역시 참모들을 신뢰했다. 그는 참모가 과오를 범해도 결코 내쫓는 법 없이 자신이 책임을 졌지만, 지휘관이 실수를 하면 바로 퇴출시켰다. 그는 충성을 다하는 부하에 대해서는 남 다른 배려를 한 대신 불충한 것은 도저히 참지 못해서, 명령을 따르지 않는 장교는 즉시 해임해버렸다.

사람들은 그가 독단적이라고 오해하고 있지만 실은 중요한 결정을 내릴 때는 참모들에게 충고와 조언을 구했고, 정직한 의견 제시를 강조했다.

맥아더는 전투에서 행방불명된 병사들의 가족에게 직접 편지를 쓰는 등 일반 부하에 대해서도 세심한 배려를 하였다.

그는 전투에 대한 자신의 철학을 이렇게 표현했다. "승리를 얻는 유일한 길은 여기에 있습니다. 공격! 공격! 공격!"

그는 전쟁의 큰 흐름에 전념할 뿐이었지, 구체적인 전술 같은 것은 예하 지휘관들에게 위임했다. 그렇기 때문에 그는 커다란 전세의 흐름에서 기회를 포착해낼 수 있었다. 그는 예전 방식대로 싸워서는 결코 승리할 수 없다고 강조하였다. 그의 전략은 병력으로 밀어붙이는 대신, 융통성과 병력의 절약을 합쳐놓은 장점을 구사했다.

그는 항상 당당한 자세를 유지했고, 단정하고 소박한 옷차림을 하였다. 그리고 아무리 화가 나는 일을 당해도 감정을 억누르고, 절대 불경스러운 언행은 하지 않았다.

맥아더의 연설은 세계적인 명연설로 유명하다. 그만큼 그는 유창한 웅변과 달변으로 사람들을 감동시키고 설득하는 능력을 가지고 있었다. 그의 화려한 표현력은 고전과 군사 분야의 권위서를 탐독한 것에서 큰 도움을 받았다. 그는 지휘관으로 성공하기 위해서는 의사소통능력이 중요하다고 생각하고, 웨스트포인트 영어교수로 가는 참모에게 사관학교 영어 교육의 목적은 생도들이 자신의 생각과 의견을 확실하고 분명하게 제시할 수 있도록 훈련하는 것이라고 조언해주었다.

그는 누구보다도 필리핀의 지형과 사람들에 대해 잘 알고 있었다. 그는 필리핀을 태평양의 통제권을 갖고 있는 미국을 향한 문을 여는 열쇠로 보았다.

군인정신이 몸에 밴 그는 모든 임무를 수행하는 데 소명의식과 역사적 사명감을 갖고 맥아더라는 이름에 부끄럽지 않게 행동하였다. 맥아더는 일본군의 잔혹성에 대하여, 그것은 군인의 명예라는 가장 신성한 규범에 먹칠을 한 것이라고 비난했다. 군인이라는 직업은 자랑스러운 것이어야 하며, 맥아더 장군은 그러한 명예의 화신이었다.

그는 "준비는 성공과 승리의 열쇠다."라고 하면서 군인은 언제 닥쳐올지 모르는 전쟁에 항상 대비하는 데 힘써야 한다고 말했다.

3) 패튼(George Smith Patton Jr., 1885~1945)

패튼은 군인다운 외모뿐만 아니라 모든 면에서 모범을 보였다. "리더십이란 번쩍번쩍하게 닦고 손질하는 데서 나온다."라는 그의 지론은 이미 생도시절 형성되었다. 그는 임무에 고지식할 정도로 충실했기 때문에 생도 때 근무를 맡으면 많은 지적보고서를 작성해 생도들에게 인기가 없었다.

패튼은 1909년 기병 소위로 임관한지 1년 후인 1910년부터 1914년까지 참모총장 부관으로 근무했다. 1912년 스톡홀름 올림픽 근대 5종 경기에 미국 국가대표 선수로 참가해 5위의 성적을 거두기도 하였다. 그리고 곧 국방장관 부관으로 발탁되었다. 그러나 그를 유명하게 만든 것은 멕시코와의 국경분쟁에서 그가 보여준 무용담이다. 이를 계기로 퍼싱 장군에게 발탁되어 제1차 세계대전에 참전하게 되었는데, 1년이 채 못 되어 대위에서 대령으로 진급하였다.

패튼은 제1차 세계대전에 참전하고 프랑스 전차학교에서 배운 지식을 바탕으로 미군을 위한 전차학교를 개설하는 등 전차전문가로 성장하게 되었다. 1918년 생 미헬 지역에서 첫 기갑전투를 치른 패튼은 이후 벌어진 전투에서 총탄 파편과 기관총에 부상을 당하면서도 전투를 치러내 상이군인기장을 받았고, 뛰어난 영웅적 활약을 펼쳐 십자무공훈장을 받았으며, 전차학교 운영 공로로 또 하나의 무공훈장을 받았다.

전쟁이 끝난 후 귀국한 패튼은 기갑학교에 배치되었는데, 이곳에서 7년 후배인 아이젠하워를 만났다. 그는 교착상태의 참호전을 타개하기 위해선

장갑차량이 주축이 되어 전선을 돌파해야 한다는 교훈을 깨닫게 된다.

미국이 제2차 세계대전에 참전하면서 패튼은 북아프리카 내륙 깊숙이 들어가 롬멜 장군의 독일군에 패배해 전의를 잃고 있는 미 제2군단을 지휘하라는 명령을 받았다.

제2군단의 지휘권을 맡은 패튼은 병사들이 복장과 외모가 지저분하고 불결한 모습을 하고 있음을 발견하였다. "단정치 못한 병사는 전투에서 승리하지 못한다."라는 지론을 고수하고 있던 패튼에게 병사들의 이런 복장 상태는 그들의 사기와 군기가 땅에 떨어져 있다는 증거로 보였을 것이다. 그는 제일 먼저 모든 부대원에게 항상 철모와 각반, 넥타이를 착용하라는 명령을 내렸다. 하루에 한 번씩 꼭 면도하게 하였다. 전방이든 후방이든, 전투병이든 군의관이나 취사병이든 예외가 허용되지 않았다. 그는 때때로 직접 나서서 규정 위반자를 적발하였다. 제2군단 장병들은 넥타이를 매고 각반을 차고, 무거운 철모의 턱 끈을 채울 때마다 패튼이 자기들을 지휘하러 왔다는 사실을 뼛속 깊이 각인했다. 그럴 때는 그에 대한 애정 따위는 없었지만, 차츰 전투력이 향상되어가자 그 규율이 담긴 어떤 목석, 즉 '가혹하리만치 엄격한 규칙을 지킬 때 전장에서 살아남을 수 있다'는 사실을 이해하기 시작했다. 그의 복장 착용 명령은 군기를 확립하기 위한 하나의 수단이었다고 말할 수 있다. 그는 "군기는 오직 한 가지만 있을 뿐이다. 완벽한 군기! 군기를 강화하거나 유지하지 못하는 지휘관은 잠재적인 살인자다!"라고 말할 정도로 군기를 강조했다.

패튼은 실전과 같은 훈련만이 평범하고 온건한 시민들을 호전적인 싸움꾼으로 단련할 수 있다고 생각했다. 그는 1941년 제1기갑사단을 맡아 사막에서 전투할 수 있도록 훈련장을 사막으로 옮기고 지옥 같은 환경에서 하루 수통 한 개의 물만으로 각종 훈련을 시켰다. 부하들이 불평을 해댔지만, 이런 훈련의 가치는 전투로 입증되었다.

그는 전쟁터에서 연설할 때 거친 말을 사용하였다. "전쟁은 사람을 죽이는 일이야. 저 녀석들의 피를 보지 않으면, 자네들의 피를 보게 될 걸세. 그 자식들의 배를 찢어버리거나 총알을 박아서 창자를 끄집어내야 해!" "그대로 날려버려!" "1파인트의 땀이 1갤런의 피를 구한다." "미국인은 항복하지 않는다." "후퇴는 그것이 가져올 돌이킬 수 없는 결과만큼이나 비겁하다." "비겁한 겁쟁이들은 군에 필요 없다." 그의 이런 직설적인 말투가 모두 올바르다고 할 수는 없지만, 그런 것이 그가 가진 리더십의 큰 부분이라는 데는 모두가 동의한다. 군인들이 이해할 수 있는 언어는 바로 이런 것이라고 그는 생각했다.

그는 고함만 지른 것이 아니라 병사들과 뒤엉키며 솔선수범하는 모습을 보여주었다. 진흙탕에 빠진 트럭을 병사들과 함께 밀어 올리고, 고장 난 탱크를 고치려고 전차병들과 함께 전차 밑으로 기어들어가 진흙투성이, 기름투성이가 되기도 하였다.

북아프리카에서의 성공으로 패튼 장군은 제7군의 지휘를 맡아 시칠리아 침공에 나서 놀라운 승전을 올렸다. 그러나 이곳에서 전투 공포증에 걸려 병원에 입원해 있는 병사를 구타한 일로 지휘권이 일시 박탈되었다. 패튼의 결점은 바로 참을성 없이 자신의 감정을 폭발하는 것이었다. 노르망디 상륙작전을 계기로 제3군을 지휘하면서 그는 가장 탁월한 야전군 지휘관이라는 명성을 얻게 되었다.

그는 군복이 잘 어울리는 멋쟁이였다. 장군이 되면서 황금 단추가 달린 야전 재킷에 몸에 꼭 맞게 재단된 제복을 입고 다녔다. 왼쪽 주머니 위에는 네 줄의 참전 리본과 훈장이 달려 있고, 양쪽 어깨와 셔츠 깃에는 커다란 별이 꽂혀 있었다. 채찍 끈이 달린 붉은색 승마용 바지를 입었고, 박차가 달려 있고 거울처럼 빛나는 목이 긴 기병대 장화를 신고 있었다. 허리에는 번쩍거리는 황동 버클이 달린 수공품 혁대를 차고, 그 양쪽에는 4성 장군임을 표시하는 별이 진주로 장식된 권총을 찼다. 그는 손에 승마용 채찍을 들고 다녔다. 광약을 잔뜩 칠해 번쩍거리는 철모에는 별이 달려 있었다. 전방을 순시할 때면 지프 덮개를 걷어 모든 장병이 자신을 똑똑히 볼 수 있도록 하고, 지프 뒤에는 50밀리 기관총으로 무장한 부관이 자리 잡고 있었다. 지프 앞과 뒤에는 특대형 별판이 달려 있고, 급히 길을 갈 때는 큰 사이렌과 요란한 경적을 울려 패튼이 왔음을 알렸다.

그는 한 도시를 점령하면 저격수의 총탄과 불발탄의 위험이 도사리고 있음에도 처음으로 그곳에 진입하는 부하들과 함께 진입했다. 패튼의 계속적인 전선 방문은 부하들에게 용기를 불어넣고 사기를 진작하는 원천이 되었다. 지휘관이란 죽는 한이 있어도 앞장서서 부대를 이끌고, 부하들에게 자신이 지휘관임을 알 수 있도록 계급장을 착용하도록 지시하였다.

패튼은 용기란 '두려움을 모르는 자질'이라는 정의에 동의하지 않았다. 모든 사람은 위험 앞에 두려워하게 되어 있기 때문에 이런 의미의 용기를 지닌 사람은 없다는 것이 그의 생각이다. "용기 있는 사람은 자신의 두려움에도 계속해서 행동할 수 있도록 자신을 독려할 수 있는 사람이다."라고 그는 말했다.

패튼은 예하부대를 자주 순시하기는 하였지만, 그들의 활동에 간섭하지 않았다. "부하에게 어떻게 해야 하는지 알려주지 마라. 그저 무엇을 해야 하는지만 명령하라. 그러면 그들은 자기 힘으로 당신을 놀라게 할 것이다."

그는 아첨하는 사람들을 주위에 두지 않으려고 했는데, 그 덕에 부하들은 그에게 말하는 것을 두려워하지 않았다. 그는 처벌보다는 장병들의 복지에 신경을 쓰는 것이 좋은 결과를 얻을 수 있는 효과적인 방법이라는 것을 알고 있었다. "제대로 보살핀 병사가 잘 싸우는 군인이 된다."라는 것이 그의 리더십에서 기본 전제가 된다. 그는 목숨보다는 탄약을 낭비하는 편이 나으니 탄약을 아끼지 말라고 말하곤 했다.

패튼은 작전의 성공은 '인간'이라는 요소에 달려 있다고 여겼다. 용기가 있고 적개심이 강한 사람은 누구도 그를 이길 수 없다. 싸움꾼이 지치고 배고프고 춥다고 한다면 그는 인내력이 부족한 것이다.

패튼의 계급 조직에서는 병사가 우선이다. 그래서 참모들에게 병사들의 요구가 비록 지나칠지라도 들어주어야 한다고 지시했다. 명예훈장과 십자훈장을 받은 병사에게 더는 전선에 나가지 않도록 명령을 내렸다. 이런 훈장을 받은 병사가 다음 전투에서 불행하게도 죽게 되는 경우를 그는 종종 목격했기 때문이다.

그는 사기를 진작하고 유지하는 데 적시에 포상이 이루어지는 것이 매우 중요하다고 생각하고 행정절차를 가능한 한 빨리 처리하도록 하였다.

패튼은 실수하게 되면, 곧바로 자신의 실수를 인정하면서도, 실제로 비난받아야 하는 부하 지휘관들을 감싸주는 도덕적 용기를 갖고 있었다. 실패에 대해서는 자신이 책임을 지고, 성공은 다른 사람에게 그 공을 돌렸다. 그는 부하들에게 항상 감사하는 마음을 가지고 있었다. 그러나 명령을 따르지 않는 부하에 대해서는 화를 참지 못했다. 한 번은 마을을 통과하라는 명령을 어기고 우회했다는 이유로 한 사단장을 해임한 적도 있었다.

그는 과감한 공격만이 승리를 가져온다고 믿었고 또 이를 실천하였다. "쉴 새 없이 빨리, 거칠게 공격하라!" "그 누구도 성공적으로 무언가를 방어한 적은 없다." "참호를 팔 때 군대는 지는 것이다."라고 말했다.

그는 전쟁에 승리하기 위해서는 피와 정열 그리고 인내가 필요하다고 역설하였다. 처음으로 독일과의 전투에 출정할 때 그는 부대원들에게 "이기지 못한다면, 아무도 살아서 돌아오지 말자!"라고 연설했다.

4) 아이젠하워(Dwight D. Eisenhower, 1890~1969)

아이젠하워의 생도생활은 패튼이나 맥아더와는 대조적으로 모범생과는 거리가 멀었다. 그는 미식축구 대표선수로 두각을 나타냈는데, 부상으로

축구를 할 수 없게 되자 퇴교를 결심했지만 동기생들의 만류로 자퇴를 포기하였다. 성적이야 어찌되었건 그는 인기 있는 생도였다. 그는 생도들이 선출하는 응원단장에 뽑혔다. 외향적이고, 잘생긴 얼굴에다가 호감 가는 미소 그리고 풍부한 유머감각을 지닌 아이젠하워는 사람들에게 친근감을 주었다.

제1차 세계대전 중 기갑훈련중대의 지휘를 맡아 대위로 승진했으나, 그 전쟁은 그가 해외로 파견되기 직전에 종식되었다. 1922년 파나마운하 지역에 배속되어 그 지역의 위수사령관인 폭스 코너 준장의 영향을 강하게 받았으며, 코너 준장의 배려로 지휘참모학교에 입교해 수석으로 졸업하였다. 1933년 맥아더 참모총장의 참모로 있다가 2년 뒤 맥아더 장군을 따라 필리핀으로 부임하여 필리핀 군대 재건을 지원했다.

비교적 음지에서 오랫동안 군 생활을 해왔던 아이젠하워가 갑자기 연합군 최고사령관으로 부상하자 미국의 언론은 거지가 하루아침에 벼락부자가 된 것처럼 떠들어댔다. 그는 일반 국민에게는 무명의 인물이었을지 모르지만, 확실히 새로운 상황에 필요한 리더십을 갖춘 인물이었음에 틀림없다. 설득하고, 중재하고, 친절을 발휘하는 능력과 겸손함 그리고 낙천성으로 그는 문화적 배경과 민족성이 다양한 연합군을 이끄는 지휘관으로 적격이었다.

영·미 양국군의 화합을 위해 영국인 장교를 '영국인 개새끼'라고 욕한 한 미군 장교를 곧바로 귀국조치 해버렸다. 연합국 사이의 분쟁은 흔히 불필요한 말 때문에 생기기 때문이다. 그리고 미군들에게 영국의 전통과 정치·군사 제도, 영국인의 심리와 언어, 또 본받을 만한 영국인들의 훌륭한 정신을 이해하도록 교육했다.

항상 독불장군처럼 행세하는 몽고메리가 집단군 지휘관 회의에 불참함으로써 아이젠하워를 격분시켰지만, 그는 비범한 자기 통제력을 발휘하여 이를 참아냈다. 수차례 패튼이 실수를 저질러 언론의 표적이 되었으나 끝까지 해임하지 않았다. 그만큼 인내력과 포용력이 큰 인물이었다.

아이젠하워는 전쟁 중에 결정을 내릴 때 많은 용기가 필요했다. 오버로드 작전 개시 전날 아침 "약간의 희망이 있을 것 같다."라는 기상학자의 브리핑을 받고 5분 동안 소파에 앉아 침묵을 지킨 끝에 고개를 들고 활기있게 "그래, 진격이다!"라고 결정을 내렸다. 그는 독단적으로 결정하지 않았다. 결정하기 전에 최상의 정보와 조언을 받으려 했다.

지휘관으로서 아이젠하워는 부하 지휘관을 세심히 배려하였다. 그는 좀처럼 야전사령관들을 호출하지 않는 대신 직접 그들에게 다가가 현장에 머물면서 그들이 겪고 있는 불편 사항들을 덜어주는 걸 더 좋아했다. 그는 참모들을 신뢰하고 그들에게 권한을 위임해주었다. 팀워크를 한층 고양하기 위해 참모들과 자주 함께 식사하며 여러 가지 일을 의논하곤 했다.

자신의 당번병 결혼식에 하객으로 참석하기도 하는 등 부하들에 대한 배려를 아끼지 않았다. 병원의 부상자들을 방문할 때는 각각의 병사들에게 이름을 묻고 악수를 한 뒤 어디에서 어떻게 부상당했는지, 그리고 언제쯤 퇴원하기를 바라는지 물었다. 다섯 개의 상이기장을 단 한 장교가 원대복귀하고 싶다고 하자 그를 보호하기 위해 후방에 배치하도록 지시하였다. 그는 "개인에 대한 관심이 성공의 열쇠다."라고 말하고, 장교들로 하여금 병사들 개개인에 대해 잘 알아보도록 권장했다.

제2장 중국의 장수상

서양의 장교상과 비교 가능하고, 우리나라의 전통적 장교상에도 영향을 미친 것으로는 중국의 장수상(將帥像)을 들 수 있다. 전통적으로 중국의 장수상은 '문무겸비'의 장수상이라 할 수 있다. 여기서 문(文)은 인격을, 무(武)는 능력을 의미하는 것으로 이해한다면, 이것은 서양의 '인격과 능력을 갖춘 리더'로서의 장교상과 일맥상통한다고 하겠다.

『무경칠서(武經七書)』[10]를 비롯한 중국의 고전적 병서에는 장수의 자질에 대해 서술하고 있는데, 『손자』에는 지(智)·신(信)·인(仁)·용(勇)·엄(嚴)을, 『육도』에는 엄 대신 충(忠)을 넣고 그 순서도 바꾸어 용(勇)·지(智)·인(仁)·신(信)·충(忠)을 장수의 자질로 삼는다. 이 둘을 참고하여 충(忠)·지(智)·신(信)·인(仁)·용(勇)·엄(嚴)을 장수의 자질로 삼아도 될 것이다.

중국의 전통적 장수상에서 우리는 장수의 인격적 특징과 자질 그리고 리더십 스타일을 도출해 낼 수 있으며, 서양의 장교상과 비교해볼 때 많은 공통점을 발견할 수 있을 것이다. 이처럼 바람직한 장교상은 시대와 장소를 초월하여 불변하는 요소가 있음에 유의해볼 필요가 있다.

1. 문무겸비

장수는 먼저 군사들의 마음을 얻어야 하기 때문에 문덕(文德)을 갖추어야 한다. 아울러 장수는 총검이 부딪치는 전쟁터에서 승리를 쟁취하여야 하기 때문에 무덕(武德)을 갖추어야 한다.

손자는 말하기를, "사졸이 아직 장수와 친(親)해지지 않았는데 벌(罰)로써 이끌고자 하면 복종하지 않고, 복종하지 않으면 쓸 수가 없다. 사졸이 이미 장수와 친해졌는데 벌이 시행되지 않으면 역시 쓸 수가 없다. 그러므로 문으로 명령을 내리고, 무로써 다스려야 한다. 이런 군대는 반드시 승

10) 무경칠서(武經七書)란 일곱 개의 병서, 즉 『손자(孫子)』, 『오자(吳子)』, 『육도(六韜)』, 『삼략(三略)』, 『사마법(司馬法)』, 『위료자(尉繚子)』, 『이위공문대(李衛公問對)』를 지칭한다.

리한다(행군편).”라고 한다.

위료자에 따르면, “장수가 부하를 사랑하여 부하들의 마음을 얻지 못하면 그 부하들을 제대로 쓸 수 없으며, 장수가 위엄을 세워 부하들의 마음을 복종시키지 못하면 그 부하들을 제대로 쓸 수 없다(공권편).”라고 말한다. 문과 무, 사랑과 위엄을 지휘통솔의 요체로 삼은 것이다.

장수는 문무와 강유(剛柔)를 겸비해야 한다. “문무를 겸비한 인물이라야 비로소 삼군의 장수가 될 수 있으며, 강함과 부드러움을 겸비한 인물이라야 비로소 용병의 대사를 담당할 수 있다. 장수가 용맹스럽기만 하다면, 적을 가볍게 여겨 경솔하게 적과의 접전만을 추구할 뿐 이해관계를 알지 못한다. 이런 인물은 절대 삼군을 지휘할 장수가 되지 못한다(『오자』 논장편).” 여기에서 문은 장수의 지적 능력을, 무는 용맹을 의미한다.

장수는 강직함과 유연함을 겸비해야 한다. “훌륭한 장수는 강하지만 꺾이지 않고 부드럽지만 굽히지 않는다. 부드럽고 약하기만 해서는 반드시 패하게 되고, 거세고 뻣뻣하기만 해서는 반드시 망하게 된다. 강하지도 않고 유하지도 않게 상황에 따라 중용의 도를 취하는 것이 최선의 방책이다(『제갈량집』 장강편).” 문무를 겸비한 장수는 용병에서도 강유를 적절히 배합하여 승리를 쟁취한다.

제갈량은 “자기보다 현명한 자를 만나 가르침을 청하여 그의 간언(諫言)을 경청하고, 관용이 있으면서도 강직하며, 용감하면서도 지략이 풍부한 자를 큰 장수, 즉 대장(大將)으로 보고, 사랑하는 마음으로 사람을 대하고, 신의를 지켜 이웃 나라가 믿고 따르게 하며, 천문, 인사, 지리에 정통하여 온 천하에 일어나는 일을 집안일처럼 볼 수 있다면 이는 천하를 관장하는 장수(天下之將)라 할 수 있다(『제갈량집』 장재편).”라고 말한다.

2. 충 · 지 · 신 · 인 · 용 · 엄

1) 충성, 사심 없는 헌신

장수가 출정 명령을 받게 되면, "오직 만난을 무릅쓰고 적을 격파한 뒤 개선할 생각만 해야 한다. 이것이 장수된 자의 예의요, 마음가짐이다. 그러므로 장수는 출정하는 날부터 오로지 싸우다가 죽는 것을 영예롭게 생각할 뿐 구차스럽게 살아 돌아와 치욕을 당할 생각은 결코 하지 않게 되는 것이다(『오자』 논장편)."

장수는 "재물과 이익을 보고도 탐욕하지 않고, 미인을 보고도 음란한 마음을 품지 않으며, 자신을 나라에 바치고자 하는 간절한 열망을 끝까지 지킬 뿐이다(『제갈량집』 장지편)." 사사로운 욕망을 버리고 오직 나라에 몸을 바치는 것이 바로 충성이다.

2) 지혜, 판난력 · 통찰럭 · 임기응변력

장수가 전쟁에 승리하려면 무엇보다도 먼저 피아(彼我) 전력의 우열과 허실 그리고 작전 지역의 지리적 조건 등 관련된 정보를 기초로 정확한 형세 판단을 해야 한다. 전쟁의 승패는 여기서 갈라신다고 해도 과언이 아니다. 그래서 손자는, "적을 알고 나를 알면 백 번 싸워도 위태롭지 않고, 적을 알지 못하고 나를 알면 한 번 이기고 한 번은 진다. 적을 알지 못하고 나도 알지 못하면 싸움마다 반드시 지게 될 것이다(『손자』 모공편)."라고 말한다.

형세 판단을 정확히 한 다음에는 작전계획을 잘 세울 줄 알아야 한다. "모든 일이 잘못되는 것은 잘못된 계획을 실천하는 데 있다(『위료자』 십이능편).” 작전계획을 세울 때 장수는 깊은 사고와 통찰력으로 온갖 계략과 수단을 동원하여 손실을 피하고 이익을 취하는 지모(智謀)를 발휘해야 한다. 항상 넓은 시야와 높은 관점에서 대국(大局)을 파악할 줄 알아야 한다. 큰 이익을 위해서는 사소한 이익을 버릴 줄 알아야 한다. 그리고 멀리 앞을 내다보고 이에 대비할 줄 알아야 한다. 이것이 장수의 통찰력이다.

다음으로 실전에 임하여 용병술을 알아야 한다. “공격과 방어의 적절한 시기를 알아야 하고, 적의 방어가 약한 곳에 공격을 집중하여야 하며, 적이 예상하지 못한 곳으로 그 의표를 찔러 기동하여야 한다(『손자』 허실편).” 이것이 용병의 원칙이다. 그러나 전쟁 상황은 수시로 변화하므로 사전에 세워놓은 작전계획에 구애되어서는 안 된다(『손자』 계편). 변화무쌍한 상황에 민첩하게 대응하기 위해 장수에게는 임기응변할 수는 융통성 있고 유연한 사고력이 필요하다. 이런 능력을 갖춘 장수를 제갈량은 지장(智將)이라고 불렀다.

3) 신의, 정직과 공정성

신(信)이란 남을 속이지 않는 것이다. 그러므로 상하가 서로 신뢰하게 된다(『육도』 용도 논장편). 장수가 부하를 속이지 않고, 차별하지 않고 평등하게 대하며, 포상과 처벌이 시의적절하며 공명정대하고, 명령이 일관성을 지닐 때 부하의 신뢰를 얻는다.

“신이란 사람으로 하여금 처벌과 포상에 의혹이 없게 하는 것이다. 앞서 나아가는 자에게 후한 상을 주고, 물러나는 자에게 엄한 형벌을 가하며, 상을 줄 때는 때를 넘기지 않으며, 형벌을 가할 때는 존귀한 자를 피하지 않는 자를 신장(信將)이라 한다(『제갈량집』 장원편).”

신이란 명령이 한결같은 것이다. 장수가 계획을 자주 변경하고, 명령을 자주 바꾸면, 장병들은 그 명령을 믿고 따르려 하지 않을 것이다. 따라서 신의가 없으면 명령이 시행되지 못하고, 명령이 시행되지 못하면 군은 단결하지 못하고, 군대가 단결하지 못하면 이름을 빛낼 수 없다.

4) 인애, 배려와 사랑

"덕으로써 이끌고, 예로써 가지런히 하며, 군사들의 굶주림과 추위를 알고, 그 노고를 살피는 자는 인장(仁將)이라고 한다(『제갈량집』 장재편)." "옛날의 훌륭한 장수는 군사들이 어려움을 당할 때는 몸소 나서고, 공로를 다툴 때는 뒤로 물러났다. 부상을 당한 군사에게는 심심한 위로를 보냈고, 전사한 군사가 있으면 깊이 애도하여 후하게 장례를 치러주었다. 군사가 배고프면 자신의 음식을 먹이고, 군사가 추위에 떨면 자신의 옷을 입혀주었다. 장수가 이렇게 할 수만 있다면 가는 곳마다 승리를 거둔다(『제갈량집』 애사편)."

인이란 부하와 고락(苦樂)과 안위(安危)를 함께하는 것이다. "장수는 땡볕에서 차양을 지지 않으며, 엄동설한에 자기만 옷을 두껍게 입지 않으며, 험한 길에서는 마차에서 내려 사졸들과 같이 걸으며, 숙영지의 우물이 완성되더라도 사졸들이 마신 뒤에 마시고, 사졸들이 식사하기 전에 식사하지 않는다. 진지가 완성되기 전에는 휴식을 취하지 않으며, 언제나 고락을 함께 한다(『위료자』 전위편)."

"장수는 겸양으로 화합을 이루며, 나쁜 일은 자신에게 돌리고 좋은 일은 부하에게 미루어 부하의 마음을 기쁘게 함으로써 부하가 힘을 다하게 해야 한다(『사마법』 엄위편)."

5) 용기, 필사즉생

"무릇 전쟁터란 한 번의 실수로 시체가 되는 죽음의 땅이다. 필사적인 결의로 싸우면 살아날 수 있고, 요행의 삶을 꾀하면 죽음을 당한다. 필사즉생 행생즉사(必死卽生 幸生卽死) (『오자』 치병편)."

"용맹스러운즉 적을 두려워하지 않는다. 그러므로 적이 감히 침범하지 못한다(『육도』 용도 논장)." "장수가 용감하지 않으면 전군이 정예롭지 못하게 된다(『육도』 용도 기병편)." 그래서 장수가 용감하지 않으면 장수가 없는 것과 같다고 말한다.

용기란 의(義)를 따르는 것이다. 의를 따르고자 하는 도덕적 용기를 지닐 때 엄정하게 되고, 엄정하면 위엄이 있게 되고, 위엄이 있으면 군사들이 그를 따른다.

용기는 자신의 생각과 신념을 행동으로 옮기게 하는 역할을 하기 때문에 용기가 없다면 기타의 덕은 발휘될 수 없다.

6) 위엄, 기강확립과 신상필벌

"장수는 덕이 없어서는 안 된다. 덕이 없으면 부하가 배반한다. 또 위엄이 없어서는 안 된다. 위엄이 없으면 권위를 잃어 기강이 서지 못한다(『삼략』 중편)." "장수를 사랑하기 때문에 배반하지 않으며, 두려워하기 때문에 명령에 복종하는 것이다(『위료자』 공권편)."

용병의 원리는 일(一)에 지나지 않는다. 일이란 지휘권이 단일화되고 병력이 집중되어 행동 통일을 이루게 함으로써 장수가 자유자재로 군을 움직이게 하는 것을 말한다(『육도』 문도 병도편). 장수가 군을 자유자재로 움직일 수 있도록 해주는 것이 바로 기강이요 군기이다.

군기의 핵심은 바로 명령에 대한 복종이다. "군사들은 장수가 지향하는 방향이라면 어느 곳이든지 따라가고, 장수가 가리키는 적을 향하여 죽음을 무릅쓰고 나아가 싸우지 않는 자가 없게 하여야 한다(『오자』 논장편).” 그렇기 때문에 “군대에서는 명령에 복종하는 것이 제일의 미덕이며, 명령에 불복종하는 것이 제일의 죄악이 된다. 그러므로 누구나 명령에 의지하지 않고는 용맹과 힘을 함부로 쓰지 않게 된다(『사마법』 천자지의편).”

“군대에 기강이 해이해지면 장수의 위엄이 서지 못하고, 장수의 위엄이 서지 못하면 군사들이 군령을 무시하고 멋대로 행동하게 된다. 군사들이 멋대로 행동하게 되면 군의 전투대형이 문란해지고, 적이 이 틈을 타서 공격해오면 반드시 패망한다(『삼략』 상편).”

장수의 위엄은 항상 침착하고 냉정하며, 상벌을 공정하게 내리고, 일단 내린 명령을 가볍게 변경하지 않는 데 있다.

3. 손자, 오자, 제갈량

1) 손자(손무, B.C. 6세기)

손자의 본명은 손무(孫武)로 통상 존칭으로 손자라 부르며, 그가 지은 병서를 『손자』, 『손자병법』, 『손무병법』이라 부른다. 공자와 동시대 사람으로 제나라에서 출생하여 춘추전국시대 말엽 오나라 왕 합려(闔閭)에게 발탁돼 초나라와의 싸움에서 크게 약화된 오나라 군대를 맡아 4년 만에 정예강군으로 육성해냈다. 이렇게 되자 오왕 합려는 숙적 초나라와 패권을 다투기로 결심하고 손자에게 총지휘권을 부여했다. 이에 손자는 B.C. 512년부터 6년 동안 단계적으로 교란작전을 실시해 초나라의 국력을 소진시킨 후 정예병 3만을 이끌고 기습공격을 감행해 20만의 초나라 군사를 격파함으로써 강국 초나라에게 치명적인 타격을 입히고, 오나라를 강국의 반열로 격상시켰다. 이후 오왕 합려가 월나라 공략전에서 전사하고 그 아들 부차가 즉위하자, 부차를 도와 월나라를 굴복시켜 오나라의 국위를 절정에 올려놓았다. 이후 손자는 일체의 명예와 관직을 버리고 은퇴하여 병학 연구와 저술에만 전념하다가 세상을 떠났다.

손자는 지 · 신 · 인 · 용 · 엄을 장수의 자질로 들었다.

"유능한 장수는 적으로 하여금 아군의 의도대로 행동하도록 조종할 줄 알아야 하며, 그것은 그러한 상황을 만들어내는 데 달려 있다. 그러므로 "유능한 장수는 능동적인 위치에서 적을 끌어들이는 것이며, 피동적으로 적에게 끌려가지 않는다(허실 편)." 이는 작전의 주도권을 장악해야 한다는 뜻이다.

작전의 융통성이다. "한 번 승리를 거둔 방식은 반복하여 사용하지 말고, 적정에 따라 대응하여 무궁무진하게 변화시켜야 한다. 무릇 작전의 형태는 물과 같아야 한다. 물은 형태가 고정되어 있지 않으며, 높은 곳을 피하고 낮은 곳으로 흐른다. 마찬가지로, 적의 강점을 피하고 약점을 공격하여야 한다. 물은 지형의 변화에 따라 흐르는 방향이 결정되며, 용병은 적정의 변화에 따라 싸우는 방법이 결정된다. 그러므로 물에 고정된 형태가 없는 것처럼, 용병에도 고정된 형세가 없다. 적정의 변화에 따라 적절히 대응하여 승리를 거두는 자야말로 '용병의 신'이라고 할 수 있다(허실 편)."

정보전의 중요성을 지적하여, "현명한 장수는 일단 출병하면 전승을 거두고 남보다 뛰어난 공적을 세운다. 그 까닭은 바로 사전에 적의 정세를 정확하게 하기 때문이다(용간 편)."고 말한다.

2) 오자(오기, B.C. 440?~381)

오자의 본명은 오기(吳起)이며, 그의 병서는 『오자』, 『오자병법』, 『오기병법』 등으로 호칭되고 있다. 오자의 용병술이 능하다는 말을 들은 위(魏)

나라 왕 문후가 그를 장군으로 삼아 진나라를 공격하여 성 다섯 개를 빼앗았다. 오자는 장군이 되자 가장 신분이 낮은 사졸들과 같은 옷을 입고 식사를 함께하였다. 잠을 잘 때는 자리를 깔지 않았으며 행군할 때는 말이나 수레를 타지 않고 자기가 먹을 식량을 친히 짊어지고 다니는 등 사졸들과 수고로움을 함께 나누었다. 한 병사가 종기로 고생하자 자기 입으로 그 종기의 고름을 빨아주었다. 이에 감복한 병사는 오자의 은혜에 보답하고자 용감히 싸우다가 전사했다고 한다.

문후는 오자가 용병에 뛰어날 뿐만 아니라 청렴하고 공정하여 모든 사졸들의 신망을 얻고 있다고 생각하고는 그를 서하(西河) 지역 수비 책임을 맡은 태수로 임명하였다. 이후 오자는 27년 동안 인접 제후국들과 전투를 벌여 눈부신 전공을 세웠다.

오자는 인화단결의 중요성을 강조하여, "나라에 불화가 있을 때는 전쟁을 일으켜서는 안 된다. 군에 불화가 있을 때는 전쟁에 투입해서는 안 된다. 전선에 투입된 부대에 불화가 있을 때는 공격을 해서는 안 된다. 전투 중에 불화가 있으면 결전을 감행해서는 안 된다. 최후의 승리를 쟁취할 수 없기 때문이다.(도국 편)."라고 말한다.

필사즉생의 용기에 높은 가치를 부여했다. "한 사람이 죽기를 각오하면, 천 명을 공포에 떨게 할 수가 있다." 그는 실제로 자신이 만든 5만의 정예강군을 이끌고 진나라 군사 50만을 격파하였다.

다음으로는 신상필벌이다. "용감하게 돌진하여 적을 살상시키고, 뛰어난 전과를 올린 자에게는 반드시 후한 상으로 격려하고, 비겁하게 후퇴하여 병력과 수비지역을 잃은 자는 반드시 중한 벌로 처벌해야 한다. 상벌이 상하, 귀천을 가리지 않고 신의의 원칙에 입각하여 시행되어야 한다(치병편)."

전승의 요인은 병력의 많고 적음에 있지 않고 군을 잘 다스리는 데 있다. "징을 쳐서 퇴각 명령을 내려도 병력을 거둘 수 없고, 북을 울려 전진 명령을 내려도 진군시킬 수가 없다면, 비록 백만 대군이 있다 할지라도 전승을 쟁취하는 데 아무 쓸모가 없다."

오자가 진 나라와 싸울 때의 일이다. 피아간에 접전이 벌어지기 전에 용사 한 명이 투지를 억제하지 못하고 단신으로 적진에 돌입하여 적병 두 명의 목을 베어 가지고 돌아왔다. 이를 본 오기가 즉석에서 그 용사를 참형에 처하였다.

그러나 이런 엄벌만으로는 군사들로 하여금 창검이 맞부딪치는 전쟁터에서 기꺼운 마음으로 목숨을 바쳐 싸우게 할 수는 없다. 공을 세운 자와 그들의 가족들에게도 상을 내려 격려하고, 전몰자의 가족에도 매년 사신을 보내 위로하고 금품을 하사함으로써 은혜를 베풀어주어야 한다고 오자는 말한다.

교육훈련의 중요성이다. "장병들은 전투에서 항상 그들의 무능력으로 인하여 적에게 죽음을 당하고, 병기와 장비의 조작에 미숙한 까닭으로 전쟁에 패한다. 그러므로 용병에는 군사들의 교육훈련이 선행되어야 한다(치병 편)".

3) 제갈량(제갈공명, 181~234)

제갈량, 제갈공명 또는 제갈무후라 하면 그 이름이 유명한 만큼 그는 정치, 외교, 군사, 행정면에서 뛰어난 능력을 발휘했으며, 국가전략가 또는 군사전략가로, 용병가로 중국 5,000년 역사에 배출된 걸출한 인물이라 하겠다. 흔히 『제갈량병법』이라고 부르기도 하는 그가 남긴 『제갈량심서』를 통해 그의 장수론, 용병술 등을 알아보겠다.

장수는 강직함과 유연함을 겸비해야 한다. "훌륭한 장수는 강(剛)하여 꺾이지 않고 유(柔)하여 굽히지 않는다. 그래서 약하면서도 강한 적을 이겨내고, 부드러우면서도 거센 적을 이긴다."

장수는 감정을 잘 조절해야 한다. "기뻐하지 말아야 할 일에는 마땅히 기뻐하지 않아야 하며, 화를 내지 말아야 일에는 화를 내지 않아야 한다. 곧 기뻐하고 화내는 일의 성질을 분명히 한다는 것이다. 기쁨에 취해 죄인을 놓아주거나 화로 인해 무고한 사람을 죽여서는 안 되니 기뻐하고 화내는 일을 망령되게 해서는 안 된다. 사사로운 감정을 앞세우면 공적을 이룰 수 없다."

부하를 사랑해야 한다. "과거의 훌륭한 장수는 부하를 자기 자식처럼 사랑하였다. 어려운 일이 생기면 먼저 나서서 해결하고, 공은 부하에게 돌렸다. 부상병에 대해서는 충심으로 위로하고, 전사한 병사에 대해서는 애통해 하며 장사지내주었다. 배고픈 병사에게는 자신의 음식을 나누어주고, 추위에 떠는 부하에게는 자기의 옷을 벗어서 입혀주었다. 지혜로운 자는 예의를 다하여 대우해주었고, 용기 있는 자에겐 상을 내려 격려하였다. 이와 같이 한다면 가는 곳마다 승리를 거두게 될 것이다."

"군대의 통솔은 인화에 있다. 맹자도 천시, 지리, 인화 가운데 인화가 가장 중요하고 그다음이 지리, 천시라고 했다. 모든 군사가 화목하면, 전투에 임하여 말하지 않더라도 앞장서 싸울 것이다. 민악 상히가 서로 반목하고 질시하면 명령에 따르지 않게 되고, 좋은 계략도 아무 소용이 없게 된다."

기깅이 시 있는 군대가 승리한다 "군대를 거느리고 작전을 수행할 때 엄정한 질서는 곧바로 승리와 연결된다. 만약 상벌이 분명하지 않고, 법령이 신뢰를 잃어 기강이 해이해지고, 전진과 후퇴의 명령이 제대로 이행되지 않으면 백만 대군도 아무 쓸모가 없게 된다."

장수가 수많은 군사를 통솔하여 명령에 따르게 할 수 있는 것은 장수의 위엄과 삼엄한 군법 때문이다. 그러므로 장수는 먼저 지휘권을 장악하고, 그런 다음 곧 법령을 제정하고 상벌을 이행하여 위엄을 갖추면 감히 그 명령에 복종하지 않을 수가 없게 된다. 상벌이 공평하고 공정하게 시행되면 부하들이 진심으로 복종하여 장수의 명령에 목숨을 바칠 것이다. 이와 반대로 상벌이 잘못 시행되면 충신이 죄 없이 죽고, 간신은 공도 없이 높은 지위에 오른다. 그래서 상을 내려야 할 때는 원수지간이라도 피해서는 안 되며, 벌을 줄 때는 친척도 제외될 수 없다.

훈련의 중요성이다. "군대가 엄격한 훈련을 쌓지 않으면 백 명이 한 명을 당해내지 못한다. 그러나 훈련된 군사는 혼자서도 백 명의 적을 막아낼 수 있다. 그러므로 공자는 '가르치지 않고 전장에 내보내는 것은 백성을 사지(死地)에 버리는 것과 같다'고 하였다." 따라서 싸움을 시키려면 훈련부터 시켜야 한다.

훌륭한 장수는 능력과 특기에 따라 인재를 선발하여 적재적소에 배치함으로써 각자 자신의 특기를 충분히 발휘하도록 하니 승리한다. 이와 반대로 평범한 장수는 뛰어난 인재를 버리고 아첨 잘하고 어리석은 자를 등용하게 되니, 적과 싸우면 반드시 패하는 결과를 초래한다.

제3장 한국의 전통적 장수상

서양의 전통적 장교상은 한마디로 "장교는 신사다."라는 말로 표현된다. 중국의 전통적 장교상은 충·지·신·인·용·엄을 고루 갖춘 장수상으로 대표될 수 있다. 그렇다면 한국의 전통적 장교상은 무엇일까? 우리는 어디서 한국적 장교상의 전통을 찾을 수 있을까?

우리의 전통적 장수상은 주로 중국의 장수상을 모델로 삼았을 것으로 판단된다. 실제로 장수의 자질을 논한 우리나라의 옛 병서는 주로 『무경칠서』를 중심으로 한 중국의 고전적 병서에 제시된 장수상을 따르고 있다. 그만큼 우리 고유의 장수상을 찾을 수 없다는 지적이 있을 수 있다.

그렇다고 우리 고유의 장수상이 없다고 말할 수 없다. 화랑도가 좋은 예라 할 수 있다. '세속오계'로 표상되어 있는 화랑도 정신과 화랑도의 고유한 수련 방법 그리고 전쟁터에서 용맹을 떨친 화랑들의 활약을 통해 우리는 한국적 장교상의 전통을 능히 발견할 수 있을 것 같다. 또 우리나라의 역사에는 특출했던 명장들이 나타나 나라를 지켜냈다. 고구려의 을지문덕, 신라의 김유신, 백제의 계백, 고려의 강감찬, 조선의 이순신 등 역대 명장들을 통해 한국의 전통적 장수상을 발견할 수 있다. 이 밖에도 장수의 자질을 논한 옛날 병서들도 현존한다. 이런 자산들에서 우리는 한국의 전통적 장교상을 도출해낼 수 있을 것이다.

1. 화랑도, '양장용졸 유시이생(良將勇卒 由是而生)'

1) 충성, 임금을 충성으로 섬겨라

화랑도는 국가적 인재를 선발하기 위한 제도임과 동시에 인재양성을 위한 교육제도였다고 할 수 있다. 그래서 "어진 재상과 충성된 신하가 여기서 배출되고, 뛰어난 장수와 용감한 군사가 이로 인하여 생겨났다(賢佐忠臣 從此而秀 良將勇卒 由是而生)." 이들 화랑들이 추구한 가치는 충성, 효도, 신의, 용기, 자비, 명예라 할 수 있다.

김유신이 백제군을 물리치고 아직 집에도 돌아가지 않았는데, 다시 출전하라는 명령을 받았다. 유신이 집 앞을 지나면서 돌아보지도 않고 가다가 종자에게 집에 가서 물을 떠오라고 명령하여 물을 마셔 보고 말하기를 "우리 집 물맛이 아직도 옛맛 그대로구나!" 하고 그냥 길을 떠나니 이를 본 모든 군사들이 가족과 이별함을 한탄하지 않고 출정길에 올랐다. 이는 충성 앞에 개인의 사사로움을 버린 예라 하겠다.

신라군이 백제군의 야간 기습공격을 받아 혼란에 빠져 있는데 김흠운이 말 위에 앉아 적을 기다렸다. 이에 주위 사람들이 어두워 비록 공을 세워도 사람들이 알지 못하고, 신라의 귀골이 적병의 손에 죽는다면 적은 자랑으로 말할 것이니 몸을 보살피라고 권유했다. 그러나 그는 이를 물리치고, "대장부가 이미 몸을 나라에 맡겼거늘 사람들이 알든 모르든 이는 한 가지인데 어찌 감히 명성만 구하리오."라고 말하고 적과 어울려 싸우다 전사하였다. 몸을 바쳐 충성한 예라 하겠다.

2) 효도, 부모에게 효도하라

김유신의 아들 원술이 당나라 군대와의 싸움에서 물러서고 말았다. 이에 유신은 왕명을 어기고 가훈을 저버린 원술을 참형에 처하도록 왕에게 간청하였으나, 왕이 용서해주니 원술은 부끄러움을 이기지 못해 감히 부친을 뵈지 못하고 숨어 초야에 지내다가 부친이 돌아간 뒤 어머니를 만나보기를 청하였으나, 아버지에게 불효한 자식이라면서 단호하게 거절당하였다. 문무왕 15년 당나라 군사가 매소성(양주)에 쳐들어와 공격하자, 원술은 이에 죽을 각오로 싸워 공을 세웠다. 그러나 부모에게 불효했다는 죄책감에서 벼슬길에 오르지 않고 생을 마쳤다.

3) 신의, 신의로 벗을 사귀라

임신서기석을 통해서 우리는, 화랑들 사이에서는 서로 서약을 맺고 이를 실천하는 것을 관행으로 삼았음을 알 수 있다. 귀산과 추항은 친구로 사귀어 군자와 교류하기를 기약하고 원광법사에게서 세속오계를 받아 실천하고 후일 전쟁터에 나가 함께 전사하였다. 사다함은 무관랑과 죽음을 같이 할 친구로 사귈 것을 약속하였는데 무관랑이 병으로 죽자 7일 동안 슬피 통곡하다가 죽었다. 장충랑과 파랑은 황산에서 백제군과 싸우다 함께 전사하였다.

김유신은 전투에서 사로잡은 백제 장군 8명을, 백제군과의 전투에서 목숨을 잃고 백제군 수중에 있던 김춘추의 딸과 사위(품석)의 유해와 교환할 것을 백제 대장군에게 제의하였다. 이에 먼저 백제군이 이들 부부의 시신을 보내오자 주위의 반대를 물리치고 백제군 장군 8명을 약속대로 돌려보내주었다.

4) 용기, 싸움에 임하여 물러서지 말라

백제군을 패퇴시키고 귀환하는 신라군이 백제군의 기습공격을 받자 후미를 지키던 귀산이 큰 소리로 말하기를 "내 일찍 법사에게서 용사는 싸움 마당에 이르러 물러서지 말라는 가르침을 들었거늘 어찌 감히 도망하여 달아나겠는가!" 하고 적진을 향해 달려들어 용감하게 싸우다가 부상을 입고 도중에 죽었다. 이때 추항도 온몸에 상처를 입어 같이 죽었다.

이를 계기로 신라군은 임전무퇴의 계율을 신앙화해 이를 실천함으로써 이후 거의 모든 전투에서 패퇴한 적이 없다. 화랑도로부터 훌륭한 장수와 용감한 병졸이 나오도록 한 원동력이 되는 것은 바로 전투에서 결코 물러서지 않는 이 투사정신이라 하겠다.

5) 자비, 살생을 하되 가려서 하라

살생을 금지하는 불교의 가르침에 비추어볼 때 원광법사의 살생유택계는 의아하지 않을 수 없다. 법사에게서 이 계율을 받은 귀산과 추항도 마찬가지여서 그 뜻을 물었다. 이에 법사는 그 시기와 대상과 양을 가려서 살생하라고 그 의미를 풀이해주었다. 예를 들면, 동물이 성장하고 번식하는 봄과 여름을 피하고, 말, 소, 닭, 개 등 짐승을 죽이지 말아야 하며, 필요 이상으로 많은 살상해서는 안 된다는 것이다.

살생유택계를 현대적 의미에서 적용할 때, 이는 불필요한 살상을 피하고 고통을 최소화해야 한다는 전쟁도덕의 규범으로 해석할 수 있을 것이다.

6) 명예, 이름을 욕되게 하지 말라

화랑은 명예를 목숨보다 소중한 가치로 여겼다. 그래서 명예를 지키기 위해 목숨도 불사했다. 김흠운은 화랑으로서 이름을 욕되지 않게 용감히 싸우다 전사하였다. 그래서 『삼국사기』에는 "김흠운과 같은 사람도 화랑으로 능히 목숨을 국사에 바쳤으니 가히 그 이름이 욕되지 않는다고 말할 것이다."라고 기록되어 있다.

7) 정의, 불의와 타협하지 말라

화랑은 청렴결백하고 정의로워 불의와 결코 타협하지 않는 고고한 인품을 지녔다. 극심한 흉년이 들어 궁궐에서 일하는 사람들이 작당하여 창고 안의 곡식을 훔쳐 나눠 가지고 화랑 검군에게도 같이 나누어 갖자고 제안하였다. 이에 검군은 "내 화랑의 낭도로 천금의 이익이 있더라도 옳지 않은 일이면 마음을 움직이지 않는다."라고 말하며 이를 단호히 거절하였다. 그러자 그들은 자신들의 죄상이 탄로 날까 두려워 검군을 독살하려고 식사 자리에 초대했다. 검군은 자신이 그 자리에 참석하면 죽음을 당할 것을 알면서도 참석하여 그들이 음식물에 탄 독약을 마시고 죽었다.

한때 화랑으로 있다가 중이 된 혜숙이 한 국선의 사냥에 동행했는데, 그 국선이 오직 살생만을 즐기는 것을 보고 실망하여 자기 살을 베어주면서, 화랑으로서 해서는 안 될 짓을 하고 있다고 꾸짖어 말했다. 이에 국선은 크게 부끄러워하였다.

8) 호연지기를 기르라

화랑도는 특유의 수련방식을 채택하고 시행한 것으로 전해진다. 절차탁마로 도덕을 함양하고, 시가와 음악을 즐겨 정서를 함양하며, 명산대천을 두루 찾아다니며 심신을 단련한 것이 바로 그것이다. 이를 통해 화랑은 호연지기를 기르고, 문과 무, 강과 유를 겸비한 리더로 길러졌다.

신라 진흥왕 때 가락국이 반란을 일으키자 화랑 사다함이 기병을 거느리고 진격해 반란을 평정하는 데 큰 공을 세웠다. 이에 임금이 포상하려 하자 재삼 사절하였지만 왕이 끝내 그에게 포로 200인과 토지를 상으로 주자, 포로는 풀어주어 양민으로 만들고, 토지는 모두 군사들에게 나누어 주었다. 세속적 가치에 초연한 고매한 인격을 갖춘 화랑의 모습을 보여준다.

2. 문무겸비의 장수상[11)]

1) 문무겸비

"항상 활쏘기, 말 달리기를 일삼고, 겸하여 학문을 익히는 자가 상품의 인물이다(『병장설』)." 학문이 아니면 사람들이 따르지 않고, 무예가 아니면 사람들이 두려워하지 않는다. 그래서 문무를 겸전한 뒤에야 비로소 장

11) 장수의 자질을 논한 조선시대 병서 가운데 지금까지 전해 내려오는 것으로는 세조가 지은 『병장설(兵將說)』과 조선후기 이정집(1741~1782), 이적(?~1809) 부자가 지은 『무신수지(武臣須知)』가 있다. 전자는 임금이 장수들에게 내린 훈시문을 신숙주 등이 주석을 붙인 것이고, 후자는 무경칠서를 비롯한 중국의 고대 병서의 핵심 내용을 간추려 설명하고 주석을 붙인 것이다. 여기서는 이 두 병서에 나타난 장수상을 살펴보기로 한다.

수가 될 수 있다. 만일 문만을 숭상하여 나약하고 위엄을 떨치지 못하거나, 무만을 강조하여 너무 강하고 굽힐 줄 모른다면 사람의 마음을 통일해 추구하는 바를 달성할 수 없다. 그렇기 때문에 "문덕으로써 군을 이끌고, 무위로써 군을 통솔하여, 전군이 일심동체로 뭉친다면 원하는 바를 반드시 성취하게 될 것이다(『무신수지』)."

장수가 너그럽지 못하면 사람들이 따르지 않고, 군령에 위엄이 없으면 사람을 다스릴 수 없다. 따라서 인애와 위엄으로 군사들을 다스려야 한다.

훌륭한 장수란 집 안에서도 천하의 일을 알아야 하고, 옛날 역사를 알아야 한다. 임금에게 충성하고 부모에게 효도하는 도리, 세상에 처신하는 방법 등이 모두 옛글에 담겨 있으니, 학문에 힘쓰지 않을 수 없다(『무신수지』).

2) 신의, 용기, 위엄, 지혜, 인애

장수는 신·용·엄·지·인을 두루 갖추어야 한다. "첫째, 신(信)이니, 진실하고 속이지 않으며 약속을 변치 않고 끝까지 지키는 것이다. 둘째, 용(勇)이니, 과감하게 선두에 서서 적진을 쳐부수는 것이다. 셋째, 엄(嚴)이니, 군정을 바로잡고 명령을 바르게 시행하는 것이다. 넷째, 지(智)이니, 전술에 밝고 적의 허실을 잘 판단하는 것이다. 다섯째, 인(仁)이니, 병졸들을 사랑하고 아껴 잔혹한 행위를 하지 않는 것이다(『무신수지』)."

3) 겸손

세조가 장수의 자질을 논하면서 제일 먼저 장수가 버려야 할 허물을 들었다. "무릇 장수 된 자의 허물은 지혜가 있다 하여 사람을 거만하게 대하고, 재능이 있다 하여 남을 멸시하는 것이다. 남과 상대하기도 전에 이미 남을 경멸하여 독단적으로 일을 처리하고 상하가 서로 화합하지 못한다면 이는 참으로 한낱 필부에 지나지 않는다(『병장설』)." 장수가 겸손하지 않으면 인화를 이룰 수 없다는 의미다.

"자기 뜻에 순종함을 좋아하고, 마음에 들지 않는 말을 싫어하며, 힘만 믿고 제 뜻과 같지 않은 경우를 당하면 성내어 공명을 이루지 못하고 만다."

4) 도량

"칭찬을 들어도 기뻐하지 않고 모욕을 당해도 성내지 않으며, 두루 묻고, 아랫사람의 역량에 의지하며, 유순함으로써 일을 이루는 장수가 상품의 인물이다(『병장설』)". 이런 인물은 큰 덕과 넓은 도량으로 널리 참고 포용함으로써 공을 이룬다.

감정을 잘 조절하여 일희일비하지 않고, 공을 이루고도 공로를 자랑하지 않으며, 자기가 세운 공일지라도 위로는 조정에 돌리고 아래로는 부하들에게 돌린다. 다인의 조그마한 과실은 관대히 용서해주고, 서로 처지를 바꾸어놓고 생각한다. 부드러운 얼굴과 조리 있는 말로 사람을 대하며, 아랫사람에게 묻기를 부끄러워하지 않고, 아랫사람의 좋은 점을 택해서 상하의사소통이 이루어진다.

5) 동고동락

"장수에게 병졸이 있는 것은 마치 호랑이에게 이빨이 있는 것과 같으니, 반드시 병졸들과 고락을 함께해야 한다(『무신수지』)." 호랑이에게 이빨이 없으면 용맹을 부릴 수 없듯이, 장수에게 병졸이 없으면 지혜를 써먹을 수가 없게 된다. 그래서 병졸에 의지하여 일을 성취해야 하는 장수는 마땅히 부하들과 고락을 함께 하여야 한다. 그리하여 예로부터 훌륭한 장수는 군사들을 잘 대우해주고, 군사들에게 항상 활쏘기와 말타기를 익히게 하였다. 군사들이 사용할 우물과 부엌이 마련된 뒤에야 장수가 식사하고, 비가 오더라도 장수는 우산을 받지 않으며, 더워도 부채를 잡지 않아 군사들과 고락을 함께하되, 병약한 군사들을 최우선으로 대우한다.

6) 청렴결백

장수가 털끝만한 사리사욕이라도 마음에 품고 지휘한다면, 사람들에게 손가락질을 당하고 비난을 받는 것을 막기 어렵다. 장수가 만일 한 푼이라도 의롭지 못한 재물을 취한다면 이로 말미암아 군사들이 나쁜 마음을 품고 온갖 부정을 자행하는 것을 막을 수 없다. 장수가 탐욕스러우면 그 해독이 장수 개인으로 끝나는 것이 아니라 군대의 성패와 국가의 안위에까지 영향을 미친다(『무신수지』). 그래서 이익을 보면 의리를 생각하는 장수를 상품의 인물로 삼았다.

7) 수분(守分, 분수 지키기)

"행동은 직분을 잃지 말고, 벼슬은 덕망을 넘지 말아야 하며, 사단(師團)의 주장(主將)은 대장을 업신여기지 말고, 여단의 주장은 사단의 주장에 대들지 말아야 한다(『무신수지』)." "덕이 지위보다 높으면 비록 높은 지위라도 높은 것이 아니다." 군대는 상하질서가 엄정하여 문란하지 않고 기강을 세워 상하가 서로 예의를 지켜야 한다. 그래서 부하는 상관을 멸시하거나 상관에게 대들어서는 안 된다. 그래서 각자 자기 분수에 맞게 행동하고 처신해야 하며 체통을 지켜야 하는 것이다.

8) 자기 통제

장수는 감정을 통제하고 절제하는 생활을 하여야 한다. 옛말에 "기뻐하고 노여워하는 것을 제대로 하는 자가 드물고 뒤바뀌어 하는 자가 실로 많다."라고 하였다. "도리에 어긋나는 분노는 끝내 환난을 자초하게 된다는 것을 항상 염두에 두면, 마음속으로 깊이 조심하여 남을 대할 때 저절로 도리에 맞게 되어 지나치게 화내거나 다른 일로 화난 것을 제 삼자에게 화풀이하는 일이 없을 것이다(『무신수지』)."

감정을 조절하지 못하면 기분에 좌우되어 정확한 판단을 못하게 되고, 일을 처리할 때 공정성을 잃게 된다. 이런 사람은 다른 사람과 원만한 관계를 유지하기 어렵다. 그래서 칭찬을 들어도 기뻐하지 않고, 모욕을 당해도 성내지 않는 장수를 상품의 인물이라 한 것이다.

장수는 생활에 절도를 지켜 주색에 빠져서는 안 된다. 술은 그 해독(害毒)이 매우 커서 위로는 국사를 그르치며, 아래로는 패가망신을 시킨다. 그래서 "술잔을 들 때마다 취할까 염려하는 자는 중품의 인물이다."라고 하였다. 정렴하며 근신하여 스스로 억제하는 자만은 못할지라도 스스로 술의 해독을 알고 경계하는 마음을 품어 술에 빠지지 않는다면 그런대로 쓸 만한 인물이라는 의미다.

9) 당당한 태도

"장군이 갑옷을 입고 군중(軍中)에 있을 때에는 허리를 굽혀 절하지 않으며, 전차(戰車)를 타고 행군할 때에는 비록 존귀한 사람 앞에서라도 엎드려 절하지 않는다(『무신수지』)." 조정에서 문신(文臣)은 서로 양보하여 도덕을 숭상하는 것을 예의로 삼지만, 진중에서 무신은 과단성 있고 강인하여 의로움을 숭상하는 것을 예의로 삼아야 한다.

10) 신상필벌

"신상필벌을 행한다면 부녀자도 군사로 삼을 수 있고, 장꾼을 이끌고도 적과 싸울 수 있다(『무신수지』)." 상벌이 아니고는 악한 일을 징계하고, 선한 일을 장려할 방법이 없다. 따라서 상과 벌은 군무 중에서도 가장 중대한 일이 된다. 그러므로 평소에 상벌을 분명히 시행하여야 전시에 실효를 거둘 수 있다.

상벌은 공정하게 이루어져야 한다. 그런데 편애하여 상을 내리고 개인적인 감정으로 벌을 주며, 또는 벼슬이 높은 자에게만 상을 내리고 신분이 낮은 자에게만 벌을 내린다면 장수의 위엄이 서지 않고, 그가 내린 명령을 따르려 하지 않는다.

그러나 상벌을 시행할 때는 형편에 따라서 적절하게 가감하여야 한다. 옛날 어떤 장수는 싸우기도 전에 먼저 상을 내려 전의를 북돋았고, 어떤 장수는 패전하고도 상을 내려 사기를 높였다.

11) 재량권

장수가 군무를 처리하고 작전을 지휘할 때에는 누구의 간섭도 받지 않고 오로지 자기 소신대로 결정하고 처리할 수 있는 재량권이 있어야 한다. "그러므로 장수는 위로 하늘이나 아래로 땅, 그리고 가운데로 인간의 제재를 받지 않고 자유자재로 용병하여 승리를 거두는 것이다(『무신수지』)."

그러나 장수가 너무 자기 뜻대로만 행동하면 실패하는 일이 없지 않을 것이기 때문에 마땅히 조심하고 살펴야 한다.

제4장 세계적 명장, 이순신 장군

충무공 이순신(1545~1598) 장군은 가히 세계적 명장의 반열에 들어갈 수 있는 인물이다. 훌륭한 인격과 인품, 탁월한 리더십 그리고 뛰어난 용병술로 왜적의 침략으로 위태로워진 나라를 구함으로써 역사에 길이 남는 명장이며 '구군의 은인'이 되었다.

이순신이 죽은 후 사람들은 그를 '용병의 귀재'라는 중국의 제갈량에 비교하여, "죽은 이순신이 산 왜놈을 격파하였다."라고 말하였다. 이는, "죽은 제갈량이 산 중달(사마의)을 패주시켰다."라는 중국의 옛말에서 따온 것이다. 이순신과 제갈량은 공통점이 없지 않다. 둘 다 용병에 뛰어난 능력을 발휘하여 싸우면 승리를 쟁취하였다. 둘 다 나라를 위해 죽었다. 둘 다 54세에 세상을 마쳤으며, 시호(諡號)가 충무(忠武)로 같다.

순조 때 홍석주(1774~1842)는 관음포에 세운 유허비에 "제갈량은 병으로 죽었지만, 공(이순신)은 싸우다가 죽었다. 제갈량이 죽은 후 촉한의 왕실이 위태로워졌지만, 공은 죽었어도 종묘사직이 그에게 의지하였으므로 이 역시 유감이 없다."라고 새김으로써 이순신을 제갈량보다 더 높이 평가하였다.

1. 고결한 인격

1) 확고한 가치관

(1) 충성(위국헌신)

이순신의 삶을 한마디로 표현하면 '위국헌신'의 삶이었다고 할 수 있다. 나라를 위해 자신을 희생한 삶이었다. 무고한 투옥과 파면, 강등과 백의종

군 등을 당했어도 원망하지 않고, 오직 한결같은 마음으로 충성을 다했다.

함경도 변방의 전초기지인 건원보 군관으로 있을 때 부친이 돌아가셨지만, 장례식조차 참석하지 못했다. 정유년 백의종군의 명을 받고 남행하던 중 모친마저 사망했다. 그러나 어머니 장례식도 다 치르지 못하고 명에 따라 전선으로 떠나야 했다. 아내의 병이 몹시 위독하다는 소식을 듣고도 전쟁 중이라 생각이 미칠 수 없었다. 전쟁 중에 셋째아들이 전사했지만 애통해 하고 탄식만 할 뿐 전선을 떠날 수 없었다. 그는 전쟁 기간에 건강이 좋지 않아 심하게 앓으면서도 치료를 제대로 받지 못하고 오직 맡은 바 임무에 충실했다.

적의 탄환에 맞아 쓰러지면서도 자신의 생명을 걱정하지 않고 "지금 싸움이 한창 급하니 나의 죽음을 알리지 말라."라고 당부하였으니 그의 최후는 바로 군인의 충성이 어떤 것인지 극명하게 보여주고 있다.

(2) 책임(의무)

이순신이 전라좌수사로 발령받은 것은 임진왜란이 일어나기 14개월 전인 1591년 2월이다. 이때부터 이순신은 전쟁에 대비하였다. 관할구역의 전선(戰船)과 무기 및 장비를 점검하여 보수하고, 인원을 점검하여 부족한 병력을 보충하기 위해 노력했다. 거북선과 전선, 대포, 화약 등 무기와 장비를 개발하고 제조했다. 중앙의 지원 하나 없이 무기와 장비를 만들어낸 것이다. 훈련도 철저히 시켜 활 쏘는 연습을 비롯하여 거북선에서 대포 쏘는 연습도 하게 하였다.

전쟁이 발발하자 이순신은 연전연승을 거두었다. 이로써 나라를 지켜야 하는 군인의 의무를 다하고자 하였다. 마지막 노량해전에서 적선 500여 척을 만나 크게 싸웠다. 그러나 여기서 최후를 맞았다. 이순신은 자신에게 맡겨진 책임을 다하기 위해 목숨까지도 바쳤다.

(3) 인애와 배려(존중)

이순신은 부하들을 사랑하고 배려하는 마음이 각별했다. 해전에서 패한 왜군이 육지로 도망가 유리한 지형을 점령하고 저항하자 이순신은 부하들의 불필요한 희생을 막기 위해 추격전을 벌이지 않았다.

옥포대첩이 끝나자 이순신은 적선에 실려 있던 쌀은 굶주린 군사들의 양식으로 나누어주고, 의복과 면포 등도 군사들에게 나누어주도록 조정에 건의하였다. 전사한 부하는 그 시체를 고향으로 보내 후하게 장사를 지내게 하고, 그 처자는 법에 따라 보상을 받도록 하였으며, 부상자들은 정성을 다해 치료해주도록 하였다.

그는 부하들을 차별하지 않았다. 전투가 끝나고 전공자 명단을 올릴 때 천민 출신의 졸병들의 이름을 양반 군관과 차별을 두지 않고 포상자 명단에 올렸다. 당시 엄격한 신분사회였음을 감안할 때 가히 파격적인 조치였다 하겠다.

이순신은 타인의 인격을 존중하고 역지사지하는 마음으로 타인을 배려했다. 이순신은 조선 수군의 전리품을 명나라 수군에 넘겨주어 명나라 지휘관의 체면을 살려주고 이후 그들의 협조를 얻어냈다.

(4) 용기

이순신은 초급 지휘관 시절부터 최고 지휘관에 이르기까지 전투에서 용맹성을 발휘하였다. 함경도 변경에서 조산보 만호 겸 녹둔도 둔전관으로 있던 때 습격해온 여진족을 추격하면서 왼쪽 다리에 화살을 맞았으나 몰래 화살을 뽑고 전투를 지휘하였다. 임진년 사천해전 때는 왼쪽 어깨에 관통상을 입었으나 태연히 전투를 지휘하였다.

이순신은 육체적 용기뿐만 아니라 도덕적 용기도 발휘했다. 이순신이 서울의 훈련원에서 인사를 담당하는 실무자로 있을 때 그의 직속상관은 자신의 친지 한 사람을 진급시키려고 진급후보자 명단에서 순서를 바꾸라고 거의 명령과 같은 청탁을 하였다. 당시는 이런 일이 관행처럼 되어 있었다. 그러나 이순신은 이를 한마디로 거절하였다.

임진왜란 직전 조정에서 수군을 폐하려고 하자, 이순신은, "바다로 오는 적을 막는 데는 수군만 한 것이 없으니 수군, 육군 가운데 어느 하나도 없앨 수 없다."라고 건의하여 조정의 그릇된 방침을 시정하였다.

(5) 진실성과 신의

이순신의 인격을 형성하는 핵심적 요소는 진실성과 신의라 할 수 있다. 이순신이 함경도 조산보 만호로 있을 때 여진족의 공격을 받아 용감히 싸웠으나 손실이 많이 나자 그의 상관이 자신에게 돌아올 문책을 두려워하여 모든 책임을 이순신에게 돌리고 참형하려고 하였다. 이때 함경도 순찰사 정언신이 진상을 밝혀 조정에 건의하고 구명에 나선 결과 목숨을 건지게 되었다. 몇 년 뒤 우의정에 올랐던 정언신이 정여립 역모사건에 연루되어 감옥에 갇히게 되었다. 많은 사람들이 죽고 귀양 가는 살얼음판 같은 상황에서 아무도 그를 면회할 엄두를 내지 못하는 세상이었다. 그때 정읍현감으로 있던 이순신이 상경하여 의금부에 갇혀 있는 정언신을 찾아가 위로하고, 마침 옥문 앞에서 술을 마시며 떠들고 있던 금부도사를 야단쳤다. 그만큼 그는 신의 있고 정의감 있는 사람이었다.

그는 거짓과 허위를 증오했다. 결원이 거의 수백 명에 이르렀는데도 매양 속여 허위보고를 한 관리를 참수한 것을 보면, 그가 거짓을 얼마나 싫어했는지 짐작할 수 있다.

(6) 명예

이순신은 떳떳하지 못한 일은 결코 행하지 않음으로써 명예를 지키고자 하였다. 훈련원에 봉직할 때 그가 오래 간직하고 있던 화살통을 병조판서가 갖고 싶어 했다. 그는 "전통을 드리는 것은 어렵지 않습니다. 남들이 대감이 받은 것을 어떻다 하며, 소인이 바친 것을 어떻다 하오리까. 다만 전통 하나로 대감과 소인이 함께 더러운 말을 듣게 되는 것이 두렵습니다."라는 말로 정중하게 거절하였다. 병조판서도 "그대 말이 옳다."라고 하며, 더는 말을 꺼내지 않았다.

이순신은 최후의 결전에서 장렬히 전사함으로써 이름을 후세에까지 떨쳤다. 이와 반대로 원균은 장수로서 치욕적인 죽음을 당함으로써 그 이름을 더욱 더럽혔다.

2) 인간성과 인품

이순신의 인품에는 따뜻한 인간애가 밑바탕을 형성하고 있었다. 그는 불행한 사람을 보면 연민의 정을 억제하지 못했다. 해전에서 패해 육지로 도망간 왜군이 궁지에 몰린 나머지 무고한 백성들을 살육할 것을 우려해 추격전에 신중을 기했다. 전쟁으로 고통을 겪고 있는 피난민들에게 각별히 관심을 가져 정착지를 제공해 생업에 종사하도록 하고, 민폐를 끼친 자는 엄하게 처벌하였다.

이순신의 인간성으로는 겸손을 들 수 있다. 전승을 거두고도 자기 공은 내세우지 않고 오직 부하들의 공으로 돌렸다. 명량해전에서 대첩을 거두고도 승리의 공을 그저 하늘에 돌려 '천행'(天幸)이라고 표현했다.

이순신은 감정을 자제하고 조절하는 데도 뛰어났다. 어머니와 자식의 죽음 앞에서 통곡하고 또 통곡하였다. 그러나 진중에서는 자제하였다.

청렴결백한 사람은 흔히 매정하고 친밀감이 없다고 하나, 이순신은 인정이 많고, 대인관계에서 친화력이 있었다. 이순신은 예하 장수들과 기회가 있을 때마다 자주 접촉하여 업무를 지시하고, 서로 의견을 교환하였을 뿐만 아니라 사교적인 교류도 하였다. 편을 갈라 활쏘기 시합도 하고, 술자리를 만들어 같이 마시기도 하였다.

3) '물령망동 정중여산'(勿令妄動 靜重如山)

이순신은 7년 전쟁 기간에 불편하기 짝이 없는 전대(戰帶)를 풀지 않았고, 틈만 나면 활쏘기를 하고 또 부하들에게도 활쏘기를 시켰다. 그만큼 항재전장(恒在戰場)의 군인다운 태도를 유지하였다.

첫 번째 전투인 옥포해전에서 예하 군사들에게 "함부로 움직이지 말라! 태산같이 신중히 행동하라!"(勿令妄動 靜重如山)고 하였고, 명량해전에서는 적에게 몇 겹으로 포위되어 공포에 떨고 있는 군사들에게 "적이 비록 천 척이라도 우리 배에게는 맞서 싸우지 못할 것이다."라고 말했다. 그는 백의종군과 어머니와 아들의 죽음이라는 엄청난 충격을 연속해서 받고도 좌절하지 않고 명량해전과 노량해전을 지휘해 대첩을 거두었다.

4) '상유십이'(尙有十二)

이순신은 성공적인 군대 리더에게 필요한 투사정신을 갖추고 있었다. 그의 투사정신은 임전무퇴의 불패정신으로 발휘되었다. 왜적과 싸운 7년 전쟁에서 세운 23전 무패의 기록은 그에게 투사정신이 없었으면 불가능했을 것이다. 투사정신은 불리한 여건에도 결코 포기하지 않는 투지로 나타난다. "아직 신에게는 열두 척의 전선이 있습니다."(今臣戰船尙有十二)라는 말에서 우리는 그가 끝까지 포기하지 않는 결연한 전의(戰意)를 얼마나 지니고 있었는지 짐작할 수 있다. 결국 이 열두 척을 가지고 일본의 대함대를 격파한 것이 바로 명량해전으로 그의 투사정신의 진수를 보여준 전투라 하겠다.

이순신의 투사정신은 과감한 공격정신에서 나타난다. 일단 공격이 시작되면 모든 역량을 집중하여 적이 숨을 돌릴 틈을 주지 않았다.

이순신은 명량해전을 앞두고 여러 장수들을 모아놓고 "살고자 하면 죽고, 죽고자 하면 산다."(必死卽生 必生卽死) "한 사람이 길목을 지키면 천 사람이라도 두렵게 한다."(일부당경 족구천부 一夫當逕 足懼千夫)라고 말했다.

이순신의 결단력은 명량해전에서 극명하게 나타난다. 적의 대선단이 급습해오자 손수 앞장서 적의 중앙으로 과감하게 돌파해 들어갔다. 만일 이때 이런 결단력을 발휘하지 않았더라면 명량해전의 결과는 달라졌을 것이다.

2. 리더십, 불패의 신화

리더십이란 결과로 입증된다. 이순신은 23전 전승이라는 신화를 남겼으니 그만큼 그의 리더십은 탁월했다고 말할 수 있다. 이순신의 리더십에는 그의 고결한 인격과 탁월한 능력이 바탕을 이루고 있다. 그렇다면 사람들로 하여금 이순신을 따르고 존경하며 신뢰하게 하는 리더십 원칙은 어떤 것일까?

1) 한결같은 마음으로 충성을 다하라

이순신의 리더십은 바로 헌신과 충성의 리더십이라 말할 수 있다. 사람들이 이순신을 존경하고 따른 데에는 그의 일생을 관통해서 흐르는 충성심이 있다. 조정으로부터 억울한 일을 당해도 원망하지 않고 한결같은 마음으로 충성을 다하였다.

그는 어떤 직책을 맡든지 최선을 다해 임무를 완수했다. 나라에 도움이 되는 일이면 조정의 정책에 반대되는 의견일지라도 주저하지 않고 건의하였다. 그는 어떤 대가도 바라지 않고, 아무 사심도 없이 오직 나라를 위한 길만을 택했다. 충성을 다하기 위해 생명까지 바쳤다. 그래서 그의 충성은 '위국헌신 군인본분'을 몸소 실천한 충성이라 할 수 있다.

2) 정도를 걸어라

이순신은 어떤 유혹이나 압력에도 옳지 않은 길은 결코 택하지 않았다. 그만큼 항상 정도(正道)를 걷고자 했고 또한 이를 실천했다. 상관이 거문고를 만들려고 영내에 있는 오동나무를 베려 하자 이를 단호히 거절하였다. 병조판서가 그의 전통을 갖고자 했으나 정도가 아니라는 이유로 거절하였다.

개인의 이해관계나 친소에 구애되지 않고 항상 공정한 태도로 공무에 임하였다. 자신의 진급이나 구명을 위해 청탁을 하지도 않았고, 자신도 어떤 청탁도 받아주지 않았다. 정도가 아니었기 때문이다.

3) 일선에서 지휘하라

이순신은 '현장에서 지휘하라.'라는 리더십 원칙을 지켰다. 임진년 전쟁이 일어나기 직전 그의 일기에는 "새로 쌓은 성을 순시해보니 남쪽이 아홉 발이나 무너져 있었다." "아침 일찍 밥을 먹은 뒤 배를 타고 소포에 이르러 쇠사슬을 가로질러 건너 매는 것을 감독하고, 종일 나무기둥 세우는 것을 바라보았다. 겸하여 거북선에서 대포 쏘는 것도 시험하였다."라고 기록하고 있다. 집무실에 가만히 앉아 지시하고 명령만 내리는 것이 아니라 직접 현장을 찾아가 확인하고 잘못된 점이 있으면 시정하였다. 그는 진두에서 전투를 지휘하였다.

4) 신상필벌로 기강을 세워라

이순신은 전·평시를 막론하고 신상필벌의 원칙을 일관되게 적용하였다. 전투 기피자와 군법을 거듭 어긴 자, 적에 투항하여 변절한 자, 거듭 허위보고한 자, 유언비어를 유포한 자, 군량미를 훔친 자, 부녀자를 강간한 자 등에 대해서는 극형으로 다스렸다. 이와 반대로 공을 세운 자에게는 반드시 적절한 포상이 돌아가도록 하였다. 주요 전투가 끝나면 지체 없이 군사들의 공훈 등급을 1, 2, 3등으로 기록하여 조정에 건의하였다. 전공을 세웠으나 포상대상에서 제외되거나 등급이 낮게 책정된 자에 대해 재심을 요청하고, 포상대상에서 아예 제외된 군사들에게는 적에게 노획한 곡식과 면포 등을 나누어주어 어떤 형태로든 포상이 미치도록 하였다.

5) 타인을 배려하라

이순신은 부하들과 백성들의 불필요한 희생을 막기 위해 적에 대한 무모한 추격전을 벌이지 않았고, 적에게 노획한 쌀과 의복 등을 굶주리고 추위에 떨고 있는 군사들에게 나누어 주도록 하였다. 군량도 떨어진데다가 피로에 지쳐 있는 군사들에게는 휴식과 급양이 먼저 선행되어야 하기 때문에 이런 상태에 있는 군사들을 전투에 투입하지 않았다. 전사한 부하는 후하게 장사를 지내게 하고, 그 처자는 보상을 받도록 하였으며, 부상자들은 정성을 다해 치료해주도록 하였다.

전쟁으로 고통을 겪고 있는 피난민들에게 각별히 관심을 가져 정착지를 제공해 생업에 종사하도록 하고, 조선 수군의 전과를 명나라 수군에 제공해줌으로써 명나라 장수의 체면을 살려주기도 하였다. 역지사지의 입장에서 상대방을 고려한 조치인 것이다.

6) 신의를 지켜라

이순신은 자신이 억울하게 처벌받게 되었을 때 도와준 정언신이 역모사건에 연루되어 감옥에 갇히게 되자 관직에 있으면서도 그를 면회 갔다. 보통 사람 같으면 후환이 두려워 감히 면회 갈 생각도 못했을 것이다.

정유년 백의종군을 명받고 남행길에 올랐을 때 위로해주고 침식을 제공해준 사람들에게 '고마울 뿐이다.'라고 하고, 모친상을 당해 도와준 사람들에게 '뼈가 가루가 될지언정 잊지 못하겠다.' '고마운 말을 어찌 다하랴!'라고 일기에 기록하였다.

이순신은 곧잘 거짓말을 하고 허위로 전과를 보고하는 원균과 그의 부하들을 신임하지 않았을 뿐만 아니라 증오했다. 허위 보고한 자를 엄하게 다스렸고, 약속시간을 어긴 자도 반드시 문책하였다.

7) 미래를 대비해 준비하라

이순신이 전라좌수사로 부임해서 당면한 우선 과업은 전쟁준비였다. 무기와 장비를 점검하여 보수하고, 성(城)과 해자(垓字)를 점검하고 보수하여 방비태세를 굳게 하였으며, 거북선을 비롯한 전선을 만들며, 병력을 보충하고, 화기를 시험 발사하는 등 전쟁에 대비하는 일을 최우선 과제로 설정했다. 그리고 혹독한 훈련으로 전투력을 배양했다.

리더는 끊임없이 자신을 발전시켜야 한다는 점에서 볼 때 이순신은 전란 중에도 병서와 역사서를 읽을 정도로 항상 공부하는 자세를 유지했다. 그는 자신의 발전에만 힘을 쓴 것이 아니라 부대는 물론 부하들의 발전에도 힘을 썼다. 그의 휘하에 있던 장수들 가운데는 후일 높은 자리에까지 진출한 자들이 많은데, 그 대표적인 예를 들면, 권준은 경상수사에, 이순신(李純信)과 구사직은 훈련대장에, 송희립은 전라좌수사에, 김억추는 병조판서에, 안위는 전라병사에, 유형은 삼도수군통제사, 충청・함경・경상・평안・황해병사에, 신여랑은 전라우수사, 전라병사에, 나대용은 경기수사에 각각 이르렀다.

8) 불가능 속에서 가능성을 찾아라

전선 열두 척을 가지고 일본 수군의 대선단을 상대해 싸운다는 것은 상식적으로 생각해보면 거의 승산이 없다 할 것이다. 그럼에도 이순신은 "신에게는 아직도 열두 척의 배가 있으니 적이 감히 넘보지 못할 것입니다."고 하면서 결전의 각오를 다졌다. 실제로 명량해전에서는 이 열두 척을 가지고 적선 330척을 맞아 싸워 이겼다. 리더의 할 수 있다는 사고가 얼마나 중요한지 알 수 있게 해 준다. 명량해전에서 지형적 조건이 아군에게 반드시 유리한 것만은 아니었다. 그런데도 불리한 여건을 유리하게 이용함으로써 승리를 거둔 것이다.

9) 필사즉생의 각오로 위기에 맞서라

용기란 통상 죽음을 두려워하지 않는 꿋꿋한 기상이라고 말한다. 그러나 군인이라 하더라도 죽음을 두려워하지 않을 수 없기 때문에 죽음에 대한 두려움에도 위험에 맞서 자신의 임무를 완수하고자 하는 자세를 용기라 할 수 있는 것이다. 이순신은 여기서 한 걸음 더 나아가 죽기를 각오하고 위기에 맞서는 용기를 지니고 이를 실천하였다. 그리고 부하들에게도 이런 용기를 강조하였다.

10) 유능한 인재를 선발하여 활용하라

전략적 차원의 리더에게는 그 자신의 능력도 중요하지만 이에 못지않게 유능한 인재를 선발해 활용하는 것도 중요하다. 이순신 밑에는 전투에 능한 자들, 계략이 뛰어난 자들, 무기와 장비 계발과 제작에 뛰어난 자들, 보급과 군수 분야에 능통한 자들, 각종 정보에 밝은 자들 등 능력이 다양한 인재들이 있었고, 이순신은 이들을 적재적소에 활용하여 전쟁에서 승리를 거두었다.

이순신은 능력 있는 부하들을 신뢰하고 아끼고 키워주었다. 여러 장수 중에서도 권준・이순신(李純信)・어영담・배흥립・정운 등을 신뢰하였는데, 이 가운데 이순신(李純信)만이 당상으로 승진하지 못하자 조정에 포상을 건의하기도 하고, 광양현감 어영담이 조정의 감사에서 지적받아 파직의 위기에 몰리자 그를 구명하기 위한 보고서를 올렸다. 그러나 그가 끝내 파직되자 참모장격인 조방장으로 임명하여 작전계획 수립과 지휘를 돕도록 하였다.

11) 타인의 의견을 경청하고, 자신의 의도를 명백히 밝혀라

류성룡의 『징비록』에는, "순신이 한산도에 있을 때에 운주당(運籌堂)을 짓고, 밤낮 그곳에서 거처하면서 여러 장수들과 더불어 군사 일을 논의했는데, 비록 졸병이라 할지라도 말하려고 하는 자가 있으면 와서 말하는 것을 허락하였다. 또 전쟁을 하려고 할 때에는 매번 부하장수들을 다 불러 모아서 계책을 물어 작전계획을 정한 뒤에 싸움을 결행하였기 때문에 싸움에 패하는 일이 없었다."라고 기록되어 있다.

명랑대첩을 앞두고 이순신은 자신의 결의를 부하들에게 알리기 위해 여러 장수들을 불러 모아놓고 엄중히 말했다. "너희 여러 장수들이 살려는 생각은 하지 마라. 조금이라도 명령을 어기면 군법으로 다스릴 것이다."

제5장 한국군 장교상의 정립

조선후기 근대화 시도 이후 조선의 전통적 장수상에서 탈피하여 새로운 장교상을 모색하게 되었다. 우선 사회적 출신 배경과 과거 시험으로 장교를 충원하던 방식이 바뀌고, 근대적 장교 양성 기관이 설치되었다. 1888년 연무공원을 효시로 훈련대사관양성소를 거쳐 대한제국 육군무관학교로 발전한 장교 양성 기관에서 새로운 장교가 배출되었는데, 육군무관학교 졸업생들은 대한제국 장교로 또는 국권 피탈 후 광복을 맞을 때까지 독립군과 광복군을 이끌고 항일무장투쟁을 선새하였다.

광복 후 창군과 건군 과정에서 비록 광복군, 일본군, 민주군 등 출신 배경을 달리하는 군사경쟁력자들이 참여함으로써 한국군 장교단의 정체성에 혼란을 겪기노 하였지민 독립군, 광복군의 맥을 계승하고 이들의 구국, 자주독립 정신을 계승하고자 하는 열망이 있었으며, 이후 국군의 이념과 사명으로 그 정신이 계승되었다.

1. 신식군대의 도입과 사관학교 설치

1) 최초의 사관학교, 연무공원

1876년 강화도조약을 계기로 문호를 개방한 이후 조선의 위정자들은 군대를 신식군대로 개화해야 한다는 데 착안해 제일 먼저 일본군 교관을 초빙하여 1881년 별기군(別技軍)을 창설했다. 이후 갑신정변을 계기로 미국 군사교관단을 초청해 1888년 연무공원(鍊武公院)을 설치하였는데, 이것이 우리나라 사관학교의 효시가 된다. 일본에 사관학교가 최초로 세워진 것이 1874년이니 일본보다 14년 뒤졌다. 프랑스의 경우 에꼴 폴리테크닉이 1794년에, 미국의 웨스트포인트가 1802년에 설치된 것과 비교하면 1세기의 시차가 난다.

연무공원 입교 자격은 군의 고위 장수들의 친인척 가운데서 16~18세의 젊은이로 하고, 전형 방식은 추천제였다. 학도들은 미 군사교관단의 지도 아래 열성적으로 훈련을 받았으나, 그 열성은 그리 오래 지속되지 못했다. 학도들은 양반계급에 속해 있어 힘들고 엄한 군사훈련을 받으려 하지 않았고, 게다가 새로운 전술과 지휘법 혹은 무기조작법에는 관심이 없고 양반의식을 발휘하여 권위만 내세웠다. 연무공원을 수료한다고 해서 곧바로 무관이 되는 것이 아니라 과거시험에 합격해야만 했던 것도 이들 학도들이 교육훈련에 태만하고 무관심하게 된 요인으로 작용했을 것이다.

동학농민운동을 핑계로 조선에 진출한 일본군이 조선의 궁성을 점령하고, 궁성을 호위하던 친위대를 무장 해제시켰는데, 이때 연무공원도 사실상 그 기능을 상실하고 말았다.

2) 갑오개혁과 훈련대사관양성소

갑오개혁은 군의 조직편제부터 교육훈련, 장비, 병과와 계급, 간부 인사관리제도, 복제, 군대용어 등에 이르기까지 거의 모든 분야에 걸쳐 근대화 개혁을 몰고 왔다. 이에 따라 장교의 위상도 변화되었음은 말할 나위가 없다.

갑오개혁 이전 조선의 중앙군 편제는 주로 임진왜란 때 『기효신서』의 속오법(束伍法)에 따라 영(營)－사(司)－초(哨)－대(隊)－오(伍)의 편제를 갖추고, 이들 제대를 지휘하는 자를 각각 천총(千摠)－파총(把摠)－초관(哨官)－대장(隊長)－오장(伍長)이라 하였다. 갑오개혁으로 이런 편제는 오늘날과 같은 연대－대대－중대－소대로 개편되었으며, 계급 명칭도 오늘날과 같은 체계로 새로 만들어졌다. 종래 '무관' 또는 '군관'이라는 호칭도 '장교' 또는 '사관'으로 바뀌었다.

이때 일본은 조선의 군제를 개혁한다는 미명 아래 장차 자기들의 수족으로 이용하기 위해 훈련대를 조직하고, 훈련대에 필요한 장교를 확보하기 위해 훈련대사관양성소를 설치하였으며, 일본대사관 무관으로 하여금 훈련을 맡도록 하였다. 훈련대사관양성소는 갑오개혁으로 이미 계급제도가 폐지된 이상 귀천을 불문하고 지원자를 모집하여 시험으로 입소생을 선발하였다. 여기에 이수자는 바로 참위에 임명하도록 한 것도 이전의 연무공원과 대비되는 점이다.

훈련대사관양성소는 개설된 지 넉 달여 만에 황후 시해사건이 발생함으로써 훈련대가 폐지됨과 동시에 그 기능을 상실하게 되었고, 아관파천이 일어남으로써 일본인 교관이 파면되었다. 그러나 이미 입교해 훈련을 받고 있던 학도들 교육은 푸티치아 대령이 인솔하는 러시아 군사교관단이 맡게 되었다.

2. 대한제국 육군무관학교

1) 충성, 용기, 신의, 의무, 검소, 예절, 복종

개화자강과 자주독립이라는 시대적 요청에 따라 출범한 대한제국은 1898년(광무 2년) 육군무관학교를 설립하였다. 입학 연령을 18~23세로 하고 신체가 건강하고 체력이 특출한 총명준수한 자를 선발하도록 하였다. 전형방식은 고위 관료나 군부의 장교 추천을 받아 지망할 수 있게 한 것이 특징이다. 무관학교 졸업자들은 참위(소위)로 임관되는 것이 원칙이지만 성적이 일정한 수준에 이르지 못하여 장교로 임관될 자격을 얻지 못한 자는 부사관으로 임명하도록 하였다.

초창기 무관학교에는 일본육사 출신들이 교관으로 전입해왔다. 이들 교관 가운데 경술국치 이후 독립운동에 투신한 인물이 있는데, 그 대표적 인물이 노백린이다.

무관학교 교육은 학과교육 · 술과교육 · 기술교육 · 훈육으로 이루어졌는데, 학과교육은 이론군사학과 외국어를, 술과교육은 군사훈련을, 기술교육은 체육과 무도(武道)를 가르쳤다. 학과교육에서 외국어 교육에 비중을 많이 둔 것이 특징인데, 외국어 과목은 영어 · 독어 · 불어 · 일어 · 중국어 · 노어 등으로 오늘날과 큰 차이가 없다.

훈육은 학도들에게 고결한 인격을 함양함과 동시에 군인정신을 기르는 데 그 목적을 두고 학도의 일상생활과 행동을 지도함으로써 이를 달성하고자 했다. 무관학도는 충성, 용기, 신의, 의무, 검소, 예절, 복종 등을 핵심가치로 삼았다.

2) 독립투사 배출한 육군무관학교

대한제국 육군무관학교는 오늘날 사관학교의 교육체계와 유사한 근대화된 장교양성 교육기관이었을 뿐만 아니라 당시로서는 이른바 신학문을 가르치는 최고학부였기 때문에 제1기 200명 정원 모집에 1,700명이나 응모해 8.5 : 1의 높은 경쟁률을 보였을 정도로 그 인기가 높았다. 육군무관학교는 제1기 128명과 제2기 348명 등 모두 576명을 배출했다. 그리고 1906년 10월 입교한 50명은 군대해산으로 졸업하지 못하고 일본 육사에 유학하여 대한제국 장교로 임관하였다.

당시 사회 지도층 자제들이 무관학교에 들어왔기 때문에 나라에 대한 충성심이 남달리 강했다. 여기에 당시 자주·독립이라는 시대적 여망을 안고 무관학교가 출범하였기 때문에 무관학교 출신 가운데는 경술국치 이후 항일 독립투사들이 많이 나왔다. 김좌진, 이청천(지청천)은 만주에서 독립군을 이끌고 대일항전을 전개하여 대승을 거둔 대표적 인물이며, 조성환, 신규식 등은 대한민국 임시정부의 요직을 맡아 독립운동을 전개하였다.

1907년 군대해산을 계기로 육군무관학교는 이름만 남게 되고, 학도는 생도로 그 호칭이 바뀌었다. 그러나 이나마도 사관양성은 일본정부에 의탁하기로 하고 1909년 7월 폐지되고 말았다. 무관학교 폐교 당시 이 학교에 재학 중이던 1, 2학년 생도들은 일본육사에 진학하였다. 이들 가운데는 항일독립운동에 투신한 인사들도 있는데, 만주에서 독립군을 이끌고 대일항전을 수행하다가 임시정부에 합류해 광복군 총사령관이 된 이청천(지청천) 장군이 그 대표적 인물이다.

3. 독립군과 광복군

1) 군대해산과 항일무장투쟁의 전개

대한제국 국군은 1907년 8월 1일 일제에 의해 강제로 해산당했다. 이날 일제의 강제해산에 항거해 시위보병 제1연대 제1대대장 박승환(朴昇煥) 참령(소령)이 자결함으로써 시위대에 대일 항전의 불을 질러 일본군에 맞서 싸웠다. 이날 전투에서 시위대는 전사 70여 명(장교 13명), 부상 104명, 포로 600명의 피해를 입었다. 봉기에 가담한 시위대 병력 가운데 3분의 2가 일본군과 싸우다가 사상되거나 포로가 된 셈이니 이날 전투가 얼마나 치열했는지 짐작할 수 있다. 다행히 일본군에 잡히지 않은 해산군인들은 그 후 지방으로 내려가 의병대열에 합류하였다.

서울 시위대의 항일투쟁 소식을 전해들은 지방 진위대도 봉기하였다. 지방 진위대 가운데 가장 먼저 그리고 가장 규모가 크고 조직적으로 봉기한 곳이 원주 진위대였다. 원주 진위대 봉기군은 강원도·충청도·경상도를 전전하면서 대소 100회의 전투를 치러 일본군에게 타격을 가장 많이 주었다. 이렇게 해산 군인들이 스스로 의병을 조직해 지휘하거나 기존의 의병에 합류함으로써 의병활동이 그 어느 때보다 격렬하게 전개되었다.

그렇지만 일본군의 악랄한 진압작전으로 국내에서의 항일무장투쟁이 한계에 이르자 만주나 시베리아 등지로 투쟁 기지를 옮겨 국내 진입작전을 전개하거나 이곳에 출병한 일본군과 대항해 싸운 것이 바로 독립군이다. 초기 독립군 지도층의 주축을 이룬 것은 대한제국 장교 출신들이다. 청산리전투의 주력부대인 북로군정서군의 사령관 김좌진, 참모장 이장녕, 참모부장 나중소, 대대장 김규식, 제2중대장 홍충희 등은 모두 대한제국 장교 출신들이다. 독립군 지도층은 이후 대한민국 임시정부에 합류, 한국광복군을 창설하고 대일 항전을 계속했다.

따라서 1907년 8월 1일 시위대 군인들이 일본군과 벌인 1일 전쟁은 이후 의병–독립군–광복군의 항일독립전쟁으로 이어졌다고 할 수 있다.

2) 신흥무관학교

항일무장투쟁 기지를 해외로 옮긴 이후 만주와 시베리아 그리고 상해에서 조국의 독립을 쟁취하기 위한 군사인재 양성이라는 시대적 사명을 안고 무관학교가 재건되었는데, 만주의 신흥무관학교와 북로군정서 사관연성소 그리고 상해 임시정부의 임시육군무관학교를 예로 들 수 있다. 이 가운데 가장 대표적인 것이 신흥무관학교였다.

신흥무관학교는 독립운동 단체인 신민회에서 세운 것으로 대한제국 무관학교 출신인 양규열, 신팔균, 일본육사 출신인 이청천, 김광서, 중국 군관학교 출신인 이범석 등이 훈련을 맡았다.

서간도를 비롯하여 남북만주와 시베리아 등에 있는 어떠한 독립운동 기관이나 독립군부대들에도 신흥무관학교 졸업생들이 없는 곳이 없을 정도로 도처에 배치되어 독립운동과 독립전쟁에 참여하여 빛나는 업적을 남겼다. 청산리 독립전쟁의 주역은 신흥무관학교 출신들과 이들이 훈련시킨 북로군정서 사관연성소 졸업생들이다. 이들 이외에 신흥무관학교 졸업생 가운데 항일독립전쟁 대열에서 활발히 활동하거나 이후 광복군에서 활약한 인사들도 있다. 이들 가운데는 광복 후 국군에 투신한 인물도 있다.

3) 광복군, 대한민국 국군의 모체

1919년 4월 13일 수립된 대한민국 임시정부는 처음부터 정부조직에 국방과 군사를 담당하는 군무부(국방부)와 참모부(합참)를 두었다. 군무총장과 참모총장은 주로 대한제국 장교 출신들이 맡았는데, 이동휘(참령, 군무총장), 조성환(참위, 군무차장 · 군무부장), 노백린(정령, 군무총장 · 참모총장), 유동열(참령, 군무총장 · 참모총장) 등이 있다. 이들 가운데 이동휘, 노백린은 국무총리까지 역임하였다. 이들 이외에 이색적 인물로는 신규식이 있는데 그는 대한제국 부위 출신으로 법무총장, 국무총리 겸 외무총장을 역임하였다. 유동열은 광복 후 미 군정에서 통위부장(국방부장관)에 취임하여 창군을 주도하였다.

임시정부가 가장 먼저 시행한 군사정책으로는 군사인재 양성을 위해 군무부 직할로 임시육군무관학교를 세운 것이다. 이를 통해 1920년 5월 첫 졸업생으로 19명을 배출했고, 12월에는 2회 졸업생 24명을 배출했다. 이후 군사인재 양성은 주로 중국의 각 군관학교를 통해 이루어졌다.

그러나 광복군 창설은 쉽지 않아 우여곡절 끝에 1940년 9월 17일 광복군총사령부가 창설되었다. 광복군은 조국의 독립을 군사력으로 쟁취하기 위하여 조직된 임시정부 국군이다. 그리고 중국의 동맹군으로서 공동의 적인 일본제국주의를 타도하기 위해 연합전선을 형성하였다.

광복군 총사령부 간부들은 만주 독립군 지도자들이 주축을 이루고 중국 군관학교 출신, 신흥무관학교 출신, 일본군을 탈출해 합류한 일본군 출신 등으로 구성되었으며, 이들 가운데 상당수는 광복 후 창군과 건군에 참여하여 대한민국 장교로 활동하였다.

4. 창군과 건군

1) 창군, 경비대

1945년 8월 15일 일제로부터 해방이 되고, 1948년 8월 15일 대한민국 정부가 수립되었기 때문에 광복과 건국이 일치하지 않게 되었다. 해방에서 정부수립까지 3년간 미군에 의한 군정(軍政)이 실시되어 발생한 현상이다. 이 3년간의 공백 때문에 '창군'과 '건군'이 구분되는 것이다.

미 군정하에서 설치된 경비대가 대한민국 국군의 초석이 되고 모체가 되었다는 데 이의를 제기할 사람은 없을 것이다. 왜냐하면 대한민국정부가 수립되고 나서 미 군정하의 '조선경비대'와 '조선해안경비대'가 그대로 국군에 편입되어 대한민국 육군과 해군이 되었기 때문이다. 미 군정하의 경비대는 해방 이전까지 광복군(중국군 포함), 일본군, 만주군에서 복무한 군사경력자들을 기간요원으로 삼아 창설하였다. 이처럼 경비대 간부들의 인적 자원이 이질적이었듯이 이들의 주도로 창설된 경비대는 뚜렷한 이념도 정체성도 없이, 일본군 군복에 일제총을 메고, 일본말을 직역한 구령에 한국밥을 먹고 한국 군가를 부르며, 미국식 제식훈련을 받는 기형적인 모습을 보였다.

다만 미군정의 방침에 따라 미군이 맡아오던 통위부장(국방부장관)에 임시정부 군무총장과 참모총장을 역임한 유동열을, 경비대총사령관(육군참모총장)에 광복군 편련처장을 역임한 송호성을 임명함으로써 광복군의 법통과 정신을 계승하여야 한다는 시대적 여망에 따른 것이 특기할 만한 사항이다.

일본군 출신들이 한때 일본군에 몸담았다는 사실 하나만으로 그들을 친일파로 비난할 수는 없다. 이들 가운데는 민족진영에 가담하여 독립투쟁을 전개한 인사들도 있기 때문이다. 노백린, 이갑, 유동열, 김경천, 이청천, 조철호, 이종혁 등 일본육사 출신들과 고려대학교 총장을 역임한 김준엽, 언론인 장준하 등 학도병 출신들이 바로 그들이다.

2) 육군사관학교

미 군정 당국이 경비대를 조직하는 데 있어서 먼저 해결해야 할 과제는 조직의 핵심이 될 간부를 확보하는 것이었다. 이런 과제를 해결하자면 자연히 과거 군대 경력자를 최대한 활용할 수밖에 없었다. 그런데 이들을 활용하는 데 가장 큰 장애요소가 언어장벽이었다. 그래서 만들어진 것이 군사영어학교이다.

처음 입교자 선발에서 가장 크게 고려한 점은 광복군, 일본군, 만주군 출신들을 고루 뽑아 인맥이 한쪽에 치우치지 않도록 하는 것이었다. 그러나 실제로 입교생 대부분이 일본군 출신이 차지하는 결과가 되고 말았다. 군사영어학교 출신 총 110명 가운데 87명이 일본군 출신이고, 나머지 만주군 출신이 21명이며, 광복군 출신으로 분류되는 인사는 단 2명에 불과하다.

군사영어학교는 1946년 4월 30일 폐교되고, 다음 날인 5월 1일 당시 군사영어학교가 있던 현 화랑대 자리에 남조선국방경비사관학교가 세워졌다. 이후 '국방경비대'가 '경비대'로 개칭됨에 따라 조선경비대사관학교로 교명을 바꾸었다가 정부수립 직후인 1948년 9월 5일 육군사관학교로 이름이 바뀌어 오늘에 이르고 있다.

정부수립 때까지 육군사관학교(경비사관학교)는 제1기에서 제6기까지 총 1,254명의 졸업생을 배출했는데, 생도들의 성분은 제4기까지는 과거 광복군(중국군), 일본군, 만주군에 복무한 군사경력자들이 대부분이었다. 제5기생은 5년제 중학졸업(오늘날 고졸) 이상인 순수 민간인 가운데서 선발했는데, 3분의 2가 월남한 이북 출신이었다. 제6기생은 각 연대 우수 부사관과 병을 대상으로 모집했는데 이북 출신이 주류를 이루었다.

정부수립 후 육군사관학교는 제7기부터 제10기까지 총 3,657명을 배출하였다. 제7기와 제8기는 정기와 특별 과정이 있는데, 정기는 민간인을 선발하여 교육한 과정이고, 특별은 그때까지 군에 입대하지 않은 광복군, 일본군, 만주군 출신의 중진급 인사들을 단기간 입교시켜 과거 경력을 고려해 계급을 부여해 임관시킨 과정이다.

이처럼 출신 성분이 다양한 생도들을 하나로 통일하는 데 초창기 육군사관학교가 결정적으로 기여했다고 할 수 있다. 그래서 초창기 교장을 역임한 김홍일 장군은 육사를 신생 조국의 '장교단의 용광로'라고 불렀다.

이처럼 대한민국 육군사관학교는 창군과 건군의 역군을 배출하였을 뿐만 아니라 한국군 장교단의 정체성을 확립하고, 한국전쟁에서는 위기에 처한 나라를 구해낸 군사인재를 양성하였다. 전쟁 후에는 전후 복구사업과 군의 현대화에 필요한 인재를 배출해냈다.

그리고 무엇보다도 육군사관학교는 독립군−광복군−대한민국 국군으로 이어지는 군의 정통성을 계승하고자 했다는 역사적 평가를 할 수 있다. 광복군 출신들이 초창기 육사 교장에 연이어 취임한 것도 이런 맥락에서 이해될 수 있다.

5. 김홍일, 이종찬 장군

대한민국 장교상의 표상으로 삼을 수 있는 인물은 과연 누구일까 하는 질문에 사람마다 견해를 달리할 수 있다. 그만큼 의견의 일치를 보지 못하고 있기 때문이다. 그렇다고 이 문제를 그냥 덮어두고 갈 일도 아니다. 앞으로 더 많은 연구가 이루어져야 하겠지만 우선 김홍일 장군과 이종찬 장군을 대한민국 장교상의 표상으로 추천하고 싶다. 한 사람은 자주독립과 애국애족을 몸소 실천한 광복군 출신이고, 한 사람은 원칙과 소신을 지켜 우리 '군의 정신적 대부'라는 호칭을 받고 있다.

김홍일 장군(1898~1980)은 중국 군관학교를 졸업, 중국군 장교로 임관한 후 만주와 시베리아에서 항일투쟁을 전개하고, 중국군에서 대일 전쟁을 수행하면서 중국군 소장과 사단장까지 진출하였다. 그는 중국군 상하이 병기창 주임장교로 있을 때 김구 주석의 부탁으로 이봉창, 윤봉길 의사가 의거에 사용할 폭탄을 제조해준 숨은 공로자이기도 하다.

그가 광복군 참모장에 취임하여 활동 중 일제가 패망하였다. 이에 그는 중국군에 복귀하여 만주 지역에 거주하는 200만 동포들의 신변안전과 재산을 지키는 일을 수행하였다. 이런 사정 때문에 귀국이 늦어져 1948년 12월 10일 육군준장으로 국군에 입대하였다. 한국군 최초로 장군에 진급한 5명 가운데 하나가 되었다. 그리고 곧 육군사관학교 교장에 취임하여 생도 교육에 열과 성을 쏟았다.

이후 육군참모학교장에 임명되었으나 곧 전쟁이 발발하여 시흥지구전투사령관으로 한강방어전을 성공적으로 전개해 미군이 한국전에 투입되는데 필요한 시간을 확보함으로써 한국전쟁의 결정적 위기를 극복해냈다. 그 후 한국군 최초로 창설된 제1군단 군단장에 보임되어 전쟁을 지휘하다가 육군종합학교 교장에 취임, 1951년 3월 중장 진급과 동시에 예편하였다.

김홍일 장군이 육사 교장으로 취임하여 가장 중점을 두어 강조한 것이 충국애민(忠國愛民)이다. 나라에 충성하고 민족을 사랑하는 장교가 되라는 뜻이다.

그는 광복군 출신들이 흔히 지닐 수 있는 독선적 태도를 버리고 일본군과 만주군 출신들의 입장을 이해하고 포용하는 자세를 지녔다. 그는 "일단 이 육사라는 용광로를 거쳐 나가는 군인은 그의 전신이 광복군이건 일본군이건 만주군이건 모두가 다 대한민국 국군이 되어야 한다."라고 역설했다.

그는 육사 교장으로 있으면서 생도들에게 행한 정신교육을 통해 신생 조국의 장교가 될 생도들에게 정신적 방향을 명백히 제시해주었다. 그는 인격의 중요성을 강조하였다. 제 아무리 지식이 많고 재주가 뛰어나도 인격이 없으면 그 지식과 재능은 잘못 사용된다는 것이다. 그는 "중대장이면 중대장, 소대장이면 소대장, 지휘관은 모두 반드시 자기의 인격으로 영향을 끼쳐야 한다."라고 말했다. 또 개개 병사들의 인격을 존중하여 가혹 행위나 폭언을 하지 말아야 한다고 강조했다. 장교가 인격으로 영향을 주기 위해서는 솔선수범하여야 한다고도 말했다. 확실히 일본군 장교들의 권위적이고 비민주적인 리더십과는 근본적으로 다른 분위기를 풍겼다.

그는 "평소에 부하를 사랑하고 부하들과 더불어 고락을 같이해야 한다. 그래야만 그 부하들이 전시에 생사를 같이할 수 있는 것이다."라고 말하였다. 김홍일 장군은 육사 영내에 거주하면서 사관생도들이 먹는 꽁보리밥과 밀밥을 같이 먹었으며, 생도들이 일어나는 시간에 같이 일어났다.

그는 손해를 보는 일이 있더라도 옳고 참된 일을 행해야 한다고 강조했다. 정도를 걷기 위해서는 주위의 유혹을 물리치고 구차한 짓을 하지 말아야 한다. 이것이 바로 용기라는 것이다.

그는 실제로 강직하게 살았다. 그는 중국군에 있을 때 축재할 기회가 있었지만 결코 재물에 관심을 두지 않고, 검소하고 청빈한 생활을 한 것으로 알려져 있다.

부하들로 하여금 명령에 복종하도록 하는 것은 지휘관이 공평무사, 신상필벌로 부하들을 다스리는 데서 비롯된다고 말하고, 상을 주고 벌을 주는 데는 조금이라도 사심이나 정실이 개입되어서는 안 된다고 하였다. 공평무사, 신상필벌로 다스릴 때 지휘관의 위신이 서며, 명령이 명령으로서 준엄성을 갖는다.

군대가 승리하기 위해서는 전우애와 협동정신이 필요한데, 이는 진실을 바탕으로 하는 상호 신의가 전제되어야 한다고 말했다.

김홍일 장군이 장교들과 사관생도들에게 깊은 인상을 남긴 것은 신념에 찬 정신교육과 당당하고 꿋꿋한 외모와 태도 때문이었다고 한다.

그는 육사교장, 참모학교장, 육군종합학교장들을 거치며 후진 양성에 힘썼다. 군단장을 역임한 그는 새로 설치되는 육군종합학교장에 취임하였는데, 이 학교는 개전 초 전선에 투입되어 구사일생으로 살아남은 육사 생도 2기생과 보병학교 간부후보생들이 입교하였다. 이후 종합학교를 졸업하고 임관한 장교는 모두 7,267명에 달한다. 전쟁 기간에 이들은 일선 소대장과 중대장으로 싸우다 절반가량이 전사하거나 부상당했다.

이종찬 장군(1916~1983)은 많은 일화를 남긴 장군으로 유명하다. 그만큼 개성이 강하고 신념이 뚜렷한 장군이다. 일본육사를 나와 일본군 소좌(소령)로 남태평양 뉴기니에서 일제의 패망을 맞았다. 일본육사 시절 그에게 민족의식이 싹텄다고 한다. 일본군 장교가 된 한국인들이 대부분 창씨개명을 했지만 그는 끝까지 한국 이름을 고수하였다.

뉴기니에서 공병부대에 근무하고 있던 그에게 뉴기니 민간인 집단수용소를 관리하라는 임무가 주어졌는데, 그곳 사령관이 수용된 민간인 가운데 젊고 예쁜 위안부를 차출하여 사령부로 보내라는 명령을 내리자 이를 단호히 거절하여 위험 지역으로 좌천되기도 하였다.

그는 일본의 패망으로 귀국이 어려워진 일본군 출신 조선인을 이끌고 천신만고 끝에 1946년 6월 인천항에 도착, 귀국하였다. 많은 일본군, 만주군 출신들이 귀국과 동시에 군에 들어가 고급 간부를 차지한 것과는 대조적으로 그는 일본군에 복무했다는 죄책감 때문에 귀국 후 3년 동안 자숙의 세월을 보냈다. 그러나 주위의 권유로 1949년 6월 대령으로 임관하여 국군에 입대하였다. 이때 그의 일본육사 동기생인 채병덕 장군은 육군참모총장으로 있었다.

그는 수도경비사령관으로 전쟁을 맞았다. 한강 방어선이 붕괴되자 패잔병이나 다름없는 부하들과 수원 북문에 도착했을 때 적 전차를 저지하기 위해 북문 폭파 준비를 서두르고 있는 공병부대를 목격하고, "이 북문은 귀중한 민족의 사적으로 우리는 이를 보존할 의무가 있다."라고 만류하였다. 이에 공병부대는 대신 대전차 지뢰를 묻게 되었다.

이후 제3사단장에 임명된 그는 포항방어전에 임해 자결을 각오하고 형산강 방어선을 지켰다. 그는 전선 시찰 도중 소속 부대가 포위 공격을 당하고 있는데도 위치를 이탈하지 않고 성실하게 임무를 수행하고 있는 보초를 목격하고는 이 병사를 표창하기 위해 지프에 태우고 사령부로 돌아가다가 적의 포탄 공격을 받아 죽을 뻔하였다.

인천상륙작전과 때를 같이하여 제3사단은 공세로 전환해 포항을 탈환하고 이어서 동해안을 따라 추격전을 전개하여 1950년 9월 30일 38선에 도착했다. 11일 동안 360km를 진격한 것이다.

제3사단이 경북 영덕을 공격할 때 적의 저항이 만만치 않아 진격이 어렵게 되자 군단장이 그에게 돌파가 어려우면 읍내에 포격을 가하고 방화를 해서 진입하도록 명령하자 민간인 희생을 우려해 명령을 취소하도록 하였다. 사단이 강릉에 진주했을 때 병사들이 과수원에서 사과를 따 먹고 있는 것을 목격한 그는 "우리는 주인을 기다리는 사과나무를 지켜주어야 할 의무가 있는 사람이야!"라고 힐책했다고 한다.

사단이 38선을 넘은 후 원산에서 한 헌병이 공산당 여성을 강간하려다가 성기를 잘린 사건이 발생했다. 이종찬 장군은 헌병과 헌병을 유인한 그 여성을 함께 처형하도록 하였다.

한 연대장이 지방의 공산주의자들을 현장에서 처형하려는 것을 저지하고, 경찰에 이첩하여 법대로 처리하도록 하였다. 북진 중에 생포한 인민군 중좌(중령)를 감시나 후송이 번거롭다는 이유로 즉결처분하려 한다는 말을 들은 이종찬 장군은 국제법 규정대로 포로를 후송하도록 조치했다. 그는 적의 시체는 부대 이동에 지장이 되지 않는 한 매장토록 하고, 신원을 확인해 나무푯말을 묘시 앞에 세워두도록 지시하였다.

1951년 6월 육군참모총장에 취임하면서 그의 파란만장한 군대 생활이 시작되었다.

총장으로서 그가 맨 처음 고심한 것은 국민방위군사건과 거창 양민학살사건 처리 문제였다. 국민방위군사건은 만 17세 이상 만 40세 미만의 제2국민병으로 조직된 국민방위군을 중공군 개입으로 후퇴시키면서 이들에게 보급을 지급하지 않아 기아와 동상 등으로 1,000여 명의 장정이 희생된 사건이다. 이 사건은 방위군사령관 이하 최고위급 간부들이 방위군에 지급된 예산을 착복함으로써 발생한 부정부패사건이다. 그런데 1심 재판에서 이들에게 경미한 처벌이 내려지자 여론이 들끓고 국회에서 정치문제화됐다. 이에 이종찬 장군은 재심 재판을 개최하여 사령관 김윤근 준장, 부사령관 윤익현 대령을 포함 모두 5명의 고급장교를 사형에 처하는 단호한 조치를 취했다.

거창 양민학살사건은 군이 작전 도중에 저지른 비행으로 재판 결과 군의 사기가 저하되어서도 안 되지만, 그렇다고 관계자를 엄벌에 처해야 한다는 국민여론도 무시할 수 없는 미묘한 사건이었다. 결국 사건에 책임 있는 지휘관에게 무기징역을 선고하는 선에서 마무리했다.

이종찬 총장은 취임 직후 전쟁 초기에 분대장 이상 지휘자에게 내려졌던 즉결처분권을 취소하는 훈령을 내렸다. “민주주의 국가의 국군으로서 엄연한 군법이 확립되어 있는 이상 이러한 즉결처분권은 있을 수 없다.”라는 것이 그 이유였다. 즉결처분권이란 명령 없이 후퇴하거나 작전명령을 불이행하는 자에 대해서는 현장에서 총살하도록 하는 초법적 조치를 말한다.

그는 “욕망은 모든 번뇌의 근원이다.” “사람은 누구나 욕심을 갖기 마련이나 이것을 자기수양을 통해 줄이는 것이 인격자요 지성인이다.” “윗사람이 공정무사하면 아랫사람들이 따르게 된다.”라고 자주 말했다. 출장비가 남으면 국고에 반납할 정도로 그는 금전관리를 철저하게 했다. 한 번은 부하가 당시 장성들 사이에 유행하던 미제 가죽 점퍼를 가지고 왔지만 “무슨 돈으로 이걸 사왔느냐?”며 받지 않았다. 정기 인사에서 진급자 명단에 들어 있는 사촌동생을 빼도록 지시하여 진급에 하자가 없는 동생을 누락시켰다. 그 대신 그는 어떤 진급 청탁도 받아주지 않았다. 그는 인사문제에 공정성을 잃으면 군 기강이 근본부터 무너진다는 생각을 가지고 있었다. 정계 실력자의 이권청탁도 거절하였다. 그가 이런 태도를 취할 수 있었던 것은 친척이 경영하는 회사 제품의 군납을 받지 못하게 하는 등 자신의 주변부터 먼저 깨끗이 하였기 때문이다.

이렇게 청렴·무사한 이종찬 장군도 친구와 부하에 대한 인정은 남 다른 데가 있었다. 절친한 친구에게 파격적인 편의를 제공해주기도 하고, 자신이 어려울 때 도움을 준 사람에게 사업을 하도록 밀어주기도 하였다. 살림이 어려운 부하에게 물질적 도움을 주기도 하였다.

그가 한국군의 '정신적 대부' 또는 '참 군인'이라고 호칭되도록 한 것은 1952년 5월의 소위 '부산 정치파동'이 계기가 되었다. 이승만 대통령이 집권 연장을 위한 개헌을 강행하기 위해 5월 25일 0시를 기해 부산 일원에 비상계엄령을 선포하자, 원용덕 계엄사령관이 헌병을 시켜 야당 국회의원들을 구속하는 조치를 취했다. 이때 이종찬 총장에게 2개 대대 병력을 계엄군으로 부산에 출동시키라는 대통령의 명령이 국방부장관을 통해 하달되었다. 이종찬 총장은, 군은 국가방위라는 본연의 임무에 충실할 뿐 특정 정치인의 정치적 목적을 달성하기 위해 이용될 수 없다는 확고한 신념에 따라 이를 단호히 거절하였다.

이로 인해 그는 대통령의 노여움을 사 신변의 위협을 느끼기까지 했으며, 결국 총장직에서 해임되고 말았다. 이후 1년간 미국 유학을 마친 그는 무려 7년 동안 육대 총장으로 재직하다가, 4·19혁명으로 이승만 정권이 붕괴되자 예편하여 과도정부 국방부장관에 취임하였다.

그는 군이 정치에 이용당하는 것 못지않게 군이 정치에 개입해서는 안 된다는 소신을 지켰다. 과도정부 국방부장관에 취임한 그는 정치적 혼란기에 군이 정치에 개입하는 것을 차단하기 위해 3군 참모총장과 해병대사령관으로 하여금 헌법준수 선서를 하도록 하였다. 그는 수차례 군사혁명을 제안받았지만 응하지 않았다. 박정희 장군의 군사혁명 제안도 일언지하에 거절하였음은 물론이다.

총장 시절 그는 4년제 육사를 개교하도록 하였고, 광복군의 전통을 계승하도록 광복군 출신이자 안중근 의사의 조카인 안춘생 장군을 교장으로 임명했다.

❙ 참고문헌

강무학 역해, 『제갈량심서』(가정문고사, 1977).

강성재, 『참 군인 이종찬 장군』(동아일보사, 1986).

국방부 편, 『국방사 I: 1945. 8~1950. 6』(1984).

국방부 편, 『한국전쟁 I: 해방과 건군』(1967).

국방부전사편찬위원회 편, 『한국전쟁사』, 제1권(1977).

김홍일, 『대륙의 분노: 노병의 회상기』(문조사, 1972).

노병천, 『이순신』(양서각, 2005).

독립운동사편찬위원회 편, 『독립운동사』, 제6권(1975).

모연호 외 편저, 『화랑도와 화랑열전』(문학사, 1982).

박경석, 『오성장군 김홍일』(서문당, 1984).

박연수, 「이순신 장군의 지휘통솔 원칙 근거」(화랑대연구소, 2005).

박희준, 『실전 제갈량』(도서출판 해돋이, 1993).

세조, 국방부전사편찬위원회 역, 『병장설 · 진법』(1983).

육군본부 편, 『창군전사』(1980).

육군사관학교 한국군사연구실 편, 『한국군제사: 근세조선후기편』(육군본부, 1977).

이선호, 『이순신의 리더십』(팔복원, 2001).

이영제 엮음, 『오자병법』(도서출판 박우사, 1993).

이정집 · 이적 편저, 국방부전사편찬위원회 역, 『무신수지』(1986).

임양섭, 『제갈량의 지혜』(도서출판 전인, 1986).

정범진 외 옮김, 『사마천 사기 5』「열전 상」(도서출판 까치, 1995).

차문섭, 「구한말 육군무관학교 연구」, 『조선시대 군사관계 연구』(동국대학교 출판부, 1996) pp. 287-343.

최두환 역주, 『새번역 난중일기』(학민사, 1996).

최석남, 『구국의 명장 이순신』, 하권(교학사, 1992).

한시준, 『한국광복군연구』(1993).

한용원, 『창군』(박영사, 1984).
『무경칠서』

Alan Axelrod, 유병태 옮김, 『아이젠하워 리더십』(도서출판 아진, 2007).
Jack Uldrich, 나종남 옮김, 『군인, 정치가, 평화주의자 조지 마셜 리더십』(비즈니스맵, 2007).
Edgar F. Puryear, Jr, *Nineteen Stars: A Study in Military Character and Leadership* (1971), 이민수·최정민 옮김, 『영혼을 지휘하는 리더십』(책세상, 2005).
Lawrence P. Crocker, USA(Ret.), *Army Officer's Guide*, 47th Edition(Stackpole Books, 1996).
Moris Janowitz, *The Professional Soldier: A Social and Political Portrait*(The Free Press, 1960).
Robert Kemble, *The Image of the Army Officer in America: Background for Current View* (Greenwood Press, 1973).
S. P. Huntington, *The Soldier and the State*(1957).
U. S. Army, FM 6-22(FM 22-100)(2006).

제5부

윤리적 추론 및 사례 연구

제5부

윤리적 추론 및 사례 연구

진정한 천재성은 불확실하고 위험스러우며
갈등하는 정보들의 평가능력 속에 깃들어 있다.
—윈스턴 처칠

인간의 삶은 행위의 연속이며, 대개의 경우 그 행위는 선택을 통해 이루어진다. 모든 경우가 그러한 것은 아니지만 어떤 상황은 심사숙고해도 선택하기 쉽지 않은 경우가 있다. 특히 바람직한 가치나 당연한 의무들이 상충(相衝)할 경우 그 선택과 결단은 더욱 어렵다.

무력을 사용하는 군인의 경우, 특히 군사지도자의 경우 그의 결단 여하에 따라 인간의 생명과 국가의 운명이 갈리는 상황에 처할 수 있다는 것을 고려한다면 군 장교는 군무 수행과정에서 부딪칠 수 있는 가치 및 윤리적 갈등과 대립 상황에서 정당하고도 합리적인 추론 및 결단을 해야 할 것이 요구된다.

건전한 선택과 결단이란 그 순수한 동기와 정당한 과정 그리고 유용한 결과를 갖춘 것이라고 할 수 있다. 어떤 결단이든 그것이 옳은 선택이라고 주장하기 위해서는 타인이 납득할 만한 이유 또는 근거가 있어야 한다. 즉 선택의 이유가 보편타당성, 공정성, 실행가능성, 합법성과 합리성 등을 갖추어야 한다.

따라서 어떠한 상황에서든 우리의 윤리적 추론과정과 결심은 보편타당한 가치나 원칙을 기준으로 삼으며, 우리나라의 문화전통과 국가이념에 기초를 두어야 한다. 또 실제로 통용되고 있는 실정법(實定法)이나 규정(規定)을 고려해야 하며, 군 전문직업적 책임과 의무에 부합해야 한다.

이 주제에서는 군 장교가 군 업무수행 중에 직면할 수 있는 윤리적 갈등 상황에서 건전하고도 정당한 결단을 내리는 데 도움이 될 수 있는 몇 가지 '윤리적 결심모델'을 고찰하고, 이것을 가정(假定)된 사례에 적용하여 윤리적 추론과정을 실습해볼 것이다.

제1장 군 직업윤리의 결심 모델

미 육군은 장교가 군무수행에서 부딪칠 수 있는 윤리적 갈등 상황에서 내려야 할 건전하고 정당한 추론(推論) 및 결심(決心) 과정에 도움을 줄 수 있는 결심모델을 다음과 같이 제시하였다.[1] 여기서는 미 육군의 결심모델을 수용하되, 우리 현실에 맞게 부분적으로 변용(變容)하였다.

1. 윤리적 결심단계

1981년 미 육군이 제시한 윤리적 결심모델은 문제에 대한 인식에서 결심에 이르는 5단계로 구성되어 있다.[2] 한편 미 육군은 1989년에 1981년

---

1) *MQS I Ethics and Professionalism Training Support Package*(Ft. Harrison, Indiana: US Army Soldier Support Center, 1981)에서 제시한 결심모델을 1989년에 약간 수정한 것이다.

2) *MQS I Ethics and Professionalism Training Support Package*(Ft. Harrison, Indiana: US Army Soldier Support Center, 1981). 이 책은 ROTC 상급과정의 생도들에게 전문직업주의와 군 전문직업적 윤리를 소개하기 위하여 마련한 것이다. 윤리적 결단의 5단계는

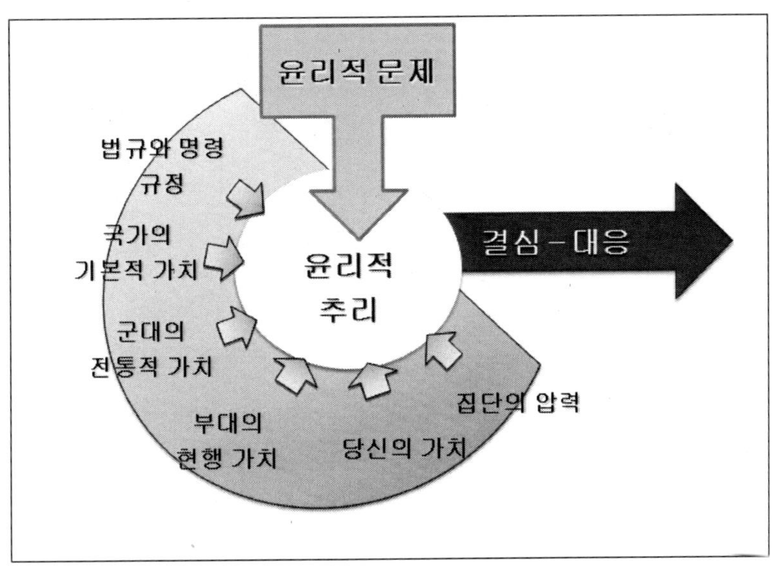

도 결심모델에 약간의 수정을 가하였다.[3] 수정한 내용을 정리해 보면 ① 윤리적 문제에서 윤리적 추론으로 나아간다는 것을 〈화살표〉로 명시하였다. ② 〈대응－결심〉을 〈결심－대응〉으로 수정하여 결심과 대응이 동시적이지만 논리적 순서를 결심한 후 대응한다는 의미로 표현하였다. ③ 법률적 기준(legal standards)을 〈법과 명령 및 규정〉으로 분명하게 제시하였다. ④ 이상적 군대가치(ideal army values)를 〈군 대의 전통적 가치〉로 수정하여, 불변하는 군대의 가치를 명시하였다. ⑤ 현실적인 군대가치(actual army values)를 〈부대의 현행 가치〉로 명시하였다. ⑥ 개인의 가치(individ-

다음과 같다. ① 갈등하는 가치나 윤리적 문제들을 확인한다. ② 영향력의 충격을 평가하는 단계이다. 윤리적 추론 시 영향을 미치는 요소들이 어떠한 영향(결과)을 가져올 것인지 평가한다. ③ 가능한 행위과정을 결정하는 단계이다. ④ 각 대안들의 우선순위를 매긴다. ⑤ 하나의 대안, 즉 행위과정을 선택한다. 그리고 선택한 것에 대한 합리적 이유를 제시한다.

3) 미 육군에서 1990년에 출간한 야전교범(FM 22-100, FM 100-1)과 1991년에 나온 *MQS II*(Manual of common tasks, for lieutenants and captains, Headquarters Department of the Army, Washington, D.C., 31 January 1991) 참조.

ual values)를 문제 상황에 직면하고 있는 〈당신의 가치〉로 수정했다. 개정판의 결심모델에 따라 단계별로 정리하면 다음과 같다.

첫째 단계: 윤리적 문제-갈등하는 가치나 규범 인식

무엇보다도 먼저 직면한 상황에서 윤리적 문제가 무엇이며, 상호 갈등(葛藤)하는 가치나 규범이 어떠한 것인지를 명확히 인식해야 한다. 양식(良識)을 지닌 인간으로서 또는 군대의 리더로서 현재 상황에서 자신의 지위나 책임에 따라 수행하지 않으면 안 되는 가치나 의무 가운데 서로 대립하는 가장 핵심적인 윤리적 문제를 도출할 수 있어야 한다.

둘째 단계: 윤리적 결심에 영향을 미칠 수 있는 요소의 평가

윤리적 추론을 할 때 영향을 미칠 수 있는 요소들이 어떠한 영향 또는 결과를 가져올 것인지 평가하는 단계이다. 다시 말해서 윤리적 추론 및 결심의 과정에서 고려해야 할 요소들을 열거하고, 이러한 요소들을 현재의 상황에 적용할 때 어떠한 결과를 초래할지를 평가하는 것이다. 이 단계는 윤리적 추론 과정에서 선택에 가장 큰 영향을 미칠 뿐만 아니라 선택의 정당화 과정에 결정적 근거를 마련해주는 것이라 하겠다.

윤리적 추론을 할 때 고려해야 할 요소는 여섯 가지이다. ① 법과 명령, 규정 ② 국가의 기본적 가치 ③ 군대의 전통적 가치 ④ 부대의 현행 가치 ⑤ 당신의 가치 ⑥ 단체의 압력 등이다. 이것들의 중요도, 즉 우선순위는 ①항에서 ⑥항에 이르는 순서이다. 각 항목에 대한 자세한 설명은 뒤에서 한다.

이 단계에서는 이상의 요소들의 구체적인 내용 가운데 주어진 상황과 가장 관련이 있는 중요한 규범이나 가치들을 도출하고, 이 개념들을 그 상황에 적용하여 명확하게 설명하고, 평가할 것이 요구된다.

셋째 단계: 가능한 대안의 열거

선택이 가능한 대안(代案) 및 그 행위과정을 열거하는 단계이다. 즉 주어진 문제 상황에서 대응할 수 있는 실질적인 방안들을 가능한 한 많이 열거한다. 현실성이 없는 방안이나 행위 주체의 권한을 넘어서는 방안은 대안이 될 수 없다.

넷째 단계: 각 대안의 장단점 검토

여기서는 둘째 단계에서 검토한 고려 사항을 참고하여, 셋째 단계에서 열거한 각 대안들에 대하여 그것의 장단점을 평가한다. 즉 이 단계는 대립 또는 갈등 상황에 놓여 있는 윤리적 문제를 해결하기 위하여 어떠한 대안이 가장 적합한지, 영향력을 미치는 요소들(influencing forces)과 순위를 내기는 원칙(ordering principles)에 따라 대안들의 우선순위를 정하는 것이다.

마지막 단계: 결심과 그 이유

하나의 대안, 즉 행동방침을 선택한다. 검토된 대안들 가운데 가장 적합하다고 생각되는 것, 가장 우선순위가 높은 것 하나를 선택하고, 선택된 대안에 대해 그것을 선택하게 된 합리적 이유를 제시한다. 이때 왜 그러한 선택이 옳고(right), 좋은(good)지 이유를 제시하여야 한다. 또 다른 대안과 비교해서 장점을 제시하여야 한다. 여러 단계를 거쳐 이루어진 윤리적 추리의 최종적 결론이 바로 이것이며, 이것에 의해서 추리의 적절성 여부가 판단될 수 있다. 최종 선택을 하면서 전체적으로 어떠한 선택이 합법적인가, 합목적적인가, 합리적이고 효율적인가 하는 점을 검토하여야 한다.

2. 윤리적 결심 시 고려 요소

윤리적 추론 및 결심을 내릴 때 고려해야 할 요소들을 좀 더 부연하여 설명하면 다음과 같다.

① **법과 명령과 규정**(laws, orders and regulations): 문제되고 있는 윤리적 상황에서 갈등을 일으키고 있는 가치나 의무가 각각 법이나 명령, 규정 등에 명백히 저촉되지는 않는지 여부를 고려해본다. 해당 법규의 내용을 제시하고 그것이 주어진 상황과 어떻게 연관되며, 따라서 어떠한 선택이 합법적인지 설명해야 한다.

법규와 명령은 군인이 적극적으로 추구해야 할 가치나 행동지침을 제시하며, 소극적으로는 이들 규범을 위반한 행위를 처벌하도록 규정함으로써 군대의 제반 가치를 보호 또는 권장하는 기능을 한다.

여기서는 주로 「헌법」, 「형법」, 「군형법」 등의 국내법과 「제네바법」, 「헤이그법」 등과 같은 국제법 그리고 「군인복무규율」, 「국군병영생활규정」, 「육군규정」, 「부대내규」, 상관의 명령이나 지시 등을 검토해야 한다.

「헌법」은 국군의 국가안보와 국토방위의 의무 및 정치적 중립성, 국민의 기본권과 의무를 명시하고 있다. 「군형법」은 반란, 이적(利敵), 지휘권 남용, 수소(守所) 이탈, 군무 이탈, 근무 태만, 항명, 명령 위반, 정치 간여 등에 대한 처벌을 규정하고 있다. 「군인복무규율」은 충성, 용기, 책임, 성실, 정치적 중립, 복종, 정직, 엄정, 청렴결백, 국제법 준수 등 군인이 성취해야 할 군대의 전통적 가치 및 의무를 규정하고 있다.

② **국가의 기본적 가치**(basic national values): 국가의 기본적 가치는 군의 전통적 가치의 초석이 되는 것으로 주로 「헌법」에 명시되어 있다. 우리나라 헌법은 자유민주주의 이념을 반영하고 있다고 하겠다.

헌법에는 세계평화와 인류공영에 기여, 국민의 존엄성과 가치 및 행복의 존중, 개인의 기본권 보장, 공공의 이익과 정의의 실현, 법질서 존중, 군의 정치적 중립 등을 제시하고 있다. 이상의 가치들이 주어진 상황에서 어떻게 구현 또는 저해되는지 설명해야 한다.

③ **군대의 전통적 가치**(traditional army values): 군대의 전통적 가치는 국가의 기본적 가치와 상치(相馳)될 수 없으며, 국가의 기본적 가치가 군 존립의 목적 달성을 위하여 더욱 구체화된 것이라고 말할 수 있겠다. 군대의 전통적 가치는 모든 군인에 대하여 군대가 설정한 바람직한 행위의 불변의 기준이 되는 가치들이다.

그것은 「군인복무규율」, 「국군병영생활규정」, 「군인의 길」, 「육군의 5대 가치」, 「군진수칙」, 「육군목표」 등에서 공식적으로 강조하고 있는 것으로 애국심, 희생, 충성, 성실성, 명예, 용기, 책임과 의무, 정직, 진실, 복종, 공정성, 존중, 창의, 군기, 단결, 사기, 교육훈련 등이다. 이러한 가치들이 주어진 상황에서 어떻게 구현 또는 손상되고 있는지 고찰해야 한다.

④ **부대의 현행 가치**(unit operating values): 부대에서 현재 실제로 중요하다고 강조되는 가치들이 군대의 전통적 가치들과 일치하기도 하고 그렇지 않을 수도 있으며 그 중요성의 정도가 달리 강조될 수도 있다.

부대의 현행 가치는 지휘관 또는 상급부대의 강조사항, 부대 구호, 지휘관의 복무방침은 물론이요, 현재 통용되고 있는 전통이나 관행까지도 포함된다. 예를 들면 성공적인 경력관리, 상관 편히 모시기, 완전무결, 하면 된다, 절대 복종, 군대는 계급이다, 군대는 요령이다, 군대는 밥그릇 숫자기 중요하다, 무에서 유를 창조한다, 강자존(强者存) 등을 들 수 있다. 자기 부대에서 실제로 통용되고 있는 가치들 가운데 상황과 관련된 것들을 제시하고, 그것이 관련된 사람들에 의해 실현 또는 손상되고 있으며, 그것의 결과는 어떠한지 평가해야 한다.

⑤ **당신의 가치**(your values): 결심해야 할 당사자가 성장 환경, 종교적 또는 문화적 체험, 교육 배경 등을 통해서 쌓아온 개인적 가치관을 지칭한다. 이 단계에서 결심의 주체인 나는 제1단계(윤리적 문제)에서 갈등하고 있는 윤리적 의무 가운데 한쪽을 선택하여 그 이유를 제시하여야 한다.

⑥ **단체의 압력**(institutional pressures): 집단의 압력으로 작용하는 것은 군대의 제도, 부대(장교단이나 병사들)의 분위기, 주민 여론, 사회적 여론 등이라고 하겠다. 집단의 압력은 한편으로는 장교로 하여금 윤리적 추리와 행위를 훌륭하게 수행하도록 영향을 미치기도 하고, 다른 한편으로는 윤리적 추리나 행위에서 과오를 범하도록 유도하기도 한다. 이 단계에서는 자신에게 무언의 압력으로 다가와 자신의 결심에 영향을 주는 것이 무엇인지 살펴보는 과정이다.

제2장 기타 결심 모델

1. '명령과 복종' 결심 모델

미 육군은 불법적이거나 비윤리적 명령이라고 생각되는 명령을 상관에게 받았을 때, 상관에게 복종하거나, 납득하기 어려울 때의 조치, 최후로 공식적인 이의를 제기하기까지의 절차를 도표와 같이 제시하였다.[4)]

이 행동절차는 상관의 명령에 대하여 무조건 복종하거나, 신중한 판단 없이 은밀히 불평하거나, 공식적으로 이의를 제기하는 것을 바람직하지 못한 태도로 보고 있다. 바람직한 복종 자세는 상관의 명령이 명백히 법과 규정을 어긴 것이 아니거나 비윤리적인 것이 아니라면 복종해야 한다는 것이다. 그러나 그 명령이 명백히 불법적이거나 비윤리적이며, 혹은 그럴 가능성이 있다고 생각된다면 명령을 확인하고 딜레마를 해소하고자 노력해야 한다. 또 여러 가지 시도를 했는데도 마지막까지 문제가 해소되지 않

4) "Resolving an Ethical Dilemma Involving a Superior," *MQS II*, Manual of common tasks, for lieutenants and captains, Headquarters Department of the Army, Washington, DC, 31 January 1991.

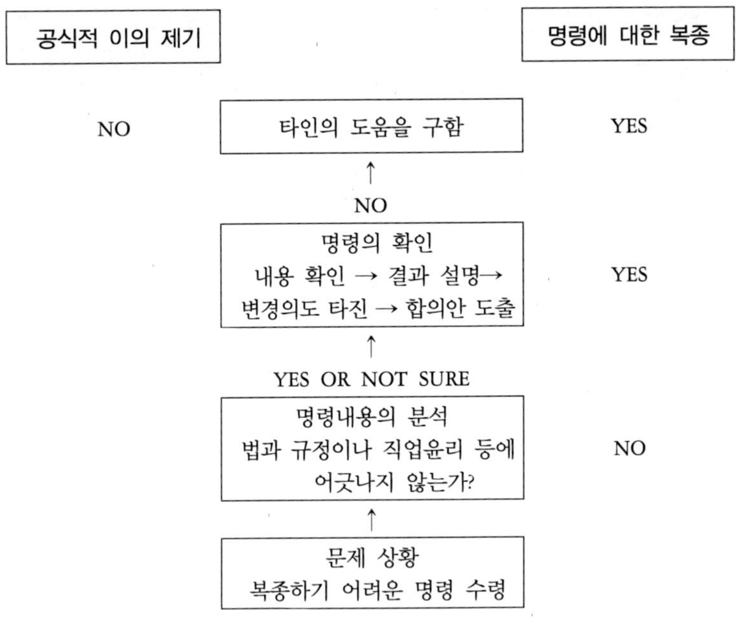

으면 적절한 절차에 따라 적절한 대상에게 이의를 제기하여야 한다는 것이다.

제1단계: 문제(problem)

제1단계는 여러분이 상관에게 불법적이거나 비윤리적 명령이라고 생각되는 명령을 받은 '문제 상황'이다.

제2단계: 분석(analysis)

제2단계는 ① 상관의 명령이 군대의 규정(regulation)을 범하고 있는가? ② 군사재판 판례 또는 군형법(UCMJ, uniform code of military justice), 군 전문직업적 윤리와 갈등하고 있는가?

(NO) 이 결과 상관의 명령이 군대의 규정이나 군 전문직업윤리와 갈등이 없다면 명령에 복종한다. 이 경우 문제가 해결된 것이다.

(YES OR NOT SURE) 만일 상관의 명령이 불법적이거나 비윤리적이라고 확신할 수 있거나 확실하지 않다면, 그 명령을 명확하게 해야 한다.

제3단계: 명령을 명확히 함(clarify the order)

제3단계는 명령을 발한 개인에게 그 명령을 확인하는 단계이다. 좀 더 구체적인 내용과 절차를 살펴보면 다음과 같다.

① 그 명령이 의미하는 바에 대해 '명확한 설명(clarification)을 요청하라.'

② 명령이 초래하게 될 '결과들을 설명하라.'

③ 명령의 불법성과 비윤리성을 지적할 때, '상관은 그 명령을 바꿀 의사가 있는가?'

④ 당신이나 상관은 상대가 받아들일 만한 대안을 제시할 수 있는가?

(YES) 상관의 설명에 납득이 가거나, 상관이 자신의 의견에 따라 명령을 변경하였거나, 공감을 이룬 대안(代案)을 찾았다면 문제는 해결되었다.

(NO) 딜레마가 해소되지 않았다면, 타인의 도움을 구한다.

제4단계: 남의 도움을 구함(seek assistance from others)

도움을 구할 수 있는 대상으로는 ① 동료 장교 ② 군종 장교 ③ 감찰 참모 ④ 법무 참모 ⑤ 선임 장교 등이 있다. 이들의 조언을 받아 딜레마를 해결할 수 있는가?

(YES) 조언을 받아 딜레마를 해결할 수 있다면, 그 명령에 복종해야 한다.

(NO) 딜레마를 해결할 수 없다면 공식적으로 이의를 제기한다.

제5단계: 공식적 이의 제기(formal complaint)

공식적으로 이의를 제기할 수 있는 대상으로는 ① 지휘계통상 명령을 내린 상관의 상급 지휘관 ② 감찰 참모 ③ 법무 참모 등이다.

2. 미 육사의 결심 모델

미국 육군사관학교는 윤리적 문제의 해결을 돕기 위하여 다음과 같은 단계를 이용할 수 있다고 제안한다.5)

1) 윤리적 문제를 명확하게 정의하라(Clearly define the ethical problem)

문제의 일반적 진술(statement)로부터 내려야 할 결심의 구체적 진술로 나아가라. 다음 단계들로 나가는 동안 새로운 문제들이나 요구되는 결심이 명백해질 것이다.

2) 적용 가능한 법이나 규정들을 수용하라(Employ applicable laws or regulations)

법, 규정, 규칙 그리고 다른 전문직업적 의무들은 공적(official) 결심의 기본적 제약요소들이다. 관련된 모든 의무가 고려될 때까지 윤리적 결정을 내려서는 안 된다. 윤리적 결정이 법이나 규정을 침해할 수 있다는 생각이 들지라도 그러한 경우는 드물다.

3) 윤리적 가치들과 그것들의 파생적 가치들을 반성하라(Reflect on the ethical values and their ramifications)

문제가 되고 있는 윤리적 가치들을 열거하는 것은 달리 고려하지 않을 수 있는 문제와 목표에 당신의 눈을 뜨게 할 수 있다. 그것은 당신이 인지하지 못할 수 있었던 군대가치들(stakeholders)에 대한 경각심을 일으킨다.

---

5) United States Military Academy, *Honor System and SOP*, West Point, New York, 1 April 1999, p. 62.

4) 다른 적용 가능한 도덕적 원리들을 고려하라(Consider other applicable moral principles)

문제가 되고 있는 윤리적 가치들에 포함된 것들 외에 다른 윤리적 원칙들을 고려하면 문제가 되고 있는 관련된 도덕적 요인들을 이해하는 데 매우 도움이 될 수 있다. 이 원칙들 가운데 몇 가지는 육군이 치명적인 무력에 적용하려고 할 때 특히 계몽적(illuminating)인 역할을 한다. 불필요한 상해(傷害)의 방지와 비전투원의 구별과 같은 원칙들은 리더들에게 그들이 따르지 않으면 안 되는 많은 법규(laws)의 배후 이유를 생각하는 데 도움을 준다.

5) 최선의 윤리적 해결책에 헌신하고 이행하라(Commit to and implement the best ethical solution)

헌신(獻身)과 이행(履行)은 윤리적 결심과정에서 지극히 중요하다. 어떠한 해결책이 최선의 윤리적 해결책인가를 결정하는 것은 윤리적 해결책의 이행이 수반(隨伴)되지 않으면 무의미한 연습일 뿐이다.

3. 미 육군의 윤리적 추론

미 육군은 누가 지켜보지 않아도 항상 옳다는 이유 때문에 옳은 것을 행하는 윤리적 리더를 원한다. 그러나 무엇이 옳은지 알아낸다는 것은 가끔 매우 어려운 일이다. 의무(duty)를 다하고, 성실성(integrity)을 유지하며, 명예롭게 복무하기 위해서는 윤리적으로 추론할 수 있어야 한다. 직면한 상황에서 올바른 행위를 선택하기 위해서는 군대의 가치, 지식과 경험 등을 적용하고, 행위 결과를 수용할 준비가 되어 있어야 한다. 연구, 반성, 윤리적 추론은 당신이 올바른 선택을 하도록 도울 것이다. 미 육군의 윤리적 추론과정은 다음과 같다.[6)]

1단계: 문제의 규정(Define the problem)

하나의 결정이 윤리적인 측면들이나 결과들을 지니고 있다고 생각할 때 그 문제를 명확하게 규정하는 것이 특히 중요하다. 누가 무엇을 말하고, 명령하고, 요구한 것인지 알아야 한다. 문제는 하나의 방식 이상으로 기술(記述)될 수 있다. 이 단계가 문제해결에서 가장 어려운 단계이다.

2단계: 관련 규칙의 이해(Know the relevant rules)

윤리적 문제들이 간혹 규정의 오해에서 연유하기도 하고, 명령이나 지시를 하는 사람들이 규정을 검토하지 않아서 생기기도 하며, 곤란한 상황은 올바른 일을 그릇된 방법으로 하려는 노력에서 야기되기도 한다. 어떤 규정은 해석의 여지도 있다. 그래서 문제는 윤리적 문제라기보나 정책의 문제가 된다.

3단계: 행위과정의 개발과 평가(Develop and evaluate coursesfaction)

가능한 행위과정을 제시한다. 육군가치(army values)의 관점에서 행위과정을 고려한다. 스스로 몇 가지 질문을 동해 행위과정의 결과를 고려한다. 어떤 행위과정이 육군가치를 가장 뒷받침하며 일치하는가? 어떤 행위과정이 원칙, 규칙, 규정을 침해하는가? 어떤 행위과정이 국가 및 군의 이익에 도움이 되는가?

4단계: 행위과정의 선택(Choose the course of action that best represents army values)

이것은 결심하고 그것에 따라 행동하는 마지막 단계이다. 육군의 리더는 육군의 가치에 위배하지 않고 문제를 해결하는 결심을 할 것으로 기대

---

6) *FM 22-100 Army Leadership*, Headquarters, Department of the Army, Washingtrn D.C., June 1999, pp. 4-8～4-10.

된다. 미 육군은 근본적인 윤리적 구조를 제공하는 육군가치를 제시한다. 육군가치는 육군의 구성원들에게 기대하는 윤리적 기준을 제시한 것이다.

제3장 올바른 판단을 위한 원칙과 추론

1. 소크라테스의 원칙과 추론 단계

감옥에 찾아와 여러 가지 이유를 들어 탈출을 권유하는 친구 크리톤과의 대화에서 소크라테스(Socrates, 470~399 B. C.)는 올바른 도덕적 판단을 위한 기본원칙을 제시하며, 당시 상황과 연관된 보편적 도덕원리를 바탕으로 도덕적 추론과정을 거쳐 탈출해서는 안 된다는 것을 주장한다.[7)]

먼저 소크라테스는 당면한 윤리적 문제를 해결하기에 앞서, 올바른 도덕적 판단을 위한 필수조건으로 다음과 같은 원칙들을 지킬 것을 주장하였다.

① 자신의 의사결정을 감정, 편견(偏見), 선입견(先入見) 등에 맡겨서는 안 되고, 주어진 사실을 직시하고 정신을 맑게 간직하여, 이성(理性)에 의한 판단과 추론에 따라야 한다.

② 상식이나 대중의 여론, 사회적 관습 등에 의거하여 도덕적 판단을 내려서는 안 되며, 전문가의 의견을 참고하되 궁극적으로는 자기가 옳다고 생각할 수 있는 해답을 발견하도록 해야 한다.

③ 행위 그 자체의 옳고 그름만을 평가해야 한다. 우리의 판단과 선택의 시비(是非)가 문제이지, 우리에게 어떤 일이 생길 것인가 하는 것이 아니요, 사람들이 우리를 어떻게 평가할 것인가 하는 것도 아니며, 일어나게

---

7) 플라톤, 『대화록』 「크리톤」 편 참조.

될 것에 대해서 우리가 어떤 감정을 갖고 있는가 하는 것도 아니다.

④ 판단 및 결심 시 삶에 있어서 귀중한 것은 그저 살기만 하는 것이 아니라, 잘 사는 것이며, 잘 사는 것은 '정의롭고 명예롭게 사는 것'이라고 하는 것을 염두에 두어야 한다.

⑤ 자신의 판단이 의거하고 있는 원칙이 어떤 사람에게 그의 정당한 권리로서 승인한 바는 자신도 그것을 존중해야 한다. 즉 도덕원칙의 보편화를 추구해야 한다.

⑥ 마지막으로 보편적으로 인정할 수 있는 도덕적 원리에서 결론에 이르는 도덕적 추론이 논리적으로 모순(矛盾)이 없는 정당한 추론이 되어야 한다.

「크리톤」 편에서 소크라테스가 취한 도덕적 추론의 방식은 아리스토텔레스가 실천적 삼단논법(practical syllogism)이라고 지칭한 것이다. 즉 특정한 경우에 우리가 마땅히 행해야 할 바를 결정할 때, 엄밀한 의미에서 증명이 불가한 어떤 일반 원칙이나 규칙을 대전제(大前提)로 삼고, 이러한 일반원칙을 구체적 상황에 적용 가능하게 하는 그 상황에 관련된 경험적 사실판단으로 이루어지는 소전제(小前提), 이러한 두 가지 전제로부터 그 상황에 필요한 구체적인 특정판단을 결론(結論)으로 도출하는 것이다.

소크라테스가 크리톤과 대화하면서 자신의 탈옥이 정당화될 수 없다는 결심에 이르는 윤리적 추론과정을 모델화하면 다음과 같다.

대전제: 직면한 상황과 연관성 있는 보편적 도덕법칙 발견
⇓
소전제: 보편적 도덕법칙을 당면한 상황에 적용하여 평가함
⇓
결론: 구체적 판단과 결론을 내림

2. 데카르트의 이성의 지도 원리

데카르트(Rene Descartes, 1596~1650)는 확실한 지식에 이르기 위한 방법으로 이성(理性)의 지도원리(指導原理)를 제시하였다.[8] 이것은 올바른 판단과 결심에 이르는 데 도움을 주는 기본원리이다.

> 우리가 탐구하려는 주제에서, 우리의 논증은 다른 이들이 생각했던 것이나 우리가 추측하는 것을 지향(指向)해서는 안 되고 우리가 분명하고 명백하게 직관(直觀)할 수 있든가, 확실하게 연역(演繹)할 수 있는 것을 지향해야 한다. 왜냐하면 인식이란 이 밖의 방법으로는 불가능하기 때문이다. …… 내가 직관이라는 말로 의미하는 것은, 변동이 심한 감각(感覺)의 확신이 아니고, 상상(想像)의 서투른 구성으로 유래하는 판단도 아니며, 오직 이해하고 있는 것에 관해서 우리가 전적으로 의심을 품지 않게 될 정도로 맑고 주의 깊은 지성(知性)이 우리에게 흔쾌히 그리고 판명(判明)하게 해주는 개념작용으로, 이것은 이성(理性)의 빛으로부터 온다. …… 그래서 모든 사람은 각각 자신이 존재한다는 사실, 자신이 생각하고 있다는 사실 그리고 삼각형은 꼭 선분(線分) 세 개로 둘러싸여 있으며, 구(球)는 단 한 개의 표면으로 둘러싸여 있다는 사실 등을 정신의 힘에 의해 직관할 수가 있다. …… 그러므로 우리는 이제 직관 이외에 지식획득의 보조수단, 즉 연역(演繹)에 의한 획득 — 이것은 확실히 참임이 알려진 다른 사실에서 나오는 필연적인 결과를 추리하는 것을 말하는데 — 을 하나 덧붙인 까닭은 무엇인가 하는 문제를 제기할 단계에 이르렀다. 그러나 우리는 이 수단을 인정하지 않을 수 없었는데, 왜냐하면 확실히 참임이 알려져 있는 많은 사실들이 그 자체만 가지고는 분명하지 않고, 다만 참임이 알려진 다른 원리들에서 연역해낼 수 있을 뿐이기 때문이다.(『정신지도를 위한 규칙들』, 규칙 3)

---

8) 데카르트, 『정신지도를 위한 규칙들』, 『방법서설』, 『철학의 원리』 등 참조.

데카르트는 확실한 인식에 이르기 위한 방법으로서 이성(理性)의 두 가지 기능, 즉 직관(直觀)과 연역(演繹)을 제시한 것이다.

또 그는 인식과정에서 이성이 지켜야 할 준칙(準則), 즉 이성의 지도원리(指導原理)를 다음과 같이 제시하였다.

① 명증(明證)의 원칙 또는 명석판명(明晳判明)의 원칙: 내가 명증적으로 참이라고 인식하지 아니하는 어떠한 것도 참으로 받아들이지 않는다. 그리하여 조심스럽게 조급한 판단이나 편견을 피해서 나의 정신에 명석하고 판명하게 나타나지 않은 것은 결코 나의 판단 속에 포함시키지 않고 내가 의심할 수 없는 것만을 포함하겠다.(『방법서설』 2부)

그 위에나가 확실하고 의심할 여지가 없는 판단을 세울 수 있는 인식은 명석할 뿐만 아니라 또한 판명하지 않으면 안 된다. 내가 명석이라고 하는 것은 주의하는 정신에 대해서 현전(現前)하면서 분명(分明)한 것이다. 대상이 직시하는 눈앞에 현전하면서 우리 눈을 세차게 자극할 때 우리가 그것을 명석하게 본다고 말하는 경우가 그런 것이다. 판명이라 함은 극히 명확하고 다른 모든 것들과 구별되어 그 속에 명석한 것 외에도 아무것도 포함되지 않는다.(『철학의 원리』 1부 45, 46 참조)

② 분할(分割)의 원칙 또는 분석(分析)의 원칙: 내가 검토하는 각각의 어려운 문제들을 될 수 있는 대로 그것들을 잘 해결하기에 필요한 만큼 세분한다.(『方法序說』 2부 참조)

③ 순서(順序)의 원칙 또는 종합(綜合)의 원칙: 내 생각을 질서 있게 이끌어 나아가되 가장 단순하고 쉬운 대상들에서 출발하여 단계적으로 차례차례 복잡한 것의 인식에 이르기까지 거슬러 올라간다. 그리하여 자연대로는 피차 아무런 순서도 없는 것들 사이에 질서를 부여한다.(『方法序說』 2부 참조)

④ 열거(列擧)와 개관(槪觀)의 원칙: 마지막으로 아무것도 빼놓지 않았다

는 것을 확신할 수 있을 정도로 완전한 매거(枚擧)와 전반적인 검열을 실시한다.(『方法序說』 2부 참조)

확실한 지식에 이르기 위해서는 우리 이성을 올바르게 지도해야 한다는 것이며, 이성이 명석하고도 판명하게 참이라고 인식하는 것만을 받아들이며, 해결해야 할 문제를 가능한 세분화하고, 문제를 해결하는 과정에서 쉬운 것에서 어려운 것으로, 단순한 것에서 어려운 것으로 문제해결 순서를 바르게 정하여 문제를 해결해나가며, 문제와 관련해서 고려해야 할 것 가운데 빠뜨린 것은 없는지 전반적으로 검토해야 한다는 것이다.

3. 듀이의 탐구이론

미국 실용주의(Pragmatism)의 집대성자로 알려진 듀이(John Dewey, 1859~1952)는 인간의 삶, 즉 경험이란 갖가지 도구를 활용하여 문제 상황을 해결해 가는 지속적인 일련의 탐구과정이라고 보았다. 그의 탐구이론은 우리가 사용하는 망치나 못 등 물리적 도구는 물론 과학 활동을 비롯한 모든 이론이나 언어, 사고를 포함하여 실로 인간의 문화활동 전반을 환경에 적응하기 위한 도구로 보는 견해, 즉 도구주의(道具主義)로 귀결된다.

듀이는 논리를 근본적으로 탐구가 수행되는 방법에 대한 연구라고 본다. 논리의 규칙을 찾아내는 선험적(先驗的)인 방법의 존재를 믿지 않는다면, 어떻게 사고해야 하는가를 찾아내는 유일한 방법은 실제로 사람들이 어떻게 생각하는가를 살펴보고 거기에서 성공적인 탐구 방법을 그렇지 않은 것에서 분리·추출해내는 것이다.[9)]

듀이는 탐구란 "미확정적 상황에 대한 통제되거나 연출된 전환으로서,

---

9) 김동식, 『프래그머티즘』(아카넷, 2002. 9), pp. 172-182 참조. 탐구의 논리에 대한 듀이의 대표적 저서는 『논리: 탐구의 이론(Logic, the Theory of Inquiry)』(1938)이 있다.

상황의 구성 구분이나 관계를 매우 확정적이게 하기 위해 애초 상황의 구성요소들을 통일된 전체로 바꾸는 것이다."[10]

듀이가 제시한 일련의 탐구과정은 다음과 같은 여섯 단계로 나뉜다. 그에게 탐구란 문제 상황에 대한 해결을 지향하는 능동적인 활동이라는 것이다.

① 확정되지 않은 상황(the indeterminate situation)

탐구과정은 확정되지 않은 상황에서 시작된다. 그것은 본질상 의심스럽고 불확실하며 불안정하고 혼란하며 혼동되고 일치되지 않는 경향으로 가득 찬 것이라고 한다. 그것은 유기체와 그 환경 사이의 균형이 교란(攪亂)된 하나의 특수한 경우이다. 이 교란되고 확정되지 않은 상황이 균형을 회복해야겠다는 필요성을 낳게 된다. 탐구는 이러한 상황에서 전개된다.

② 문제의 설정(institution of a problem)

이 단계는 탐구자가 그가 처해 있는 상황의 불확정성을 인식했을 때 대두된다. 그는 이 불안한 상황에서 하나의 방법을 찾기 시작한다. 이것이 시작되었을 때 그 상황은 확정되지 아니한 상황에서 문제 상황으로 바뀌는 것이다. 이 단계에서는 어떤 사실을 보는 것과 바로 그것이 무엇인지를 보는 두 가지 활동이 포함된다.

③ 문제해결의 결정, 즉 가설(determination of a problem-solution; hypotheses)

이 단계는 문제의 해결에 연관된 가설이나 가능한 해법을 제시하는 단계이다. 이것은 어떤 조작의 결과를 예상하는 것이다. 가설이나 아이디어는 특정한 결과에 대한 예견으로서, 일정한 조건에 대해 특정한 조작이 가

10) 김동식, 『프래그머티즘』(아카넷, 2002. 9), p. 173과 듀이, 『논리: 탐구의 이론(Logic, the Theory of Inquiry)』(1938) 참조.

해질 경우에 발생될 것에 관한 일종의 조건이다. 가설은 탐구의 과정에서 행위계획을 지시해주는 역할을 수행하는 것이다. 이때 관련된 사실이나 관찰은 제안 형태로 쓰이게 되며, 아이디어나 의미는 문제 해결을 위한 수단으로 쓰이게 될 것이다.

④ 추론(reasoning)

다음은 문제해결을 지향한 추론의 단계이다. 듀이에게 추론이란 가설에 대한 연역적인 탁마(琢磨)와 그것에 대한 실험적인 검증 둘 다 포함하고 있고, 또 이 두 작용은 교합(交合)되어야 한다고 한다.

⑤ 판단의 구성(the construction of judgement)

판단은 탐구의 확정된 성과이다. 듀이가 사용하는 판단이라는 말은 탐구가 성공적으로 끝났을 때 확정된 사태를 말하는 것이다. 그는 이것을 '보증(保證)된 주장'이라고 한다.

제4장 사례 연구

■ 미라이촌 양민 학살

1969년 4월 육군성과 상당수 의회의원 및 정부 관리들은 베트남전에 참전했던 퇴역군인 로널드 라이든하워로부터 편지를 받았다. 그는 미군 장병들이 1968년 3월 광가이 성 송미읍 미라이(MyLai) 촌에서 전쟁범죄를 저질렀다고 하였다. 이에 따라 주월 미군사령부가 조사에

착수했고, 이어 육군 범죄수사대가 사건수사에 나섰다.

사건개요: 제20사단(아메리칼 사단) 제11보병여단 1대대 C중대 메디나(Medina) 대위는 48VC 대대가 위치한 것으로 추정되는 미라이촌 공격을 명령받았다. 이 공격에서 촌락 안의 가축은 살상할 수 있다고 하였다. 정보에 따르면 적은 중대보다 두 배의 수적 우세에다 강력한 진지를 구축하고 있어 거센 저항이 예상되었다. 그러나 미라이촌은 약 400~700명이 사는 베트콩 마을로 중대 공격 시[1968. 3. 16. 07:30] 실제로 베트콩은 그 마을을 떠나 피신해 있었으며 민간인, 즉 부녀자, 어린이, 노인들이 마을에서 막 아침식사를 하려던 참이었다. C중대의 캘리(Calley) 중위가 이끄는 1소대가 미라이촌을 공격하여 무차별 살상하고 전과를 보고하였다.

캘리 중위의 증언: 나는 중대 브리핑에 참석하여 중대장으로부터 C중대가 미라이촌 공격 임무를 맡게 되었으며, 중대원이 단합하여 고도로 공세적이 될 것을 지시받았다. 그 지역은 사선에 심리전에 의해 민간인은 모두 떠나고 없으며, 따라서 거기서 발견되는 자는 적으로 간주될 수 있다고 하였다. 또한 공격 중 어떠한 것도 파괴하여도 좋다고 들었다. 누구도 전진하는 부대의 후방에 머물러서는 안 되며, 48VC 대대에 대한 1차 공격 시 기동통로가 될 촌락들은 동일한 방법으로 취급될 수 있다는 것이었다.

내가 이끄는 1소대는 1968년 3월 16일 07:30 미라이촌 공격을 개시하였다. 공격 중 중대장으로부터 두 차례 무선명령을 받았다. 한 번은 "급히 주민을 처치하고 예정된 위치로 돌아오라."라는 것이었고, 또 한 번은 "벙커의 수색을 중지하고 사람들을 처치한 다음 중대장이 명령한 방어진지로 병력을 이동시키라."라는 것이었다.

메디나 대위의 증언: 나는 주민을 살상하라는 명령을 내린 바 없으며, 부하의 잘못된 행위도 알지 못하였다. 전술적 이유로 중대 CP를 미라이 촌의 서쪽에 위치시켜서 휴전명령 전까지 부하들의 불필요한 살상을 결코 알지 못했다. 나는 헬리콥터 건십(gunship)과 포병사격이 있음을 알았다. 그리하여 일부 살상자는 그러한 사격에 의해 살상되었을 것으로 여겼다. 나는 비전투원, 즉 부녀자와 아이들이 공격 당일 아침 그 마을에 없을 것으로 믿었다. 나는 상당한 총성이 있다 하더라도 그것은 부대의 전진을 위한 제압사격 또는 가축살상의 소리로 알았다. 나는 부하들에게 상식에 맞게 적절히 행동하라고 지시했으며, 만일 비전투원일지라도 미군에 유해한 행위를 할 경우는 사살할 수 있다고 말했으나, 미라이촌에 있는 모든 인명을 사살하라고 명령하지는 않았다.

토의 문제

1. 제네바법상 포로 및 민간인 대우를 어떻게 해야 하는가?
2. 협의의 인도법인 제네바법과 전쟁법인 헤이그법의 기본원칙을 간단히 설명하고, 이들 광의의 전시인도법을 지켜야 하는 이유를 설명하라.
3. 귀관이 만일 중대장 메디나 대위라고 할 때,
   ① 미라이촌 공격명령을 하달할 때 유의할 점은 무엇인가?
   ② 소대장 캘리 중위의 비행을 알았다면(비행 중 및 비행 후로 구분해서) 어떻게 처리하겠는가?
4. 귀관이 캘리 중위라면 중대장 메디나 대위로부터 작전 중 민간인 학살 명령을 받았다고 한다면 어떻게 조치하겠는가? 조치과정을 설명하라.
5. 귀관이 군사법원의 재판관이라면 메디나 대위와 캘리 중위의 행위에

대하여 어떠한 판결을 내리겠는가? (윤리적 결심 5단계에 따라 설명하라.)

6. 이 사례에서 얻을 수 있는 핵심적 교훈은 무엇인가?

모범 답안

문제 1. 제네바법상 포로 및 민간인 대우를 어떻게 해야 하는가?

「제네바법」 4개 협약 공통규정 3항에 따르면 ① 생명 및 신체에 대한 폭행, 특히 살인, 상해, 학대 및 고문 금지 ② 인질로 삼는 일의 금지 ③ 정상적인 법원을 구성해 재판 및 형 집행 ④ 인간존엄성의 침해, 특히 모욕적이고 치욕적인 대우 금지 등을 규정하고 있다.

제4협약 13-26항은 전쟁의 영향으로부터 주민의 일반적 보호, 32항은 육체적 고통 및 학살조치 금지를 규정하고 있다. 민간인 학살은 제네바법의 중대한 위반행위에 해당하며 전쟁범죄이다.

문제 2. 협의의 인도법인 제네바법과 전쟁법인 헤이그법의 기본원칙을 간단히 설명하고, 이들 광의의 전시인도법을 지켜야 하는 이유를 설명하라.

「제네바법」은 전쟁 기타 무력분쟁으로 인한 희생자를 보호하고, 희생자를 보호하기 위해 활동하는 인원, 장비, 시설 등을 보호하기 위해 체결된 협약이다. 이 법은 적대행위에 가담하지 않은 인원과 전투능력을 상실한 군사요원은 존중되고 보호되며 인간적인 대우를 받는다는 내용을 규정하고 있다.

「헤이그법」은 작전행위서 교전자의 권리와 의무, 해적(害敵)수단에 관한 교전당사자를 규율하는 국제협약이다. 이 법에 따르면 해적수단의 무제한적 선택권을 부여하지 않으며, 비례성의 원칙에 따라 교전자(交戰者)는 전쟁의 목적과 비례를 벗어난 해를 적에게 가해서는 안 된다는 것을 규정하고 있다.

이상 인도주의 원칙을 규정하고 있는 국제법을 지켜야 하는 이유로는 ① 인간의 생명을 존중해야 한다. 그래서 전쟁 수행과정에서 불가피하게 발생하는 인명 살상을 가능한 한 최소화하고, 적대할 의사가 없거나 능력이 없는 인원에 대한 불필요한 살상을 금지해야 한다. ② 인간의 존엄성과 가치를 보호해야 한다. 따라서 적대국의 인원이라 할지라도 인간으로서 치욕적이고 모욕적인 대우를 해서는 안 되며, 인간으로서 기본권을 존중해야 한다. ③ 전쟁으로 인한 인류문명 및 문화의 말살을 방지해야 한다. 전쟁의 참화로부터 인류의 정신적·물질적 재산을 보호해야 한다. ④ 전장에 참여하는 군인으로 하여금 인간으로서 양심을 저버리게 해서는 안 된다. 불필요한 살상과 파괴는 군인으로 하여금 스스로 자신의 인격 파괴 및 상실의 결과를 가져오게 하여 자괴감과 자학에 빠지게 한다.

문제 3-1. 귀관이 만일 중대장 메디나 대위라면, 미라이촌 공격명령을 하달할 때 유의할 점은 무엇인가?

(1) 작전지역 및 적에 대한 정보를 소대장에게 알려준다. 작전 중 알려진 정보와 다른 상황에 직면할 때 어떻게 해야 할지를 지시한다.

(2) 명령은 합법적이어야 하며, 명확하고 분명해야 한다.

(3) 작전 시 특히 주의할 사항을 인식시킨다. 전장 환경이나 전투원의 현재 심리 등을 고려하여 주의사항을 하달한다. 예컨대 베트남전의 특수성에 비추어 전투원과 민간인 구별 요령, 무장하지 않은 민간인에 대한 살상 금지, 민간인 폭행 및 강간 금지 등을 지시한다.

(4) 명령을 정확하게 숙지하고 있는지 확인한다.

문제 3-2. 소대장 캘리 중위의 비행을 알았다면 (비행 중 및 비행 후로 구분해서) 어떻게 처리하겠는가?

(1) 비행 중

민간인 학살행위를 중지하도록 명령한다. 아군에 대한 적대행위에 가담하지 않는 민간인을 학살하는 것은 불법적이며 비인도적 행위이다. 이러한 행위를 알고도 묵인하는 것은 상관의 책임을 다하지 않는 것으로 직무유기 또는 직무태만이다.

(2) 비행 후

민간인 학살은 중대한 범죄행위이므로 지휘권 행사를 중지시키고 상부에 보고하여야 한다.

문제 4. 귀관이 캘리 중위라면 중대장 메디나 대위로부터 작전 중 민간인 학살명령을 받았을 경우 어떻게 조치하겠는가? 조치과정을 설명하라.

· 1단계: 명령의 불법성, 비윤리성에 대한 분석

중대장의 명령이 법과 규정에 반하지 않은지, 군 전문직업적 윤리에 어긋나지 않은지 검토한다. 검토 결과, 그 명령이 불법적이라고 생각되었다.

· 2단계: 중대장의 명령을 확인한다.

우선 중대장에게 그 명령이 의미하는 바에 대해 명확한 설명을 요청한다. 그리고 그 명령을 수행했을 때 발생할 결과를 설명한다. 그리하여 그 명령을 변경할 것을 요청하고, 작전을 중지하는 것이 좋다는 건의를 한다. 이에 대해 중대장이 건의를 받아들인다면 문제는 해결되었다.

그렇지 않고 중대장이 그 명령을 계속 시행하도록 한다면,

· 3단계: 남의 도움을 요청한다.

인접부대의 소대장이나 기타 장교의 조언을 구한다. 이것이 불가능한 상황이라면,

· 4단계: 공식적으로 이의를 제기한다.

대대장에게 상황을 보고하고, 중대장의 명령에 이의를 제기한다. 대대장으로부터 새로운 명령을 수령한다. 이때에도 문제가 해결되지 않으면 가능한 한 감찰참모, 법무참모에게 이의를 제기한다. 이것이 불가능한 경우는 거의 없겠지만, 불가능하다고 한다면 독단으로 작전을 중지한다. 사후에 지휘계통으로 사건 경위를 보고한다.

☞ 이러한 결심은 작전지역의 상황변경에 따른 적절한 조치라고 판단되며, 인도주의 정신을 실현하고 전쟁규칙을 준수하는 것이며, 자신의 양심에 충실하고 국익에 도움이 된다는 판단에 따른 것이다.

문제 5. 귀관이 군사법원의 재판관이라면 메디나 대위와 캘리 중위의 행위에 대하여 어떠한 판결을 내리겠는가? (윤리적 결심 5단계에 따라 설명하라.)

1. 윤리적 문제

(직업적 책임과 의무 그리고 윤리·도덕적 규범들 가운데 서로 갈등하는 문제들을 도출한다. 재판관으로서 의무란 ① 법과 양심에 따라 공정하게 재판하고[헌법, 제103조] ② 법의 존재목적을 구현하는 것이다. 법의 존재목적이란 어떤 행위에 대해서 금지 또는 제한하거나 권장하는지 그 기준을 명확히 제시함으로써 그 사회가 추구하는 가치를 보호하고 질서를 지키는 것이다.

또 군의 간부로서 책임과 의무란 군의 전투력을 보전하고 향상하는 것이다. 따라서 이러한 책임을 다하는 길이 무엇인지 고려해야 한다. 이 사건과 관련하여 군사법원의 재판관으로서 나는 다음과 같은 A 의무와 B

의무 사이에서 갈등한다.)

A: 법과 양심에 따라 공정하게 재판함으로써 군기를 확립하고 군의 명예를 고양해야 한다.

B: 군인에 대한 인도적 배려와 군의 사기를 고려해야 한다.

2. 결심 시 고려 요소

(여기서는 고려해야 할 요소를 설명하고 그것을 이 사례에서 어떻게 적용할 수 있는지 설명한다.)

가. 법규와 명령(laws, orders and regulations)

1) 제네바(Geneva)법의 〈민간인 보호〉: 우군이건 적군이건, 또는 자국민이건 적대국 국민이건, 적대행위에 가담하지 않은 민간인이나 전투능력과 의지를 상실한 전투원은 보호되어야 한다.

미라이촌에서 민간인을 학살한 미군의 행위는 제네바법을 명백히 위반한 것이다.

2) 전쟁법과 군형법의 〈부하의 불법적 행위에 대한 상관의 책임〉: 전쟁법 위반에 대한 상관의 책임한계에 대해서 〈자기가 명령한 행위와 허가, 묵인, 간과한 행위에 대해 책임을 진다〉고 하는 오펜하임(L. Oppenheim)의 견해가 뉘른베르크(Nurnberg)재판이나 일본의 제2차 세계대전 전범에 대한 미연방대법원의 판결에 적용되었다.

한편 군형법의 지휘권 남용의 죄 가운데 〈불법진퇴(제20조)〉 혹은 기타 죄 가운데 〈부하범죄불진정〉이 적용될 수 있을 것이다.

이 사건의 경우, 캘리 중위는 전적으로 책임이 있으며, 메디나 대위의 경우도 법적 책임을 면하기 어려울 것이다.

▣ 참고사항: 군사법원 판결 시 결과

(군사법원은 장관급 장교 이상이 지휘하는 부대에 설치됨)

- 실형 : 제적, 퇴직금 50% 지급, 전과 통보, 강등 무
- 집행유예: 제적, 퇴직금 50% 지급, 전과 통보, 강등 무
- 선고유예: 제적, 전액 지급, 통보 안 됨, 강등 무
- 벌금 : 제적 안 됨, 전액 지급, 통보 안 됨, 강등 무

§ 집행유예란 유죄를 인정한 후 형의 선고에서 정상에 따라 일정 기간 집행을 유예하는 것이다. 일정 기간이 지나면 선고의 효력이 상실된다.

§ 선고유예란 범정(犯情)이 경미한 범인에 대하여 일정 기간 형의 선고를 유예하고, 유예기간을 특정한 사고 없이 경과하면 형의 선고를 면해주는 것이다.

▣ 참고사항: 징계위원회 징계 시 결과

(징계위원회는 경징계 시 병사의 경우 중대급 이상 부대, 부사관의 경우 대대급 이상의 부대, 장교의 경우 연대급 이상의 부대에 설치하며, 중징계인 경우에는 한 단계 상위부대에 설치한다.)

- 중징계: 파면, 강등, 정직,
- 경징계: 감봉(1/3 이하 감액), 근신, 영창(병만 해당됨), 견책

★ 중징계 시 현역 부적격자로 전역심사위에서 심의한다.

§ 징계사유: ① 반국가적 행위－충성, 성실 위반 ② 위법, 항명 ③ 권력 남용 ④ 직무위반－겸직·영리행위 ⑤ 비밀누설 ⑥ 군기유해 행위 ⑦ 부패·독직 행위 ⑧ 품위 손상

§ 파면 승인권자: ① 장관급 장교－대통령 ② 장교－국방장관 ③ 준사관/부사관－참모총장

§ 경징계 징계권자: ① 병－중대장 이상의 부대 및 기관의 장 ② 장관

급장교, 1급 군무원, 모든 인원—참모총장 ③ 영관급 이하, 2급 이하—사단장급 ④ 영관급 이하—연대장 ⑤ 부사관, 7급 이하—대대장

나. 국가의 기본적 가치(basic national values)

1) 준법과 정의: 자유민주주의 국가는 법에 의거하여 나라를 다스리며, 법이 공정(公正)하게 시행되는 정의사회를 추구한다.

따라서 국내법과 동일한 효력을 지니는 국제법을 어긴 사건 관련자들을 공정하게 처벌하는 것이 법질서를 지키고 정의를 실현하는 길이다.

2) 인권: 자유민주주의 사회는 인간의 존엄성, 개인의 자유와 행복, 생명과 재산 등을 존중하고 보호한다.

따라서 인간의 기본적 권리를 무단히 침해한 자들, 즉 메디나, 캘리 그리고 부대원들은 그에 상응하는 책임을 져야 할 것이다. 한편 나라를 위해 복무하는 과정에서 범법한 이들의 정상(情狀)도 참작해야 할 것이다.

다. 군대의 전통적 가치(traditional army values)

1) 명령과 복종: 상관은 정당한 명령을 명확하게 내려야 하며, 시행 과정을 감독하고, 그 결과에 책임을 져야 한다. 한편 그러한 상관의 명령을 수령한 부하는 즉각적으로 충실하게 복종해야 하며, 이의가 있을 때는 건의해야 한다.

명령권을 지닌 상관으로서 메디나나 캘리는 부하들의 불법적 행위에 대한 책임을 면하기 어려울 것이다. 그러나 상관의 명령에 복종한 병사들에게 그 책임을 묻기는 어려울 것이다.

2) 명예: 군의 명예는 국민의 생명과 재산을 보호하며, 개인의 자유와 평등, 기본적 인권을 존중하는 자유민주주의를 지키는 데 있다. 미라이 촌에서 무장하지 않은 민간인을 무차별 학살한 것은 군의 명예를 실추시킨 심대한 사건이다.

손상된 명예를 회복하기 위해서는 관련자들을 처벌해야 한다.

라. 부대의 현행 가치(unit operating values)

1) 적에 대한 증오심과 야만적 행위를 영웅시하는 분위기

2) 황인종을 무시하고 경멸하는 인종차별 의식

이상과 같은 부대 분위기는 베트남인에 대한 학살의 간접적 원인이 되었다고 볼 수 있다.

마. 당신의 가치관(your values)

군인으로서 나의 의무와 명예는 외침으로부터 자국의 영토와 국민을 지키고, 무고하고 연약한 자를 보호하는 데 있으며, 적이라 할지라도 적대할 의사나 능력이 없다면 보호하는 것이다.

보호해야 할 민간인을 학살하는 것은 군인의 의무와 명예를 온전히 버리는 일이며 군인의 존재의의를 망각한 일로 용서받을 수 없다.

바. 집단의 압력(institutional pressures)

① 비인도주의적인 만행에 분노하는 국제적 여론 ② 이러한 만행을 엄중하게 처벌해야 한다는 국내의 압력 ③ 나라를 위하여 희생하고 있는 자국 군인들을 보호해야 한다는 또 다른 여론이 있다.

상반된 두 여론은 판결을 결심하는 데 영향을 미친다.

3. 가능한 대안들

A안: Medina 대위 – 유죄, Calley 중위 – 유죄

B안: Medina 대위 – 유죄, Calley 중위 – 무죄

C안: Medina 대위 – 무죄, Calley 중위 – 유죄

D안: Medina 대위 – 무죄, Calley 중위 – 무죄

4. 대안의 장단점 비교

· A안: **장점** ① 전쟁범죄를 처벌해 전시인도주의법과 전쟁원칙을 준수하고자 하는 의지를 밝힌다. ② 실추된 군과 국가의 명예와 국제적 신의(信義)를 회복하는 길이 된다. ③ 범죄에 대한 응보적(應報的) 처벌로 정의를 구현하고, 희생자에게 위로의 뜻을 표시한다. ④ 지휘관의 엄정한 명령하달과 감독의 중요성을 제고하는 계기가 될 수 있다. ⑤ 반성적 복종의 태도를 고취하고, 불법적 명령에 대한 복종을 경계한다.

단점 ① 메디나와 캘리 등 개인에게 심대한 불행을 초래할 수 있다. ② 중견장교의 처벌로 전투력 손실을 초래한다. ③ 처벌로 군인들의 사기가 저하될 수 있다. ④ 엄정한 명령－복종체계가 흔들릴 수 있다.

· B안: **장점** ① 전쟁범죄에 대한 처벌로 전시인도주의법과 전쟁원칙의 준수의지를 밝혔다. ② 실추된 명예와 국제적 신의를 회복하는 길이 된다. ③ 범죄에 대한 응보적 처벌로 정의를 구현하고, 희생자에게 위로의 뜻을 표시한다. ④ 명령권자의 책임과 의무를 강조하는 계기가 될 수 있다. ⑤ 개인의 불행과 아군 전투력의 약화를 최소화한다.

단점 ① 제한된 처벌로 국제적인 비난여론이 비등할 가능성이 있다. ② 무반성적 복종이 일반화될 수 있으며, 맹목적 복종을 조장할 수 있다. ③ 군인들의 사기가 저하될 수 있다.

· C안: **장점** ① 전쟁범죄를 처벌해 전시인도주의법과 전쟁원칙의 준수의지를 밝혔다. ② 실추된 명예와 국제적 신의를 회복하는 길이 된다. ③ 범죄에 대한 응보적 처벌로 정의를 구현하고, 희생자에게 위로의 뜻을 표시한다. ④ 반성적 복종의 태도를 고취하고, 불법적 명령에 대한 복종을 경계한다. ⑤ 개인의 불행과 아군 전투력의 약화를 최소화한다.

단점 ① 제한된 처벌로 국제적인 비난여론이 비등할 가능성이 있다. ② 지휘관이 감독책임을 소홀히 하는 분위기를 조성할 가능성이 있다. ③ 군인들의 사기가 저하될 수 있다. ④ 엄정한 명령－복종 체계가 흔들릴 수 있다.

· D안: **장점** ① 자국 군인들의 행복을 최대한 배려한 것이다. ② 군의 전투력의 손실을 막는 일이다. ③ 일사불란한 지휘체계를 확립하고, 상관의 명령에 대한 절대적 · 즉각적 복종을 강조한다.

단점 ① 비인도적 처사를 옹호한다는 국제 여론의 비난, 일부 국내 여론의 비난이 있을 것이다. ② 국제법의 유명무실화를 더욱 부채질하며, 비인도적 선례가 마련된 셈이다. ③ 올바른 명령과 복종 체계를 정립하는데 저해된다. 맹목적 복종을 조장할 수 있다. ④ 베트남전 참전의 정당한 명분이 상실된다. ⑤ 미군의 명예와 긍지를 더욱 손상할 수 있다.

5. 결심과 그 이유

· 결심: A안

· 이유: ① 메디나 대위 자신은 소대장 캘리에게 주민살상의 명령을 내린 바 없으며, 부하의 잘못된 행위를 알지 못했다고 한다. 그러나 "공격 중 어떠한 것도 파괴의 대상이 될 수 있다."라는 명령을 내린 것이나, 몇 시간에 걸친 작전 중 있었던 소대장과의 교신에서 또는 총성을 듣고 상황을 확인하지 않았다는 것은 납득하기 어렵다. 중대장이 학살 명령을 내리지 않았다면 적어도 부하들의 학살을 알고도 간과했다고 봐야 할 것이다. 따라서 중대장에게도 책임이 있다고 하겠다. ② 캘리 중위가 적대행위에 가담하지 않은 무장하지 않은 부녀자와 노인들을 살해한 것은 비인도적 처사로서 명백한 전시인도주의법을 위반한 행위요, 전쟁목적을 달성하는데 필요 이상의 무력을 사용해서는 안 된다는 전쟁규칙을 어긴 행위이다. ③ 설령 캘리 중위가 상관(중대장)으로부터 민간인을 살해하라는 명령을 받아 수행하였다 하더라도 그 범법행위는 면책되지 않는다. 불법적 명령을 수행한 결과는 역시 불법적 행위로 그 책임을 면할 수 없다. ④ 캘리의 행위는 전쟁의 명분을 상실케 하고 자국의 국제적 신의를 실추시켜 국익

을 저해하였다.

문제 6. 이 사례에서 얻을 수 있는 핵심적 교훈은 무엇인가?

1) 상관의 명령이라 할지라도 그 명령이 명백히 불법적이라면 상관에게 그 명령의 변경을 건의하여야 한다. 그 이유는 ① 몇 가지 예외를 제외하고는 단지 명령에 따른 것이라 하더라도 수명자의 불법적 행위는 법적으로 면책사유가 되지 않기 때문이다. ② 불법적인 명령은 대체로 비도덕적이거나 군과 국가에 손해를 초래하기 때문이다.

2) 군인은 최신을 다해 그리고 신속하고도 효율적으로 작전을 수행함으로써 승리를 획득해야 하지만, 전쟁이 자유민주주의의 가치와 평화를 시키기 위한 것이라는 점을 고려한다면, 적대행위에 가담하지 않은 적의 민간인이나 전투력을 상실한 적의 전투원을 해쳐서는 안 되며, 그들을 보호하고 인도주의로 배려해야 할 것이다.

▣ 차량 안전 점검의 소홀

당신은 연대 수송부 보좌관으로 계급은 중위이다. 최근 사단 내에 차량사고가 자주 발생하여 사단장으로부터 사고예방에 대한 강력한 지시가 하달된 바 있다. 차량 안전검사에 대한 사단장의 강경한 방침에도 불구하고 필요한 안전검사를 소홀히 한 정비반의 한 정비하사가 이미 처벌을 받았다.

당신이 속해 있는 수송부의 정비선임하사관인 박 중사는 평소 맡은 바 임무에 철저하였고 양심적인 하사관이었다. 그런데 어제 수송부에서 배차되어 나간 한 트럭이 운행 중 사단 노상안전검사장에서 검사를 받았는데 몇 가지 안전장치에 분명한 결함이 있는 것으로 판명받아 운행중지처분을 받았다. 박 중사는 차량이 배차될 때 발부하는 기술 검사표에 2차에 걸쳐서 이상이 없다는 서명을 하였다.

당신은 박 중사와 면담을 하고 비록 지금까지 그의 근무기록이 훌륭하다 해도 이 사건은 중대한 문제라고 지적해주었다. 당신은 며칠 전에도 수송부의 주차장에서 나오는 한 트럭이 제동등에 결함이 있는 것을 발견하고 이에 대하여 그에게 주의를 준 바 있음을 상기시켰다. 당신은 박 중사에게 도대체 어떻게 된 일이냐고 물었다. 그는 자신의 태만을 인정하고 나서 당신이 계속 묻는 질문에 답하면서 지금 개인적인 문제로 마음이 딴 데 있다고 말하였다. 그가 결혼 생활에 어려움을 겪고 있으며 3일 전에 그의 아내가 집을 나갔다는 사실을 당신은 알게 되었다.

토의 문제

귀관은 이 사건을 어떻게 처리할 것인가? 윤리적 결심 5단계에 따라 문제를 해결하라.

모범 답안

1. 윤리적 문제

A: 차량의 정비 상태를 항상 양호하게 유지하기 위하여 부하들을 지도하고 감독해야 한다.

B: 부하의 고충을 이해하고 그들의 복지를 배려해야 한다.

나는 수송대 보좌관으로서 A 의무와 B 의무 사이에서 갈등한다.

2. 결심 시 고려 요소

가. 법규와 명령

1) 법규: 〈안전기준과 안전검사에 관한 부대내규〉, 〈정비 상태에 대한 검사 확인 서명〉 등과 같은 지시와 규정을 정확히 준수하지 않았다.

2) 명령: 안전검사에 대한 사단장의 지시를 소홀히 하여 결국 명령을 어긴 셈이다.

이상의 법규와 명령을 제대로 이행하지 않은 박 중사는 이에 상응하는 처벌을 받는 것이 마땅하다.

나. 국가의 기본적 가치

1) 정의: 사회의 규범을 준수하는 것이 정의로운 것이며, 또한 규범을 어긴 자가 있을 때 이에 상응하는 처벌이 공정무사하고 일관성 있게 이루어질 때 정의로운 것이다.

정의를 확립하기 위해서는 박 중사는 어떠한 형태로든 처벌해야 한다.

2) 인간적 가치와 개인의 행복: 어떠한 경우든 개인을 존중하고 그의 행복을 중시하는 것이 자유민주국가의 이념이다.

가정문제로 인한 박 중사의 고충을 외면할 수 없으며, 처벌로 초래될 그의 불행을 고려해야 한다.

다. 군대의 전통적 가치

1) 군기: 지시나 규정을 어긴 행위에 대해서 엄정히 처벌함으로써 부대의 기강을 세울 수 있다.

기강을 세우기 위해서 박 중사 처벌이 불가피하다.

2) 사기: 사기란 강한 전투의지 또는 왕성한 근무의욕이라고 할 수 있을 것이다.

부대원들의 사기 특히 박 중사의 사기를 고려한다면 처벌보다는 오히려 격려가 필요하다.

3) 책임: 군은 어떠한 역경에서도 그 임무와 책임을 다할 것을 요구한다.

개인적으로 어려운 사정이 있었다 하더라도 임무를 소홀히 한 박 중사에게 책임을 묻지 않을 수 없다.

박 중사의 상급자로서 나는 그의 개인 신상을 잘 파악하지 못한 과오가 있음을 인정하면서, 늦었지만 부하에 대한 상관의 책임을 지고자 한다. 또 수송대장의 보좌관으로서 내 책무에 비추어볼 때, 이 사건을 수송대장에게 보고하고 적절한 조치를 건의해야 한다.

라. 부대의 현행 가치

1) 사단장이 하달한 〈사고예방에 대한 강력한 지시〉는 무엇보다도 우선적으로 실천해야 할 소중한 가치이다.

2) 〈인정과 부하애〉는 한국인의 공통적 정서로서 부대에서도 중요한 가치로 삼고 있다.

사단장의 지시를 어긴 박 중사의 처벌이 불가피하지만, 상급자로서 박 중사의 장래를 배려해야 한다.

마. 당신(나)의 가치

1) 나는 공인으로서 군인은 어떠한 상황에서도 주어진 임무와 책임을 다해야 한다고 생각한다.

2) 나는 박 중사의 상급자로서 그가 책임을 소홀히 하게 된 배경을 전적으로 무시할 수 없으며, 그가 부대를 위해 더욱 분발할 수 있는 기회를 주어야 한다고 생각한다.

이상의 것 가운데 나는 A의 가치관을 선택한다.

바. 집단의 압력

1) 이미 내려진 사단장의 〈사고예방에 대한 지시〉

2) 인정도 의리도 없다고 매도할지도 모르는 부하들의 여론

3. 가능한 대안들

A: 수송대장에게 보고하고, 박 중사가 가정문제를 해결할 수 있도록 휴가를 건의한다.

B: 수송대장에게 보고하고, 징계위원회 회부를 건의한다.

4. 대안의 장단점 비교

A안: **장점** ① 보좌관으로서 상관에 대한 보고의 책임과 의무를 다한다. ② 보좌관으로서 자신의 의견을 상관에게 건의함으로써 상관이 건전한 결심에 이르도록 충성을 다한다. ③ 박 중사의 가정문제를 해결할 기회를 줄 수 있다. ④ 상관에 대한 충성심을 갖게 할 수 있다. ⑤ 박 중사가 근무의욕을 갖게 될 수 있다. ⑥ 박 중사에게 돌아올지도 모르는 불이익을 막을 수 있다.

단점 ① 사단장의 지시를 유명무실하게 만드는 불충을 범하는 셈이 된다. ② 처벌의 일관성과 공정성이 상실되어 법규 준수의식이 약화될 수 있다. 즉 군의 기강이 해이해질 수 있다. ③ 부대원들의 차량안전에 대한 의식 및 책임감이 약화될 수 있다. ④ 공정하지 못한 조치로 부하들에게 신뢰를 상실하여 부대의 단결을 저해할 수 있다.

B안: **장점** ① 보좌관으로서 상관에 대한 보고 책임과 의무를 다한다. ② 보좌관으로서 자신의 의견을 상관에게 건의함으로써 상관이 건전한 결심에 이르도록 충성을 다한다. ③ 규정준수 분위기를 조성한다. ④ 처벌의 일관성을 유지하게 한다.

단점 ① 박 중사 개인에게 상당한 불이익이 초래될 것이다. ② 박 중사

의 가정문제가 더욱 악화될 확률이 높다. ③ 나에 대한 박 중사의 불충과 좋지 않은 감정이 생길 수 있다.

5. 결심과 그 이유

· 선택: B

· 이유: ① 보좌관으로서 상관에 대한 보고 책임과 의무를 다한다. ② 처벌의 공정성과 일관성을 유지하여 지시나 명령의 위엄을 세움으로써 규범과 명령을 준수하고 책임을 다하는 분위기를 조성할 수 있다. ③ 박 중사에게 심대한 불이익을 주는 것을 배제하면서 이후 성실한 근무를 통해 이 실수를 만회할 기회를 부여한다. ④ 가정문제는 수송대장과 상의하여 적절한 방법을 모색한다.

■ 민간인에 대한 집단 폭행

중위 홍길동은 X사단 B중대 소대장이고 대위 홍길서는 같은 사단 C중대 중대장으로 서로 사촌 간인바, 대위 홍길서는 00년 7월 27일 자기 집에서 홍길동과 함께 소주 2병과 약주 1되를 마신 후, 같은 날 오후 8시경 둘은 사복차림으로 부대에서 약 300m 거리에 있는 00읍 소재 XX식당에서 2차로 소주 1병을 마신 다음, 8시 반경 3차로 인근 △△식당에 들러 다시 소주 1병을 마시던 중 00정비중대 소속 병장 K 외 7인이 같은 소속부대 병장 S의 전역회식을 하면서 떠들자, 홍길동은 조용히 하라면서 K를 차려 자세로 세워놓고 안면부를 2회 구타하였다. 이에 동석했던 병사들이 일어서며 웅성거리자, 홍길서는 홍길동을 식당 밖으로 내보냈다.

그러나 홍길동은 술을 마셔 흥분한 상태에서 병사들이 자신을 구타할 것으로 판단하여 수적인 열세를 만회하고자 9시 반경 부대로 뛰어가서 마침 탄약고 경계근무를 나가던 하사 P 외 6명을 인솔하여 식당에 들어가 기물을 파괴하고 위의 정비중대 병사들을 개머리판과 군홧발로 폭행하였다. 식당주인과 형의 만류로 홍길동은 식당 밖으로 밀려나갔으나 계속 소란을 피우자 주위 민간인들이 홍길동을 잡고 싸우지 말라고 제지하였다.

그때 식당 안에서 지켜보던 홍길서는 동생이 민간인에게 폭행당하는 것으로 오인하고 민간인 2명을 구타한 다음, 부대로 복귀하여 점호 중이던 중대원 100여 명을 단독군장에 총기휴대로 비상을 걸어 연병장에 집합시킨 후 "내 동생이 민간인들에게 맞고 있다. 내 동생을 구출해야 되지 않겠느냐? 모든 것은 내가 책임진다. 20대 이상 남자들은 모두 때려잡아라."라는 등 격한 말로 중대원을 선동하여 적개심을 고취한 다음, 사단장 구두지시(6월 30일), 즉 "분대급 이상 부대이동 시 반드시 지휘보고를 하라."는 명령을 알고 있으면서도 이를 위반, 아무런 보고 없이 병력출동이란 명목으로 위병 근무자를 무시하고 사고현장에 도착하여, "두들겨 패라. 부숴라."라는 지시를 하여 약 30분에 걸쳐 길 가던 민간인 수십 명을 구타하여 그중 8명에게 최소 2주 이상의 상해를 가하고 약 300만 원 상당의 재물을 파괴하였다.

토의 문제

귀관이 만일 사단장이라고 한다면 이상의 사태에 대해 어떠한 결심을 하겠는가?

■ 경계근무 태만

00년 12월 8일 00지역에 무장공비 5명이 출현하여 민간인 2명을 살해한 후 도주하고 있다는 정보에 따라 제X사단은 즉각 대 무장공비 작전인 00작전을 실시하였다.

이 사단 예하의 R연대 1대대 2중대는 이 작전에 참가하여 수색 및 매복 작전을 수행하던 중 12월 11일 밤, 00도 00군 00면 00리 근방에서 매복 작전을 실시하게 되었다. 같은 날 21시 30분경 작전지역 약 7km 전방에서 무장공비와 아군 예비군 사이에 교전이 발생하여 대대로부터 경계강화 지시가 하달되었다. 그런데 예하 2소대 3번 초소에서는 날씨가 춥고 피곤하다는 이유로 무개호를 유개호로 개조하고, 소주 1병을 마시고 교대로 2시간씩 수면을 취하였다. 또 2소대장은 순찰 및 감독을 게을리 하고 특히 24시부터 05시까지 몸이 아프다는 이유로 취침하였다. 한편 2중대장은 부하들이 이러함에도 감독을 게을리 하였으며 더욱이 사전에 자신의 책임지역으로 무장공비가 오지 않을 것이라고 판단하여 대대에서 지급한 장애물조차 설치하지 않았다. 결국 무장공비는 24시부터 04시 사이에 이 지역을 무사히 통과하여 도주하였다.

토의 문제

귀관은 X사단장이다. 사단장으로서 귀관은 이 사건에 대해 어떠한 결심을 내릴 것인가? 결심 과정과 그 이유를 제시하라.

■ 잘못된 이성교제

C대위는 00년 12월 30일 X사단 R연대 교육장교 재직 시 부대 인접 마을에서 동료들과 망년회를 했다. 이 자리에는 다방, 양품점, 양장점 등에서 일하는 아가씨들이 동석하였다. 총각장교들과 처녀들이 만난 이 자리는 서로 이성적 호기심을 충족시켜주고 외로움을 달래주기에 적절했다. 술이 거나하게 취해 다소 이성이 마비되고 감성적 욕구가 충만해진 C대위는 미인형의 N여인(양장점 주인)과 의기투합하여 그날 밤 동침하게 되었다. 이후 이들은 약 3개월에 걸쳐 몇 차례 관계를 갖게 되었다. 그 후 C대위는 명에 의해 00교육을 가게 되었다. 교육기간 중 C대위는 N여인과의 일을 한때의 추억으로 간직한 채 잊기로 하고 N여인에게 연락도 끊고 학업에 열중하였다. 교육기간 중 고교시절부터 간간이 편지를 주고 받아오던 H여인이 자주 면회를 오게 되었다. 이러는 사이에 C대위는 H여인과 사랑이 깊어져 장래를 약속하게 되었다.

C대위는 소정의 교육과정을 수료하고 같은 사단에 복귀하여 중대장 직책을 맡게 되었다. 근무 중이던 어느 날 생각하지 못했던 N여인이 방문했고 그녀가 임신 9개월이라는 사실에 C대위는 심한 충격을 받았다. 그는 자책과 회한 속에서 혼자 고민하다가 주위의 무언의 압력, 그녀에 대한 동정, 자신의 행위에 대한 책임감 때문에 그녀와 결혼을 결심하게 되었다. 그러나 C대위의 모친은 위로 두 형이 미혼이라는 것과 그 여자의 행실을 신뢰할 수 없다는 이유를 들어 반대하였다. 평소 부모님 말씀에 순종해오던 C대위는 이를 거역할 수도 없었다. 대위는 두어 차례 더 어머님을 설득하고자 하였으나 자식에 대한 기대감이 컸던 어머님은 한사코 반대하셨다. 한편 여자 집안에서는 C대위에게 모든 책임을 지고 딸을 데리고 살라고 했다. 이러는 와중에

도 그는 부대를 훌륭히 지휘하여 당시 사기가 저하되어 있던 그 중대를 사단 내에서 최우수부대로 끌어올렸다. 그러나 C대위는 그녀와 그 부모님의 끈질긴 결혼 독촉과 어머님의 결혼 반대, 자신에 대한 회한으로 계속 고뇌에 빠져 있었다. 더구나 임신한 그녀의 집요한 결혼 성화는 그로 하여금 더욱 그 여자에게서 떠나고 싶다는 생각을 하게 하였다. C대위가 결단을 내리지 못하고 망설이는 사이에 솔직히 그의 마음이 더 쏠리고 있는 H여인은 빨리 결혼하자고 했다. 그러나 N여인은 임신중절은 할 수 없으며 만일 C대위가 결혼해주지 않는다 해도 아기를 낳아 자기가 키우겠다는 것이다.

토의 문제

귀관이 만일 C대위라면 어떻게 결심하겠는가? 결심모델에 따라 결심 과정과 결심 이유를 제시하라.

▣ 사격술 측정의 수검 자세

귀관은 보병 A사단 B연대 3대대 2중대 중대장이다. 최근 군사령부가 일선 사단의 전투훈련 수준을 평가하기 위해 중대전술훈련, 중대단위의 무장구보, 개인화기 사격술, 공용화기 사격술 등에 대한 측정을 1주일 후에 실시한다는 정보를 대대장에게 들었다. 이상의 종목 가운데 사단을 대표하여 귀관의 중대는 개인화기 사격술 평가를 받도록 사단에서 조치할 것이라는 사실과 어떤 일이 있어도 90% 이상의 성적을 올리라는 지시도 대대장에게 받았다. 이 측정 결과는 사단의 명예가 걸려 있고 중대장 자신은 물론, 장차 전도가 유망한 대대장과 연대장의 신상에 큰 영향을 미칠 것은 당연하다.

'하면 된다'는 것이 사단의 구호이며, 사단장은 '안 되면 되게 하라.'라고 기회가 있을 때마다 강조해왔다. 사단장의 확고한 의지는 사단 전체 간부들에게 침투되어 있으며 그렇기 때문에 사단은 어떠한 악조건 속에서도 임무를 성공적으로 수행해왔다. 얼마 전 있었던 사단 대항 군가경연대회에서 귀관의 사단이 우승한 바 있으며, 저축실적도 가장 높아 저축우수부대 표창도 받았다.

대대장의 지시를 받고 중대로 내려온 후 귀관은 소대장들을 집합시켜 대대장의 지시내용을 전달한 후 각 소대의 최근 사격성적을 알아보았다. 소대장들의 보고를 종합해 볼때 중대의 사격성적은 60% 정도에 지나지 않았으며, 앞으로 1주간의 연습으로는 사단의 요구수준에 도저히 미치지 못하리라는 것을 알게 되었다. 특히 중대의 행정병이나 취사병들 그리고 운동신경이 아주 무딘 몇몇 병사들의 사격술은 현저히 뒤떨어져 있었다. 또 중대가 보유하고 있는 교육용 탄약에도 여유가 없었다.

귀관은 중대의 개인별 사격성적 현황과 사격측정에 대비한 1주간의 교육훈련계획표, 교육용 탄약 확보를 위한 건의서 등을 작성하여 대대장에게 보고했나. 또 귀관은 교육계획에 따라 최선을 다하겠지만 사단에서 요구하는 수준은 중대 현실로 볼 때 도저히 달성할 수 없는 것이라고 말했다.

귀관의 보고를 받은 대대장은 "교육용 탄약은 다른 중대가 보유하고 있는 것으로 충분히 보충해주겠다. 사격성적이 도저히 나쁘고, 성적 향상 가능성이 없는 병사들은 다른 중대 병사 가운데 특등사수로 교체해주겠다. 목표를 달성할 수 없다는 생각은 버려라. 우리 앞에 불가능이란 없다. 안 되면 되게 하는 것이 군인이 아닌가? 어떠한 수단과 방법을 쓰더라도 사격성적이 좋게 나오도록 강구하라. 어떤 부대에서는 사거리가 먼 표적 앞에 유개호를 파고 거기서 다른 중대에서 차출한 특등사수를 배치하여 사선의 선수가 명중시키지 못한 표적에 사격을 하도록 해서 측정을 성공적으로 받았다고 한다."라고 말하였다.

토의 문제

귀관은 과연 어떻게 할 것인가? 윤리적 결심 5단계에 따라 결심과정을 기술하시오.

■ 잘못된 관행에 따른 야간 간식비 신청

김00 중위는 00연대 본부 작전장교로 근무하고 있는 매우 능력 있고 책임감이 강한 장교이다. 그의 연대본부는 임무수행상 24시간 동안 근무하며, 2교대제로 운용되고 있다. 이러한 근무제도 때문에 야간 근무자를 위하여 야간 간식이 추가로 급식되고 있다. 이 간식은 병사들의 사기증진에 도움이 되고 있다.

김00 중위는 본부 중대장의 정기 휴가 동안 본부지휘를 맡게 되었다. 어느 날 급식 부사관이 찾아와서 급식 근무부대에 제출할 주간 급식 청구서에 결재해줄 것을 요청하였다. 그런데 그 청구서를 자세히 검토한 결과 거기에는 본부 급식 인원이 20여 명 정도 더 많이 기입되어 있었고, 명단도 허위로 기록되어 있음을 알게 되었다.

김00 중위가 명단의 기록이 잘못된 사실에 대해 담당 부사관에게 묻자 그 부사관은 "작전장교님, 신경 쓸 것 없습니다. 지금까지 쭉 그렇게 해왔습니다. 이래야만 본부대원들에게 많이 먹일 수 있으니까요. 또 규정된 급식비에 따라 신청하면 병사들에게 별로 먹일 것도 없습니다. 중대장님도 그렇게 알고 결재해오셨습니다. 근무대나 감찰에서 검열해도 지금까지 이상 없었습니다."라고 대답했다.

김00 중위는 결재를 미루고 그날 오후 내내 이 사실에 대해 깊이 생각해보았다. 생각할수록 그의 마음은 복잡하기만 했다.

토의 문제

귀관이 김00 중위라면 이 문제를 어떻게 처리하겠는가?

■ 병사 간의 구타 사고

최근 분대장 과정을 수료하고 돌아온 정 하사는 평소 소대원들이 자기의 권위를 인정해주지 않는 것에 불만을 품고 있던 차에 아침 근무를 마치고 소대에 돌아와서 라면을 끓이라고 말했으나 누구 하나 꼼짝도 하지 않았다. 화가 난 정 하사는 프로판가스 연료통을 침상에 내팽개쳤다. 연료통이 침상바닥에 부딪치는 소리를 듣고, 그때 부소대장 방에서 일을 보고 있던 소대 고참병인 김 병장이 "어떤 놈이 그랬냐?"라고 욕설을 하면서 나왔다. 이때 정 하사가 "내가 그랬다. 어쩔테냐. 그래 그렇게밖에 말 못하겠어?"라고 따지고 들었다. 김 병장이 정 하사더러 나가자고 했다. 밖에 나서자마자 김 병장이 다짜고짜 정 하사 안면에 주먹을 날렸다. 정 하사는 코뼈를 다쳐 2주 정도 치료를 요하는 상처를 입게 되었다. 부소대장이 뛰어나와 두 사람을 떼어놓고

정 하사를 우선 응급처치하도록 하고 소대장에게 사건경위를 보고하였다. 대대 의무대에 가면 상급부대에 보고될 것이며, 그러면 사태는 심각하게 될 것이라는 판단이 섰기 때문이다.

최근 빈발하는 구타사고를 근절하기 위해 군에서는 물론 사단에서도 강력한 방침이 내려진 바 있으며, 구타자의 차차 상급자까지 처벌한다는 사단장의 엄명이 하달된 상태이다. 며칠 전 이와 유사한 사고로 구타한 자는 2년의 징역형을 선고받았으며, 해당 소대장은 징계위원회에 회부되고 중대장은 보직에서 해임되었다.

김 병장은 정 하사보다 군 생활을 5개월 정도 더 했고 두 사람은 평소 사이가 좋지 않은 편이었다. 이들의 불화는 군 입대서열을 내세우는 고참병과 계급의 권위를 찾고자 하는 신참 하사관의 갈등이 표출된 한 사례이다. 이러한 갈등은 소대의 화합과 질서를 위해 시급히 해결해야 할 과제로 보인다.

부소대장의 말로는 어찌하든 이 문제는 소대장 선에서 해결해야 한다는 것이다. 그렇지 않으면 소대장과 부소대장은 물론 여러 사람이 처벌을 면치 못하고, 이 사건을 보고 받은 중대장도 난처해질 것이라는 것이다.

토의 문제

소대장으로서 귀관이 취해야 할 조치는? 윤리적 결심 5단계에 따라 결심 과정을 기술하라.

▣ 병든 아내와 그 남편

한 여인이 희귀한 암에 걸려 거의 죽을 지경에 이르렀다. 그녀를 살릴 수 있는 약이 하나 있다. 그 약은 1회분(dosage)이 4,000달러이다. 병든 부인의 남편 하인즈(Heinz)는 돈을 빌릴 수 있는 모든 사람을 찾아가서 사정을 얘기해보았다. 그러나 대략 2,000달러만 모을 수 있었다. 그는 그 약을 발견한 의사과학자에게 할인이나 추후 지불을 허락해주도록 요청하였다. 그러나 그 의사과학자는 거절하였다.

토의 문제

하인즈는 부인을 위하여 약을 훔치러 제약실에 침입하여야 하는가?

▣ 스미스 소령과 차량 폭탄

당신은 스미스(Smith) 소령이다. 제1보병여단 신임 작전장교로, 지난주 부대에 막 전입하였다. 많은 부대원들이 살해되면서—좋은 친구인 당신의 전임자(predecessor)를 포함하여 부대원들이 지방 반란군들(local insurgents)이 설치한 임시폭파장치(Improvised Explosive Devises)에 의해 살해되었다—지난달 여단 일들이 잘 돌아가지 않았다. 여단은 주요 시내 전체에 분산 배치되어(deploy) 시가를 순찰하였다. 상급자(senior man)로 근무 중인데 중대 지휘관에게서 전화를 받았다. 그 지휘관은 방금 반란군 리더를 체포했다고 보고하였다. 중대 지휘관은 반란군 리더가 차량 폭탄이 30분 후에 폭파되도록 설치되었으며 "너희들이 그것에 대해 할 수 있는 일은 아무것도 없다."라고 자랑하고(bragging) 있다고 했다. 그 중대 지휘관은 폭탄이 어디에 있는지 알아내기 위하여 '심각한 설득'(serious persuasion)을 할 준비가 되어 있다고 했다. "심문관들(interrogators)은 모두 가버렸고, 새로운 지시에 따르면 심문관들은 책에 따라 심문해야 한다는 것을 알고 있습니다. 그러나 시간이 지나가버리고 있습니다. 저는 사람을 비명 지르게(squeal) 하는 방법을 알며, 그래야 정보를 얻을 수 있습니다. 이런 공격은 끝내지 않으면 안 됩니다. 지침을 요청합니다."

토의 문제

스미스 소령은 어찌해야 하는가?

▍참고문헌

국방부, 『군법회의 판례집』, 1983.

국방부, 『군인복무규율 / 국군병영생활규정 해설집』, 1998. 12.

육군본부, 『국군병영생활규정』(국방부훈령 제600호), 1998. 8 .6.

육군사관학교, 『군사법령집』, 2003. 10. 1.

육군사관학교 편, 『군형법판례 보충교재』, 육군사관학교, 2006. 11.

육군본부, 『군인복무규율』(대통령령 제20282호), 2007. 9. 20.

플라톤(Plato), 『대화록』「크리톤(Kriton)」.

데카르트(Rene Descartes), 『정신지도를 위한 규칙들』.

________, 『방법서설』, 1637.

________, 『철학의 원리』, 1644.

듀이(John Dewey), 『논리: 탐구의 이론』, 1938.

임병수 외, 『군대윤리』, 육군사관학교 철학과, 1985.

조승옥 외, 『군대윤리』, 경희종합출판사, 1995. 8.

조승옥 외, 『군대윤리 : 군직업 윤리』, 도서출판 봉명, 1998. 8.

조승옥 외, 『군대윤리 : 군직업 윤리』, 도서출판 봉명, 2002. 12.

김동식, 『프래그머티즘』, 아카넷, 2002. 9.

박연수, 『군대윤리 사례모음』, 육군사관학교 철학과, 2009. 12.

Adams, E. M, "The Moral Dilemmas of the Military Profession," *Public Affairs Quarterly*, Vol. 3, 1989.

Anthony E. Hartle, *Moral Issues in Military Decision Making*, University Press of Kansas, 1989.

Aristotle, *The Nichomachean Ethics*, Trans. by J. A. K. Thomson, Penguin Books, 1978.

Cohen, Sheldon M., *Arms and Judgment*, Westview Press, 1989.

Jack D. Kem, "The use of the 'ethical triangle' in military ethical decision making," *Public Administration and Management*, Vol. 11, No.1, 2006, pp. 22～43.

FM 22-100 Army Leadership, Headquarters, Department of the Army, June 1999.

FM 6-22 Army Leadership, Headquarters, Department of the Army, October 2006.

Honor System and SOP, United States Military Academy, West Point, New York, 1 April 1999.

MQS I Ethics and Professionalism Training Support Package, Ft. Harrison, Indiana: US Army Soldier Support Center, 1981.

MQS I Ethics and Professionalism Training Support Package, Ft. Harrison, Indiana: US Army Soldier Support Center, 1989.

MQS II Ethics and Professionalism Training Support Package, Ft. Harrison, Indiana: US Army Soldier Support Center, 1982.

MQS II Ethics and Professionalism Training Support Package, Ft. Harrison, Indiana: US Army Soldier Support Center, 1991.

MQS III Ethics and Professionalism Training Support Package, Ft. Harrison, Indiana: US Army Soldier Support Center, 1983.

❙ 저자 소개

조승옥(曺升玉), 육사, 서울대 철학박사, 前 육사 철학교수

이택호(李澤鎬), 육사, 美노스캐롤라이나대 철학박사, 육사 명예교수

박연수(朴連洙), 육사, 성균관대 철학박사, 육사 명예교수

조은영(趙殷英), 육사, 성균관대 철학박사, 육사 철학부교수

정은진(鄭恩珍), 육사, 성균관대 문학석사, 육사 철학강사

군대윤리 값 18,000원

2013년 7월 30일 1판 1쇄
2015년 2월 25일 1판 2쇄

저 자 조승옥 | 이택호 | 박연수 | 조은영 | 정은진
발 행 인 임 삼 규
발 행 처 **지 문 당**
주 소 413-756 경기도 파주시 광인사길 85(본사)
110-360 서울시 종로구 돈화문로 82(서울사무소)
등 록 1997. 12. 30. 제406-2003-000038호
영 업 부 (02)743-3192~3 팩스(02)742-4657
전자우편 sale@jimoon.co.kr
편 집 부 (02)743-3096 팩스(02)743-0227
전자우편 edit@jimoon.co.kr
홈페이지 www.jimoon.co.kr

ISBN 978-89-6297-158-3

이 도서의 국립중앙도서관 출판시도서목록(CIP)은 서지정보유통지원시스템 홈페이지(http://seoji.nl.go.kr)와 국가자료공동목록시스템(http://www.nl.go.kr/kolisnet)에서 이용하실 수 있습니다.(CIP제어번호: CIP2013012504)